程序设计基础（C++）

李赤松　李战春　黄晓涛　编著
胡　兵　主审

電子工業出版社
Publishing House of Electronics Industry
北京 · BEIJING

内容简介

本书遵循以计算思维能力培养为切入点的教学改革思路，以C++语言作为实现工具，介绍计算机和程序设计的基础知识与基本方法。全书的主要内容包括计算机基础知识、C++程序设计概述、分支结构、循环控制结构、数组与指针、函数、类与对象、继承与多态。

在本书编写过程中，考虑到初学者的认知特点及培养程序设计能力的教学要求，对C++语言本身的语法规则做了适当处理和组织编排，突出算法的重要概念和本质特点。全书以实际问题的求解过程为向导，突出从问题到算法，再到程序的一种思维过程，强调计算机求解问题的思路引导与程序设计思维方式的训练，重点放在程序设计的思想与方法上。

本书例题丰富，与《程序设计基础学习指导书（C++）》（ISBN 978-7-121-26967-7）一起构成了一套完整的教学用书，可作为高等学校计算机与程序设计基础课程的教材，也可供社会各类计算机应用人员阅读参考。

图书在版编目(CIP)数据

程序设计基础：C++ / 李赤松，李战春，黄晓涛编著. —北京：电子工业出版社，2015.9
ISBN 978-7-121-26714-7

Ⅰ. ①程… Ⅱ. ①李… ②李… ③黄… Ⅲ. ①C语言－程序设计－高等学校－教材 Ⅳ. ①TP312

中国版本图书馆CIP数据核字（2015）第165790号

策划编辑：章海涛　戴晨辰
责任编辑：章海涛　文字编辑：戴晨辰
印　　刷：北京捷迅佳彩印刷有限公司
装　　订：北京捷迅佳彩印刷有限公司
出版发行：电子工业出版社
　　　　　北京市海淀区万寿路173信箱　邮编　100036
开　　本：787×1092　1/16　印张：17.25　字数：453千字
版　　次：2015年9月第1版
印　　次：2022年7月第10次印刷
定　　价：49.90元

凡所购买电子工业出版社图书有缺损问题，请向购买书店调换。若书店售缺，请与本社发行部联系，联系及邮购电话：（010）88254888，88258888。

质量投诉请发邮件至zlts@phei.com.cn，盗版侵权举报请发邮件至dbqq@phei.com.cn。

本书咨询联系方式：dcc@phei.com.cn。

前　言

“计算机与程序设计基础”是一门非常重要的计算机课程，其目的是介绍计算机和程序设计的基础知识，使学生掌握算法设计与程序设计的基本思想、方法和技术，通过课后练习，培养学生解决问题和编程的能力，熟悉上机的全过程及调试程序的基本方法与技巧，从而更好地培养学生的创新能力，为未来应用计算机进行科学研究与实际应用奠定坚实的基础。

本书系统介绍了计算机的基础知识、程序设计基本概念和编程思想。针对初学者的特点，力求做到深入浅出，将复杂的概念用简洁浅显的语言来讲述，使读者可以轻松地入门，循序渐进地提高。

本书由作者总结多年教学实践经验编写而成，针对程序设计的每个知识模块都采用“提出问题”→“分析问题设计算法”→“编写程序”→“运行程序”→“介绍所涉及的知识点”→“补充实例”→“课后习题”的模式组织教学内容，目的是教会学生如何编写程序，而不是背语法。

按程序设计的思路组织全书的内容，真正讲授程序设计，把重点放在讲述程序设计的方法上，而非语言本身，注重对学生进行程序设计方法、算法和计算思维的训练，将 C++ 语言只作为讲授程序设计的载体工具。书中穿插介绍了递推法、迭代法、穷举法、试探法、递归法、分治法等算法设计策略，有利于读者掌握有关程序设计方法。

根据讲述设计方法的需要，对 C++ 语言本身采取“有所取、有所不取”的策略。对于那些常用的语言成分，与讲述程序设计方法有关的语言成分，将穿插在程序设计过程中，并做详细准确的介绍。不涉及与讲述程序设计方法关系不大且不常用的语法知识。

全书选取大量的案例，以案例为驱动，改变单纯解释语法成分的做法。让程序设计始终贯穿整个教学过程，充分体现了以案例为驱动，突出实践的特点。本书案例多选择与实际应用相关的、实用的题目。本书所有例子均在 Visual C++ 6.0 环境下调试通过。

为了方便学习和加强实验教学，同时编写了该书的配套用书《程序设计基础学习指导书（C++）》（ISBN 978-7-121-26967-7）。

本书的全部资源和配套课件可从华信教育资源网 http://www.hxedu.com.cn 注册免费下载。本书还提供了用户名和验证码，以及缺省密码 123456，便于读者访问与本书配套的微课程在线视频，微课程以知识点为核心，以期帮助读者更好理解和学习相关的内容，登录方式详见封三。

本书的第 1 章由李战春编写，第 2 章由黄晓涛编写，第 3 章由徐永兵编写，第 4 章由黄庆凤编写，第 5 章由江敏编写，第 6 章由胡兵编写，第 7 章和第 8 章由李赤松编写。在本书的编写过程中，编者查阅和参考了大量文献，在此对书后所列出的参考文献的作者一并表示感谢。另外，对广大读者和师生对本书提出诚恳的建议和意见也表示衷心的感谢。由于作者水平有限，书中难免存在不足和错误之处，恳请读者批评指正。

作　者

目　　录

第 1 章　计算机基础知识……1

1.1　计算机的概况……1

1.1.1　计算机的发展……1

1.1.2　计算机的分类和特点……3

1.1.3　计算机的特点与性能指标……5

1.1.4　计算机的应用领域……7

1.2　计算机中的信息表示……10

1.2.1　信息编码与数制的基本概念……10

1.2.2　数制之间的相互转换……12

1.2.3　计算机中的数据表示……14

1.3　计算机系统的组成及其工作原理……19

1.3.1　计算机硬件组成……19

1.3.2　计算机软件组成……22

1.3.3　计算机硬件与软件协同工作……23

1.4　计算机程序设计与算法基础……24

1.4.1　程序设计与程序设计语言……25

1.4.2　语言处理程序……26

1.4.3　计算机程序的执行过程……27

1.4.4　算法的概念……29

1.4.5　算法设计举例……30

1.4.6　算法的表示……31

1.4.7　算法的结构化描述……33

1.5　综合应用——配置自己的计算机……34

1.6　本章小结……40

1.7　习题……41

第 2 章　C++程序设计概述……42

2.1　简单的 C++程序实例……42

2.1.1　一个简单的程序结构……42

2.1.2　C++程序的编辑和实现……44

2.2　C++语言规则……47

2.2.1　C++的字符集……47

2.2.2　关键字……48

2.2.3　标识符……48

2.2.4　标点符号……48

2.3 C++的数据类型……49
2.3.1 基本数据类型……49
2.3.2 其他数据类型……54
2.4 运算符和表达式……58
2.4.1 基本运算符及其表达式……58
2.4.2 C++的运算符、优先级和结合性……64
2.4.3 语句……66
2.5 简单的输入/输出……67
2.5.1 数据的输入/输出……67
2.5.2 输出格式控制……69
2.6 本章小结……72
2.7 习题……73
第3章 分支结构……74
3.1 if分支结构……74
3.1.1 单分支结构……75
3.1.2 双分支结构……77
3.1.3 多分支结构语句……79
3.1.4 分支结构中的if嵌套问题……81
3.2 switch 开关语句……83
3.2.1 switch 开关语句……83
3.2.2 switch 应用实例……87
3.3 综合应用……89
3.4 本章小结……92
3.5 习题……92
第4章 循环控制结构……94
4.1 循环语句……94
4.1.1 for 语句……95
4.1.2 while 语句……96
4.1.3 do-while 语句……98
4.1.4 三种语句的共性和区别……99
4.1.5 多重循环……101
4.2 break 语句与 continue 语句……105
4.2.1 break 语句……105
4.2.2 continue 语句……107
4.3 常用算法应用举例……109
4.3.1 穷举法……109
4.3.2 迭代法……110
4.3.3 递推法……111
4.4 输入/输出文件简介……112

4.5 综合应用 …… 115
4.6 本章小结 …… 121
4.7 习题 …… 121
第 5 章 数组与指针 …… 122
5.1 一维数组 …… 122
5.1.1 一维数组的定义与初始化 …… 122
5.1.2 一维数组的应用 …… 126
5.2 字符数组与字符串 …… 129
5.3 二维数组 …… 132
5.3.1 二维数组的定义与初始化 …… 134
5.3.2 二维数组的访问 …… 135
5.3.3 二维数组的应用 …… 136
5.4 指针 …… 138
5.4.1 内存空间的访问方式 …… 138
5.4.2 指针变量的声明与运算 …… 139
5.4.3 指针与数组的关系 …… 142
5.4.4 多级指针与多维数组 …… 144
5.4.5 指针数组 …… 146
5.5 动态内存分配 …… 147
5.5.1 动态内存的申请和释放 …… 147
5.5.2 动态数组 …… 149
5.5.3 动态数组应用举例 …… 151
5.6 综合应用 …… 152
5.6.1 查找算法 …… 152
5.6.2 排序算法 …… 154
5.6.3 约瑟夫问题 …… 157
5.6.4 贪心算法——装船问题 …… 158
5.7 本章小结 …… 160
5.8 习题 …… 161
第 6 章 函数 …… 162
6.1 函数基本概念 …… 162
6.1.1 理解函数 …… 162
6.1.2 C++语言中的函数 …… 163
6.2 函数的声明、定义与调用 …… 164
6.2.1 函数声明 …… 164
6.2.2 函数定义 …… 166
6.2.3 函数调用 …… 168
6.2.4 程序实例 …… 170
6.3 变量的存储方式和生存期 …… 172

6.3.1 存储特性与作用域 …… 172
6.3.2 变量的生存期 …… 175
6.4 函数参数传递 …… 177
6.4.1 值传递 …… 178
6.4.2 指针传递 …… 179
6.4.3 引用传递 …… 181
6.4.4 数组参数 …… 182
6.4.5 程序实例 …… 185
6.5 函数嵌套与递归调用 …… 189
6.5.1 嵌套调用 …… 189
6.5.2 递归调用 …… 190
6.5.3 程序实例 …… 192
6.6 函数重载及参数默认值设置 …… 194
6.6.1 函数重载 …… 194
6.6.2 带默认形参值的函数 …… 196
6.7 多文件程序结构 …… 197
6.7.1 多文件结构 …… 198
6.7.2 预处理功能 …… 198
6.7.3 多文件应用实例 …… 199
6.8 综合应用 …… 201
6.9 本章小结 …… 206
6.10 习题 …… 207
第 7 章 类与对象 …… 208
7.1 从面向过程到面向对象 …… 208
7.2 类和对象 …… 211
7.2.1 类的定义 …… 211
7.2.2 对象的定义与使用 …… 214
7.2.3 构造函数与析构函数 …… 217
7.2.4 UML 类图 …… 225
7.2.5 程序实例 …… 226
7.3 类的高级应用 …… 234
7.3.1 类的组合 …… 234
7.3.2 友元 …… 238
7.3.3 运算符重载 …… 240
7.3.4 静态成员 …… 243
7.4 本章小结 …… 246
7.5 习题 …… 246
第 8 章 继承与多态 …… 249
8.1 继承与派生 …… 249

8.1.1 派生类的定义 …… 250
8.1.2 同名覆盖与新成员的派生 …… 254
8.1.3 类型兼容 …… 255
8.1.4 程序实例 …… 256
8.2 多态与虚函数 …… 258
8.2.1 虚函数的定义 …… 258
8.2.2 纯虚函数 …… 261
8.3 本章小结 …… 263
8.4 习题 …… 263
附录 A 库函数集锦 …… 264
参考文献 …… 266

第 1 章

计算机基础知识

自从 1946 年诞生第一台计算机以来，计算机技术得到了迅猛发展。尤其是微型计算机的出现和互联网的发展，使得计算机已渗透到了社会的各个领域，了解和使用计算机已成为现代社会必不可少的知识与技能。使用计算机，首先要了解计算机的基础知识。本章将介绍计算机的基础知识，包括计算机的发展、分类及应用，计算机中的数制，计算机中的信息表示，计算机的基本组成及程序设计和算法的内涵等。

1.1 计算机的概况

计算机是一种能够快速、高效地对各种信息进行存储和处理的电子设备。按照事先编写的程序对输入的原始信息进行加工、处理、存储或传输，以获得预期的输出信息，并利用这些信息来提高社会生产率，改善人民的生活质量。计算机最早用于数值计算，随着计算机技术和应用的发展，如今计算机已成为进行信息处理不可或缺的工具。

1.1.1 计算机的发展

在历史发展的长河中，人类发明了各种省时、省力的工具以辅助自身处理各种事务。例如发明算盘用于计算，发明纸张用于传递信息，发明打字机用于帮助书写等。随着时代的进步，需要处理的信息越来越复杂多样，再针对具体事务而发明相应的工具多有不便，在这种情况下，能够综合处理各种事务的计算机应运而生。

1. 计算机的诞生

1946 年 2 月，在美国宾夕法尼亚大学研制出了第一台电子数字积分计算机（ENIAC，埃尼阿克），标志着第一代计算机的诞生。

20 世纪 40 年代初，第二次世界大战战事正酣，由于导弹、火箭、原子弹等现代科学技术的发展，出现了大量极其复杂的数学问题，原有的计算工具已无法满足要求。而当时因为电子学和自动控制技术的迅速发展，也为研制新的计算工具提供了物质技术条件。1943 年在美国陆军作战部的资助下，由物理学家莫奇利博士和埃克特博士领导的研究小组开始设计制造电子计算机。该机于 1946 年 2 月正式通过验收并投入运行，一直服役到 1955 年，这是世界上首台真正能自动运行的电子计算机。它使用了 18800 只电子管，1500 多只继电器，7000 多只电阻，耗电 150kW，占地面积 150m^2，重量超过 30t，每秒能完成 5000 次加法运算。ENIAC 的主要缺点是存储容量太小，只能存储 20 个字长为 10 位的十进制数，基本不能存储程序，每次解题都要依靠人工改接连线来编程序。尽管存在许多缺点，但是它为计算机的发展奠定了技术基础。

计算机的诞生标志着人类在长期生产劳动中制造和使用各种计算工具（如算盘、计算尺、手摇计算机、机械计算机及电动齿轮计算机等）的能力，随着世界文明的进步飞跃发展到了一个崭新的阶段，同时也标志着人类电子计算机时代的到来，具有划时代的意义。

2．计算机的发展阶段

六十多年来，计算机随着电子元器件的发展而迅速发展，计算机的性能得到了极大地提高，其体积大大缩小，功能越来越强，应用越来越普及。计算机的发展阶段通常按照计算机中所采用的电子器件来划分，大致分为 4 个阶段。

1）第 1 代计算机（1946—1958 年）

第 1 代计算机是电子管计算机，采用电子管作为计算机的逻辑元件，内存储器为水银延迟线，外存储器为磁鼓、纸带、卡片等。内存容量为几千个字节，运算速度为每秒几千到几万次基本运算。它采用二进制表示的机器语言或汇编语言编写程序，主要用于军事和科研部门进行数值运算。

第 1 代计算机的典型代表是 1946 年美籍匈牙利数学家冯·诺依曼博士与他的同事们在普林斯顿研究所设计的存储程序计算机 EDVAC。它的设计与 ENIAC 不同，体现了“存储程序”的原理和“二进制”的思想，其体系结构称为“冯·诺依曼”型计算机结构体系，对后来计算机的发展有着深远影响。

2）第 2 代计算机（1958—1964 年）

第 2 代计算机是晶体管电路计算机，采用晶体管制作计算机的逻辑元件，内存储器多为磁芯存储器，外存储器为磁盘、磁带等。第 2 代计算机体积缩小，功耗降低，功能增强，可靠性大大提高，运算速度提高到每秒几十万次基本运算，内存容量扩大到几十万字节。同时，软件技术也有了很大发展，出现了 FORTRAN、COBOL、ALGOL 等高级程序设计语言。计算机的应用从数值计算扩大到数据处理、工业过程控制等领域，并开始进入商业市场。其代表机型有 IBM 公司的 IBM7090、IBM7094、IBM7040、IBM7044 等。

3）第 3 代计算机（1964—1975 年）

第 3 代计算机的基本电子元器件由集成电路构成。随着固体物理技术的发展，集成电路工艺已实现在几平方毫米的单晶硅基片上集成几个到几十个电子元件（逻辑门）的小规模或中规模集成电路。内存储器开始采用半导体存储器芯片，存储容量和可靠性都有了较大提高。计算机同时向标准化、多样化、通用化、机种系列化发展。高级程序设计语言在这个时期有了很大发展，出现了人机会话式语言 BASIC，特别是操作系统的逐渐成熟，成为第 3 代计算机的显著特点。计算机开始广泛应用在各个领域，最有影响的是 IBM360 系列计算机（中型机）和 IBM370 计算机（大型机）。

4）第 4 代计算机（1975 年至今）

第 4 代计算机采用大规模集成电路和超大规模集成电路技术，在硅半导体基片上集成几百到几千甚至几万个以上的电子元器件。计算机的运算速度可达每秒几百万次甚至上亿次基本运算。在软件方面，出现了数据库系统、分布式操作系统等，软件配置空前丰富，应用软件的开发已逐步成为一个庞大的现代化产业。

在研制出运算速度达每秒几亿次、几十亿次，甚至百亿次的巨型计算机的同时，微型计算机的产生、发展和迅速普及是这一时期的一个重要特征。微型计算机诞生于 20 世纪 70 年代，80 年代得到迅速推广。它的出现使计算机应用到人类生活和国民经济的各个领域，并且进入了家庭，同时也为计算机网络普及化创造了条件。微型计算机的出现与发展是计算机发展史上的重大事件。表 1.1 对计算机各发展阶段的主要特点进行了比较。

表 1.1　计算机各发展阶段主要特点比较

发展阶段 / 性能指标	第 1 代（1946—1958 年）	第 2 代（1958—1964 年）	第 3 代（1964—1975 年）	第 4 代（1975 年至今）
逻辑元件	电子管	晶体管	中、小规模集成电路	大规模、超大规模集成电路
主存储器	磁芯、磁鼓	磁芯、磁鼓	半导体存储器	半导体存储器
辅助存储器	磁鼓、磁带	磁鼓、磁带、盘	磁鼓、磁带、磁盘	磁带、磁盘、光盘
处理方式	机器语言 汇编语言	作业连续处理编译语言	实时、分时处理多道程序	实时、分时处理网络结构
运算速度（次/秒）	几千～几万	几万～几十万	几十万～几百万	几百万～几百亿
主要特点	体积大，耗电大，可靠性差，价格昂贵，维修复杂	体积小，重量轻，耗电小，可靠性高	小型化，耗电少，可靠性高	微型化，耗电极少，可靠性高

未来的第 5 代计算机正朝着巨型化、微型化、智能化、网络化等方向发展，计算机的主要功能将从信息处理上升为知识处理，同时计算机本身的性能越来越优越，应用范围也越来越广泛，计算机将成为工作、学习和生活中必不可少的工具。

1.1.2　计算机的分类和特点

计算机发展到今天，已是琳琅满目、种类繁多，并表现出各自不同的特点。可以从不同的角度对计算机进行分类。按其运算速度的快慢、存储数据量的大小、功能的强弱，以及软硬件的配套规模等分为高速并行计算的巨型计算机、用于事务处理的大中型计算机、个人使用的微型计算机、专业图像工作站和网络服务器等。

1. 高速并行计算的巨型计算机

巨型机又称超级计算机，是指由数百、数千甚至更多的处理器组成的、能计算普通 PC 和服务器不能完成的大型复杂任务的计算机。巨型机的运算速度平均每秒 1 亿次以上，存储容量在 1000 万字节以上。主要用来承担重大的科学研究、国防尖端技术和国民经济领域的大型计算课题及数据处理任务。如大范围天气预报，整理卫星照片，原子核物理的探索，研究洲际导弹、宇宙飞船等。2013 年和 2014 年，中国国防科技大学研制的天河二号超级计算机（如图 1.1），以每秒 33.86 千万亿次的浮点运算速度成为当时全球最快超级计算机。

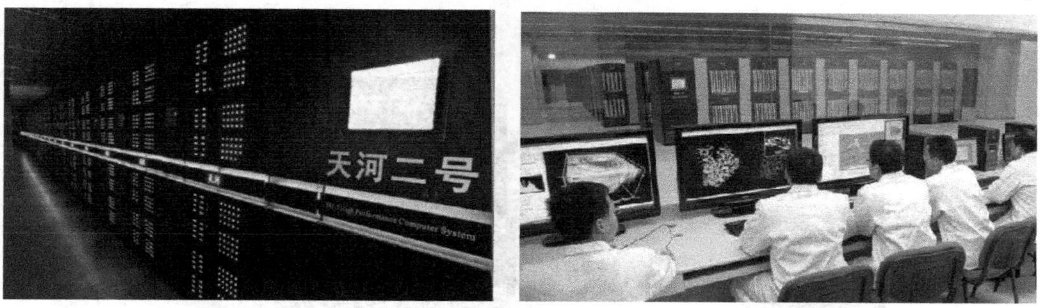

图 1.1　天河二号

2．用于事务处理的大中型计算机

大型计算机，是计算机种类中的一种，最大优点是无与伦比的I/O处理能力，一般作为大型商业服务器。目前的电子商务系统中，同时交易的人数数以百万计，为保障交易的正常进行，数据库服务器和电子商务服务器都需要高性能、高I/O处理能力，所以大都采用大型机。目前最好的大型机是IBM的Z系列计算机，图1.2是华中科技大学IBM中心的Z10计算机，用于教学和数字化校园服务。

图1.2 IBM大型机Z10

3．微型计算机

微型计算机简称微机，是当今使用最普及、产量最大的一类计算机。其体积小、功耗低、成本少、灵活性大，性能价格比明显优于其他类型计算机，因而得到了广泛应用。微型计算机可以按结构和性能划分为单片机、单板机、个人计算机等几种类型。

1）单片机

把微处理器、一定容量的存储器及输入/输出接口电路等集成在一个芯片上，就构成了单片机。可见单片机仅是一片特殊的、具有计算机功能的集成电路芯片，如图1.3所示。单片机体积小、功耗低、使用方便，但存储容量较小，一般用做专用机或用来控制高级仪表、家用电器等。

2）单板机

把微处理器、存储器、输入/输出接口电路安装在一块印刷电路板上，就成为单板计算机。一般在这块板上还有简易键盘、液晶和数码管显示器及外存储器接口等，如图1.4所示。单板机价格低廉且易于扩展，广泛用于工业控制、微型机教学和实验，或作为计算机控制网络的前端执行机。

图1.3 单片机

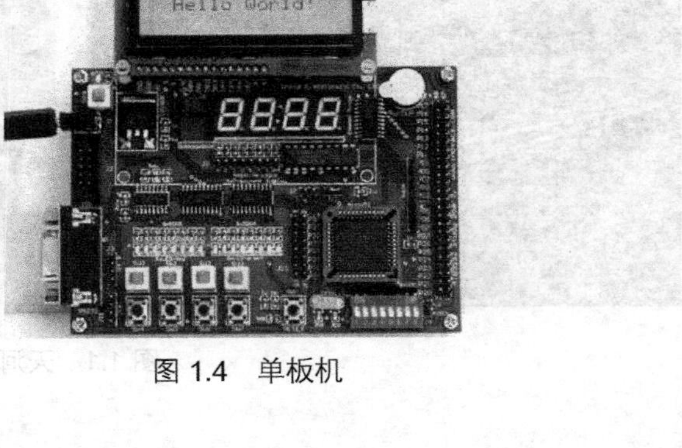

图1.4 单板机

3）个人计算机

个人计算机（简称 PC）一词源自于 1981 年 IBM 的第一部桌上型计算机型号，在此之前有 Apple II 的个人计算机。PC 是能独立运行、完成特定功能的个人计算机。个人计算机不需要共享其他计算机的处理、磁盘和打印机等资源也可以独立工作。从台式机、笔记本电脑到平板电脑及超级本等都属于个人计算机的范畴，如图 1.5 所示。

当前流行的机型有 Apple 公司的 Macintosh，我国生产的长城、浪潮、联想系列计算机等。

图 1.5　个人计算机

4．图形工作站

“图形工作站”是一种专业从事图形、图像（静态或动态）与视频工作的高档次专用计算机的总称。图形工作站面向关键和大计算量应用，要求各部件具有较高的稳定性，电源采用双电源冗余配置，硬盘采用多硬盘的阵列结构。典型的如模具 CAD/CAM 和模拟船舶驾驶等应用中，图形工作站往往数十小时连续运行，工作站系统能够承受长时间的连续大负荷运行。

目前，许多厂商都推出了适合不同用户群体的工作站，比如戴尔的 Precision 系列、联想的 ThinkStation 系列和惠普的 ZBook 系列等。

5．网络服务器

网络服务器是网络环境下能为网络用户提供集中计算、信息发布及数据管理等服务的专用计算机。相对于普通 PC 来说，服务器需要连续工作在 7×24 小时环境中，在稳定性、安全性等方面都要求更高。因此，CPU、芯片组、内存、磁盘系统、网络等硬件和普通 PC 有所不同，服务器大都采用部件冗余技术（如多 CPU 和双电源等）、磁盘阵列 RAID 技术、内存纠错技术和管理软件系统。

常见的网络服务器的结构有塔式服务器（外形与 PC 类似）、机架式服务器（安装在标准的 19 英寸机柜里面）和刀片式服务器（是一种高可用、高密度的低成本服务器平台，专门为特殊应用行业和高密度计算机环境设计，每一块“刀片”实际上就是一块系统主板），如图 1.6 所示。塔式服务器扩展相对容易，对空间要求不高，管理灵活方便；机架式服务器非常标准，主要安放在标准机架上，和其他 IT 设备一起管理；刀片式服务器本身汇集了很强的计算能力，又有很高的安全性和冗余设计。

图 1.6　服务器

1.1.3　计算机的特点与性能指标

1．计算机的特点

有人说，机械可以使人类的体力得以放大，计算机则可使人类的智慧得以放大。作为人类智力劳动的工具，计算机具有以下主要特点。

1）运算速度快

计算机的运算速度又称处理速度，用每秒钟可执行百万条指令（MIPS）来衡量。现代一般计算机每秒可运行几百万条指令，即几个 MIPS，巨型机的运行速度可达数百 MIPS，数据处理的速度相当快。计算机如此高的数据运行速度是其他任何运算工具所无法比拟的，使得许多过去需要几年甚至几十年才能完成的科学计算，现在只要几天、几个小时，甚至更短的时间就可以完成。计算机处理数据的高速度使得它能在商业、金融、交通、通信等领域提供实时、快速的服务，这也是计算机广泛使用的主要原因之一。计算机运算速度快的特点，不仅极大地提高了工作效率，而且使得许多复杂的科学计算问题得以解决，把人们从繁杂的计算过程中解放出来。

2）精度高

科学技术的发展，特别是一些尖端科学技术的发展，要求具有高度准确的计算结果。数据在计算机内部都是采用二进制数字进行运算，数的精度主要由表示这个数的二进制码的位数或字长来决定。随着计算机字长的增加和配合先进的计算技术，计算精度不断提高，可以满足各类复杂计算对计算精度的要求。如用计算机计算圆周率，目前已可达到小数点后数百万位。

3）存储容量大

计算机的存储器类似于人类的大脑，可以记忆（存储）大量的数据和信息。存储器不但能够存储大量的数据与信息，而且能够快速准确地找到或取出这些信息，使得从浩如烟海的文献资料、数据中查找并且处理信息成为十分容易的事情。如微机目前一般的内存容量在几百兆字节甚至上千兆字节。再加上大容量的软盘、硬盘、光盘等外部存储器，实际存储容量已达到海量。计算机的这种存储信息的能力，使其成为信息处理的有力工具。

4）具有可靠的逻辑判断力

计算机既可以进行算术运算又能进行逻辑运算，具有可靠的逻辑判断能力是计算机的一个重要特点，是计算机实现信息处理自动化的重要原因。冯·诺依曼结构计算机的基本思想就是先将程序输入并存储在计算机内，在程序执行过程中，计算机会根据上一步的执行结果，运用逻辑判断方法自动确定下一步该做什么，应该执行哪一条指令。实现逻辑判断，使计算机不仅能对数值数据进行计算，也能对非数值数据进行处理，使计算机能广泛应用于非数值数据处理领域，如信息检索、图像识别及各种多媒体应用。

5）可靠性高和通用性强

由于采用了大规模和超大规模集成电路，计算机具有非常高的可靠性，其平均无故障时间可达到以年为单位。一般来说，无论是数值还是非数值的数据，都可以表示成二进制数的编码；无论是复杂的还是简单的问题，都可以分解成基本的算术运算和逻辑运算，并可用程序描述解决问题的步骤。所以，在不同的应用领域中，只要编制和运行不同的应用软件，计算机就能在此领域中很好地服务，通用性极强。

2. 计算机的性能指标

一台计算机的性能是由多方面的指标决定的，不同的计算机其侧重面有所不同。计算机的主要技术性能指标如下。

1）字长

字长是指计算机的运算部件一次能直接处理的二进制数据的位数，它直接关系到计算机的功能、用途和应用领域，是计算机的一个重要技术性能指标。一般计算机的字长都是字节的整数倍，微型计算机的字长为 8 位、16 位、32 位和 64 位。如目前酷睿 i7 的 CPU 字长为 64 位，表示其能处理的最大二进制数为 $2^{64}-1$。首先，字长决定了计算机的运算精度，字长越长，运算精度就越高，因此高性能计算机字长较长，而性能较差的计算机字长相对短些；其次，字长决定了指令直接寻址的能力；字长还影响计算机的运算速度，字长越长，其运算速度越快。

2）内存容量

内存储器中能存储信息的总字节数称为内存容量。内存的容量越大，存储的数据和程序量就越多，能运行的软件功能越丰富，处理能力就越强，同时也会加快运算或处理信息的速度。现在微型计算机的内存容量为 4GB 或 8GB。

3）主频

主频即 CPU 的时钟频率，是指 CPU 在单位时间内发出的脉冲数，也就是 CPU 运算时的工作频率。主频的单位是赫兹（Hz）。目前微机的主频都在 800 兆赫兹（MHz）以上，i7 的主频在 2 吉赫兹（GHz）以上。在很大程度上 CPU 的主频决定着计算机的运算速度，主频越高，一个时钟周期里完成的指令数也越多，当然 CPU 的速度就越快，提高 CPU 的主频也是提高计算机性能的有效手段。

4）存取周期

存储器完成一次读（取）或写（存）信息所需时间称为存储器的存取（访问）时间。连续两次读或写所需的最短时间，称为存储器的存取周期。存取周期是反映内存储器性能的一项重要技术指标，直接影响计算机的速度。微机的内存储器目前都由超大规模集成电路技术制成，其存取周期很短，约为几十纳秒（ns）。

5）外设配置

外设配置是指计算机的输入/输出设备及外存储器等。如键盘、鼠标、显示器与显示卡、音箱与声卡、打印机、硬盘和光盘驱动器等。不同用途的计算机要根据其用途进行合理的外设配置。例如，连网的多媒体计算机，由于要具有连接互联网的能力与多媒体操作的能力，因此要配置高速率的网卡、一定功率的音箱、一定位数的声卡、显示卡等，以保证计算机的网络通信和图像显示。

1.1.4 计算机的应用领域

计算机具有高速运算、逻辑判断、大容量存储和快速存取等特点，在科学技术、国民经济、社会生活等各个方面得到了广泛的应用，并且取得了明显的社会效益和经济效益。计算机的应用几乎包括人类生活的一切领域，可以说是包罗万象，不胜枚举。根据计算机的应用特点可以归纳为以下 8 大类。

1. 网络与通信

计算机技术与现代通信技术的结合构成了计算机网络。计算机网络的建立，不仅解决了一个单位、一个地区、一个国家中计算机与计算机之间的通信，各种软、硬件资源的共享，也大大促进了国际间的文字、图像、视频和声音等各类数据的传输与处理。目前遍布全球的互联网，已把地球上的大多数国家联系在一起，信息共享、文件传输、电子商务、电子政务等领域迅速发展，使得人类社会信息化程度日益提高，对人类生产、生活的各个方面都提供了便利。

1）电子商务

以阿里巴巴的“淘宝网”为代表的电子商务平台，正在改变着人们的购物习惯。网上零售市场交易规模超过万亿元。

2）数字化期刊

以“中国知网”为代表的数字化图书和期刊平台，让图书馆就在人们身边，随时随地可以检索最新的科技文献。

3）电子邮件

电子邮件可以是文字、图像、声音等多种形式。同时，用户可以得到大量免费的新闻、专题邮件，并轻松地实现信息搜索。电子邮件的存在极大的方便了人与人之间的沟通与交流，成为人们生活和工作的重要伴侣。

4）QQ、微信

QQ 和微信等即时通信软件的出现，使得沟通变得更加便捷，它们正悄悄地改变着我们的生活方式。现在“同学、老乡们天天群里见，有事没事吼一声，让天涯成为咫尺，弹指间心无间”正成为一种流行的生活方式。

2．现代教育

近些年来，随着计算机的发展和应用领域的不断扩大，其对社会的影响已经有了文化层面的含义。在各级学校的教学中，已把计算机应用技术本身作为“计算机通识”课程安排于教学计划中。此外，计算机作为现代教学手段在教育领域中应用越来越广泛、深入。

1）计算机辅助教学（CAI）

计算机辅助教学是指用计算机来辅助进行教学工作。它利用文字、图形、图像、动画、声音等多种媒体将教学内容开发成 CAI 软件的方式，使教学过程形象化；还可以采用人机对话方式，对不同学生采取不同的内容和进度，改变了教学的统一模式，不仅有利于提高学生的学习兴趣，更适用于学生个性化、自主化的学习。具体产品为各种 CAI 课件、试题测试库等。

2）计算机模拟

除了计算机辅助教学外，计算机模拟是另外一种重要的教学辅助手段。如在电工电子教学中，让学生利用计算机设计电子线路实验并模拟，查看是否达到预期结果，这样可避免不必要的电子器件的损坏，节省费用。同样，飞行模拟器训练飞行员、汽车驾驶模拟器训练驾驶员都是利用计算机模拟进行教学的例子。

3）多媒体教室

利用多媒体计算机和相应的配套设备建立多媒体教室，可以演示文字、图形、图像、动画和声音，给教师提供了强有力的现代教学手段，使得课堂教学变得图文并茂、生动直观，同时提高了教学效率，减轻了教师劳动强度，把教师从黑板前的粉尘中解放出来。

4）网络视频公开课

利用计算机网络将大学校园内开设的课程传输到校园以外的各个地方，使得更多的人能有机会受到高等教育。网上教学在地域辽阔的中国将有诱人的发展前景，网络视频公开课让更多的学生享受到了国内外的优质教育资源。比较著名的有网易视频公开课（http://open.163.com/）和新浪公开课（http://open.sina.com.cn/）。

5）慕课（MOOC）

慕课是大规模的网络开放课程，它是为了增强知识传播而由具有分享和协作精神的个人组织发布的、散布于互联网上的开放课程。以兴趣导向，凡是想学习的，都可以进来学，不分国籍，只需一个邮箱，就可注册参与；学习在网上完成，不受时空限制。

国内比较有名的 MOOC 网址如下：

慕课中国——http://www.mooc.cn/；慕课网——http://www.imooc.com/。

3. 家庭管理与娱乐

越来越多的人已经认识到计算机是一个多才多艺的助手。对于家庭，计算机通过各种各样的软件可以从不同方面为家庭生活与事务提供服务，如家庭财务管理、家庭教育、家庭娱乐、家庭信息管理等。对于在职的各类人员，可以在连网的环境下利用相应的软件在家里办公。

4. 科学计算

这是计算机最早的应用领域。从尖端科学到基础科学，从大型工程到一般工程，都离不开数值计算。如宇宙探测、气象预报、桥梁设计、飞机制造等都会遇到大量的数值计算问题。这些问题计算量大、计算过程复杂。像著名的"四色定理"的证明，就是利用 IBM370 系列的高端机计算了 1200 多个小时才证明的，如果人工计算，日夜不停地工作，也要十几万年；气象预报有了计算机，预报准确率大为提高，可以进行中长期的天气预报；利用计算机进行化工模拟计算，加快了化工工艺流程从实验室到工业生产的转换过程。

5. 数据处理

数据处理又称信息处理，是目前计算机应用最为广泛的领域。据统计，在计算机的所有应用中，数据处理方面的应用约占全部应用的 75%以上。数据处理包括数据采集、转换、存储、分类、组织、计算、检索等方面。如人口统计、档案管理、银行业务、情报检索、企业管理、办公自动化、交通调度、市场预测等都有大量的数据处理工作。

6. 过程控制

计算机是生产自动化的重要工具，它对生产自动化的影响有两个方面：一是在自动控制理论上，二是在自动控制系统的组织上。生产自动化程度越高，对信息传递的速度和准确度的要求也就越高，这一任务靠人工操作已无法完成，只有计算机才能胜任。过程控制也称为实时控制，是指用计算机作为控制部件对单台设备或整个生产过程进行控制。其基本原理为：将实时采集的数据送入计算机内与控制模型进行比较，然后再由计算机反馈信息去调节及控制整个生产过程，使之按最优化方案进行。用计算机进行控制，可以大大提高自动化水平，减轻劳动强度，增强控制的准确性，提高劳动生产率。因此，在工业生产的各个行业都得到了广泛的应用，在卫星、导弹发射等国防尖端技术领域，更是离不开计算机的实时控制。

7. 计算机辅助设计与计算机辅助制造

1）计算机辅助设计（CAD）

计算机辅助设计利用了计算机的高速处理、大容量存储和图形处理功能，辅助设计人员进行产品设计。不仅可以进行计算，而且可以在计算的同时绘图，甚至可以进行动画设计，使设计人员从不同的角度观察了解设计的效果，对设计进行评估，以求取得最佳效果，大大提高了设计效率和质量。以飞机设计为例，过去从制定方案到画出全套图纸，要花大量的人力物力，用两年半到三年时间才能完成，采用 CAD 之后，只需三个月就可以完成。

2）计算机辅助制造（CAM）

计算机辅助制造是在机器制造业中利用计算机控制各种机床和设备，自动完成离散产品的加工、装配、检测和包装等制造过程。近年来，各工业发达国家又进一步将计算机集成制造系统（CIMS）作为自动化技术的前沿方向，CIMS 是集工程设计、生产过程控制、生产经营管理为一体的高度计算机化、自动化和智能化的现代化生产大系统。

8. 人工智能

人工智能（AI）是用计算机模拟人类的智能活动，如判断、理解、学习、图像识别、问题求解等。它是计算机应用的一个崭新领域，是计算机向智能化方向发展的趋势。现在，人工智能的研究已取得不少成果，有的已开始走向实用阶段。例如，应用在医疗工作中的医学专家系统，能模拟医生分析病情，为病人开出药方，提供病情咨询等，而机器制造业中采用的智能机器人，可以完成各种复杂加工、承担有害与危险作业。

1.2 计算机中的信息表示

计算机处理的是信息或数据。信息通常包括数值和字符等。由于在计算机内部采用二进制数系统，所以无论何种类型的信息都必须以二进制编码的形式在计算机中进行处理。因此，要了解计算机如何进行工作就必须了解信息编码、数制与二进制的概念及不同数制之间的转换。

1.2.1 信息编码与数制的基本概念

1. 信息编码的基本概念

所谓信息编码，就是采用少量基本符号（数码）和一定的组合原则来区别和表示信息。基本符号的种类和组合原则是信息编码的两大要素。现实生活中的编码例子并不少见，如用字母的组合表示汉语拼音；用 0～9 这 10 个数码的组合表示数值等。0～9 这 10 个数码又称为十进制码。

在计算机中，信息编码的基本元素是 0 和 1 两个数码，称为二进制码。计算机采用二进制码 0 和 1 的组合来表示所有的信息称为二进制编码。计算机存储器中存储的都是由 0 和 1 组成的信息编码，它们分别代表各自不同的含义，有的表示计算机指令与程序，有的表示二进制数据，有的表示英文字母，有的则表示汉字，还有的可能是表示色彩与声音。它们都分别采用各自不同的编码方案。

虽然计算机内部均采用二进制编码来表示各种信息，但计算机与外部交往仍采用人们熟悉和便于阅读的形式，如十进制数据、中英文文字显示及图形描述。其间的转换，则由计算机系统内部来实现。

与十进制码相比，二进制码并不符合人们的习惯，但是计算机内部仍采用二进制编码表示信息，其主要原因有以下 4 点。

1）容易实现

二进制数中只有 0 和 1 两个数码，易于用两种对立的物理状态表示。如用开关的闭合或断开两种状态分别表示 1 和 0；用电脉冲有或无两种状态分别表示 1 和 0。一切有两种对立稳定状态的器件（即双稳态器件），均可以表示二进制的 0 和 1。而十进制数有 10 个数码，则需要一个 10 稳态的器件，显然设计前一类器件要容易得多。

2）可靠性高

计算机中实现双稳态器件的电路简单，而且两种状态所代表的两个数码在数字传输和处理中不容易出错，因而电路可靠性高。

3）运算简单

在二进制中算术运算特别简单，加法和乘法仅各有的 3 条运算规则如下。

加法：0+0=0，0+1=1，1+1=10。

乘法：0×0=0，0×1=1×0=0，1×1=1。

因此可以大大简化计算机中运算电路的设计。相对而言，十进制的运算规则复杂很多。

4）易于逻辑运算

计算机的工作离不开逻辑运算，二进制数码的 1 和 0 正好可与逻辑命题的两个值“真”（True）与“假”（False），或“是”（Yes）与“否”（No）相对应，这样就为计算机进行逻辑运算和在程序中的逻辑判断提供了方便，使逻辑代数成为计算机电路设计的数学基础。

2. 数制的基本概念

在日常生活中，常用不同的规则来记录不同的数，如 1 年有 12 个月，1 小时为 60 分钟，1 分钟为 60 秒；1 米等于 10 分米，1 分米等于 10 厘米等。按进位的方法，表示一个数的计数方法称为进位计数制，又称数制。在进位计数制中，最常见的是十进制，此外还有十二进制、十六进制等。在计算机科学中使用的是二进制，但有时为了方便也使用八进制、十六进制。

1）十进制

十进制计数方法为“逢十进一”，一个十进制数的每一位都只有 10 种状态，分别用 0～9 等 10 个数符（数码）表示，任何一个十进制数都可以表示为数符与 10 的幂次乘积之和。如十进制数 5296.45 可写成：

$$5296.45=5\times10^3+2\times10^2+9\times10^1+6\times10^0+4\times10^{-1}+5\times10^{-2}$$

上式称为数值按位权多项式展开，其中 10 的各次幂称为十进制数的位权，10 称为基数。

2）二进制

基数为 2 的计数制称为二进制，二进制是“逢二进一”，每一位只有 0 和 1 两种状态，位权为 2 的各次幂。任何一个二进制数，同样可以用多项式之和来表示，如：

$$1011.01=1\times2^3+0\times2^2+1\times2^1+1\times2^0+0\times2^{-1}+1\times2^{-2}$$

二进制数整数部分的位权从最低位开始依次是 2^0、2^1、2^2、2^3、2^4、…小数部分的位权从最高位依次是 2^{-1}、2^{-2}、2^{-3}、2^{-4}、…其位权与十进制数值的对应关系如表 1.2 所示。

表 1.2 二进制小数部分的位权与十进制数值的对应关系

位权	2^4	2^3	2^2	2^1	2^0	2^{-1}	2^{-2}	2^{-3}
数值	16	8	4	2	1	1/2	1/4	1/8

3）八进制和十六进制

在计算机科学技术中，为了便于记忆和应用，除了二进制之外还使用八进制数和十六进制数。

八进制数的基数为 8，进位规则为“逢八进一”，使用 0～7 等 8 个符号，位权是 8 的各次幂。八进制数 3626.71 可以表示为：

$$3626.71=3\times8^3+6\times8^2+2\times8^1+6\times8^0+7\times8^{-1}+1\times8^{-2}$$

十六进制数的基数为 16，进位规则为“逢十六进一”，使用 0～9 及 A,B,C,D,E,F 等 16 个符号，其中 A～F 的十进制数值为 10～15。位权是 16 的各次幂。十六进制数 1B6D.4A 可表示为：

$$1B6D.4A=1\times16^3+11\times16^2+6\times16^1+13\times16^0+4\times16^{-1}+10\times16^{-2}$$

4）进位计数制的表示

综合以上几种进位计数制，可以概括为：对于任意进位的计数制，基数可以用正整数 R 来表示称为 R 进制。这时数 N 表示为多项式

$$N=\pm\sum_{i=m}^{n-1}k_iR^i$$

式中，m 和 n 均为整数，k_i 则是 0，1，…，$(R-1)$中的任何一个；R^i 是位权，采用“逢 R 进一”的原则进行计数。常用的几种进位计数制表示的方法及其相互之间对应关系如表 1.3 所示。

表 1.3　4 种进位制对照表

十进制	二进制	八进制	十六进制	十进制	二进制	八进制	十六进制
1	1	1	1	9	1001	11	9
2	10	2	2	10	1010	12	A
3	11	3	3	11	1011	13	B
4	100	4	4	12	1100	14	C
5	101	5	5	13	1101	15	D
6	110	6	6	14	1110	16	E
7	111	7	7	15	1111	17	F
8	1000	10	8	16	10000	20	10

4 种进位制在书写时有 3 种表示方法。

① 在数字的后面加上下标 2,8,10,16，分别表示二进制、八进制、十进制和十六进制的数。

② 把一串数用括号括起来，再加这种数制的下标 2,8,10,16。

③ 在数字的后面加上进制的字母符号 B（二进制）、O（八进制）、D（十进制）、H（十六进制）来表示。

如 $10110101_{(2)}=265_{(8)}=181_{(10)}=B5_{(16)}$，也可表示为$(10110101)_2=(265)_8=(181)_{10}=(B5)_{16}$，或 10110101B=265O=181D=B5H。

1.2.2　数制之间的相互转换

不同计数制之间的转换包括：非十进制数转换为十进制数；十进制数转换为非十进制数；非十进制之间的转换。

1. R 进制数转换为十进制数

将二进制数、八进制数、十六进制数转换为十进制数，可以简单地按照上述多项式求和的方法直接计算出。如：

$$(101.01)_2=1\times2^2+0\times2^1+1\times2^0+0\times2^{-1}+1\times2^{-2}=(5.25)_{10}$$

$$(2576.2)_8=2\times8^3+5\times8^2+7\times8^1+6\times8^0+2\times8^{-1}=(1406.25)_{10}$$

$$(1A4D)_{16}=1\times16^3+10\times16^2+4\times16^1+13\times16^0=(6733)_{10}$$

$$(F.B)_{16}=15\times16^0+11\times16^{-1}=(15.6875)_{10}$$

2. 十进制数转化为 R 进制数

将一个十进制数转换成二进制数、八进制数、十六进制数，其整数部分和小数部分分别遵守不同的规则，先以十进制数转换成二进制数为例说明。

1）十进制整数转换成二进制整数

十进制整数转换成二进制整数通常采用“除 2 取余，逆序读数”。就是将已知十进制数反复除以 2，每次相除后若余数为 1，则对应二进制数的相应位为 1；若余数为 0，则相应位为 0。

首次除法得到的余数是二进制数的最低位，后面的余数为高位。从低位到高位逐次进行，直到商为 0。

【例 1.1】 求$(13)_{10}=()_2$。

解：该数为整数，用“除 2 取余法”，即将该整数反复用 2 除，直到商为 0；再将余数依次排列，先得出的余数在低位，后得出的余数在高位。

由此可得$(13)_{10}=(1101)_2$。

除数	被除数/商	余数	
2	13	余 1	最低位
2	6	余 0	↑
2	3	余 1	↑
2	1	余 1	最高位
	0		

提示： 同理可将十进制整数通过“除 8 取余，逆序读数”和“除 16 取余，逆序读数”转换成八进制和十六进制整数。

2）十进制纯小数转换成二进制纯小数

十进制纯小数转换成二进制纯小数采用“乘 2 取整，顺序读取”。就是将已知十进制纯小数反复乘以 2，每次乘 2 后所得新数的整数部分若为 1，则二进制纯小数相应位为 1；若整数部分为 0，则相应位为 0。从高位向低位逐次进行，直到满足精度要求或乘 2 后的小数部分是 0 为止。

【例 1.2】 求$(0.3125)_{10}=()_2$。

解：

$0.3125\times2=0.6250$	取整 0	最高位
$0.6250\times2=1.25$	取整 1	↓
$0.25\times2=0.5$	取整 0	↓
$0.5\times2=1.0$	取整 1	最低位

由此可得$(0.3125)_{10}=(0.0101)_2$。

多次乘 2 的过程可能是有限的也可能是无限的。当乘 2 后的数其小数部分等于 0 时，转换即告结束。当乘 2 后小数部分总不为 0 时，转换过程将是无限的，这时应根据精度要求取近似值。若未提出精度要求，则一般小数位数取 6 位；若提出精度要求，则按照精度要求取相应位数。因此，小数转换有时不能实现精确匹配。

提示： 同理，可将十进制小数通过“乘 8（或 16）取整，顺序读取”转换成相应的八（或十六）进制小数。

3）十进制混合小数转换成二进制数

混合小数由整数和小数两部分组成。只需要将其整数部分和小数部分分别进行转换，然后再用小数点连接起来即可得到所要求的混合二进制数。

【例 1.3】 求$(13.3125)_{10}=()_2$。

解：只要将前面两例的结果用小数点连接起来即可。

由此可得$(13.3125)_{10}=(1101.0101)_2$。

提示： 上述将十进制数转换成二进制数的方法同样适用于将十进制数转换成八进制数和十六进制数，只不过所用基数不同而已。

3．二进制、八进制、十六进制数之间的转换

非十进制之间的转换包括二进制与八进制之间的转换；二进制与十六进制之间的转换等。

1）二进制数转换成八进制数

由于 $2^3=8$，1 位八进制数都相当于 3 位二进制数。因此将二进制数转换成八进制数时，只需以小数点为界，分别向左、向右，每 3 位二进制数分为一组，最后不足 3 位时用 0 补足 3 位（整数部分在高位补 0，小数部分在低位补 0）。然后将每组分别用对应的 1 位八进制数替换，即可完成转换。

【例 1.4】 把 $(11010101.0100101)_2$ 转换成八进制数。

解：$(\underline{011\quad 010\quad 101}\ .\ \underline{010\quad 010\quad 100})_2$

$(\ 3\quad 2\quad 5\ .\ 2\quad 2\quad 4)_8$

由此可得 $(11010101.0100101)_2=(325.224)_8$。

2）八进制数转换成二进制数

由于八进制数的 1 位相当于 3 位二进制数，因此，只要将每位八进制数用相应的二进制数替换，即可完成转换。

【例 1.5】 把 $(652.307)_8$ 转换成二进制数。

解：$(\underline{\ 6\quad 5\quad 2\ }\ .\ \underline{\ 3\quad 0\quad 7\ })_8$

$(110\quad 101\quad 010\ .\ 011\quad 000\quad 111)_2$

由此可得 $(652.307)_8=(110101010.011000111)_2$。

3）二进制数转换成十六进制数

由于 $2^4=16$，1 位十六进制数相当于 4 位二进制数，因此仿照二进制数与八进制数之间的转换方法，很容易得到二进制与十六进制之间的转换方法。

对于二进制数转换成十六进制数，只需以小数点为界，分别向左、向右，每 4 位二进制数分为 1 组，不足 4 位时用 0 补足 4 位（整数在高位补 0，小数在低位补 0）。然后将每组分别用对应的 1 位十六进制数替换，即可完成转换。

【例 1.6】 把 $(1011010101.0111101)_2$ 转换成十六进制数。

解：$(\underline{0010\quad 1101\quad 0101}\ .\ \underline{0111\quad 1010})_2$

$(\ 2\quad D\quad 5\ .\quad 7\quad A)_{16}$

由此可得 (1011010101.0111101)2=$(2\ D5.7\ A)_{16}$。

4）十六进制数转换成二进制数

对于十六进制数转换成二进制数，只要将每位十六进制数用相应的 4 位二进制数替换，即可完成转换。

【例 1.7】 把 $(1C5.1B)_{16}$ 转换成二进制数。

解：$(\quad 1\quad C\quad 5.\quad 1\quad B\ )_{16}$

$(\underline{\ 0001\quad 1100\quad 0101}.\ \underline{0001\quad 1011\ })_2$

由此可得 $(1C5.1B)_{16}=(111000101.00011011)_2$。

1.2.3 计算机中的数据表示

计算机中的数据可以分为数值型数据和非数值型数据。其中数值型数据就是常说的数值（整数、实数等），如学生的考试成绩、商品的价格等，它们在计算机中是以二进制编码表示。在计算机中，对非数值的文字和其他符号进行处理时，要对文字和符号进行数字化，即用二进制编码来表示文字和符号。其中西文字符最常用到的编码方案有 ASCII 编码，对于汉字，我国也制定了相应的编码方案。

1. 数据存储单位

数据泛指一切可以被计算机接收并处理的符号，包括数值、文字、图形、图像、声音、视频等各种信息。计算机中数据的常用单位有位、字节和字。

1）位（bit）

位又称比特，是计算机表示信息的数据编码中的最小单位。1 位二进制的数码用 0 或 1 来表示。

2）字节（Byte）

字节是计算机存储信息的最基本单位，因此也是信息数据的基本单位。一个字节用 8 位二进制数表示。通常计算机以字节为单位来计算内存容量。

计算机中字节与容量的换算：

$$1B=8bit \qquad 1KB=2^{10}B=1024B$$

$$1MB=2^{20}B=1024KB \qquad 1GB=2^{30}B=1024MB$$

3）字（Word）

一个字通常由一个字节或若干个字节组成，是计算机进行信息处理时一次存取、加工和传送的数据长度。现代计算机的字长通常为 16、32、64 位二进制数。

2. 计算机中数值的表示

在计算机中，数值型的数据有两种表示方法，一种叫做定点数，另一种叫做浮点数。所谓定点数，就是在计算机中所有数的小数点位置固定不变。定点数有两种：定点小数和定点整数。定点小数将小数点固定在最高数据位的左边，因此，它只能表示小于 1 的纯小数。定点整数将小数点固定在最低数据位的右边，因此定点整数表示的也只是纯整数。由此可见，定点数表示数的范围较小。

为了扩大计算机中数值数据的表示范围，将 12.34 表示为 0.1234×10^2，其中 0.1234 叫做尾数，10 叫做基数，可以在计算机内固定下来。2 叫做阶码，若阶码的大小发生变化，则意味着实际数据小数点的移动，因而把这种数据叫做浮点数。由于基数在计算机中固定不变，因此，可以用两个定点数分别表示尾数和阶码，从而表示这个浮点数。其中，尾数用定点小数表示，阶码用定点整数表示。

在计算机中，无论是定点数还是浮点数，都有正负之分。在表示数据时，专门有 1 位表示符号位。对单符号位来讲，通常用“1”表示负号，用“0”表示正号，而且符号位都处于数据的最高位。

1）定点数的表示

一个定点数，在计算机中可用不同的码制来表示，常用的码制有原码、反码和补码三种。不论用什么码制来表示，数据本身的值并不发生变化，数据本身所代表的值叫做真值。

原码的表示方法为：如果真值是正数，则最高位为 0，其他位保持不变；如果真值是负数，则最高位为 1，其他位保持不变。

【例 1.8】 写出 13 和 –13 的原码（取 8 位码长）

解：$13=(1101)_2$，故

13 用 8 位二进制表示的原码是 00001101

–13 用 8 位二进制表示的原码是 10001101

提示：采用原码，优点是转换非常简单，只要根据正负号将最高位置 0 或 1 即可。但原码表示在进行加减运算时很不方便，符号位不能参与运算，并且 0 的原码有两种表示方法：+0 的原码是 00000000，–0 的原码是 10000000。

反码的表示方法为：如果真值是正数，则最高位为 0，其他位保持不变；如果真值是负数，则最高位为 1，其他位按位求反。

【例 1.9】 写出 13 和 –13 的反码（取 8 位码长）。

解：$13=(1101)_2$，故

13 用 8 位二进制表示的反码是 00001101

−13 用 8 位二进制表示的反码是 11110010

提示： 反码与原码相比较，符号位虽然可以作为数值参与运算，但计算完后，仍需要根据符号位进行调整。另外 0 的反码同样也有两种表示方法：+0 的反码是 00000000，−0 的反码是 11111111。

为了克服原码和反码的上述缺点，人们又引进了补码表示法。补码的作用在于能把减法运算化成加法运算，现代计算机中一般采用补码来表示定点数。

补码的表示方法为：如果真值是正数，则最高位为 0，其他位保持不变；如果真值是负数，则最高位为 1，其他位按位求反后再加 1。

【例 1.10】 写出 13 和 –13 的补码（取 8 位码长）。

解：$13=(1101)_2$，故

13 用 8 位二进制表示的补码是 00001101

−13 用 8 位二进制表示的补码是 11110011

提示： 补码的符号可以作为数值参与运算，且计算完后，不需要根据符号位进行调整。另外，0 的补码表示方法也是唯一的，即 00000000。

2）浮点数的表示方法

浮点数表示法类似于科学计数法，任一数均可通过改变其指数部分，使小数点发生移动，如数 23.45 可以表示为：$10^1\times2.345$、$10^2\times0.2345$、$10^3\times0.02345$ 等各种不同形式。浮点数的一般表示形式为：$N=2^E\times D$，其中，D 称为尾数，E 称为阶码。如图 1.7 所示，为浮点数的一般形式。精度由尾数确定，大小由阶码确定。

阶码符号位	阶码 E	尾数符号位	尾数 D

图 1.7　浮点数的一般形式

对于不同的机器，阶码和尾数各占多少位，分别用什么码制表示都有具体规定。在实际应用中，浮点数的表示首先要进行规格化，即转换成一个纯小数与 2^E 之积，并且小数点后的第一位是 1。

【例 1.11】 写出浮点数$(-101.1101)_2$的机内表示（阶码用 4 位原码表示，尾数用 8 位补码表示，阶码在尾数之前）。

解：$(-101.1101)_2=(-0.1011101)_2\times2^3$

阶码为 3，用原码表示为 0011

尾数为−0.1011101，用补码表示为 1.0100011

因此，该数在计算机内表示为 001110100011

3．计算机中英文字符的表示（ASCII 码）

微机和小型计算机中普遍采用美国信息交换标准代码（ASCII 码）表示英文字符数据，该编码被 ISO（国际标准化组织）采纳，作为国际上通用的信息交换代码。

ASCII 码由 7 位二进制数组成，由于 $2^7=128$，所以能够表示 128 个字符数据。参照如表 1.4 所示的 ASCII 表，可以看出 ASCII 码具有以下特点。

表 1.4 ASCII 码表

高四位 / 低四位		ASCII 非打印控制字符										ASCII 打印字符												
		0000					0001					0010		0011		0100		0101		0110		0111		
		0					1					2		3		4		5		6		7		
		十进制数	字符	Ctrl	代码	字符解释	十进制数	字符	Ctrl	代码	字符解释	十进制数	字符	十进制数	字符	十进制数	字符	十进制数	字符	十进制数	字符	十进制数	字符	Ctrl
0000	0	0	BLANK NULL	^@	NUL	空	16	►	^P	DLE	数据链路转意	32		48	0	64	@	80	P	96	、	112	p	
0001	1	1	☺	^A	SOH	头标开始	17	◄	^Q	DC1	设备控制 1	33	!	49	1	65	A	81	Q	97	a	113	q	
0010	2	2	☻	^B	STX	正文开始	18	↕	^R	DC2	设备控制 2	34	"	50	2	66	B	82	R	98	b	114	r	
0011	3	3	♥	^C	ETX	正文结束	19	‼	^S	DC3	设备控制 3	35	#	51	3	67	C	83	S	99	c	115	s	
0100	4	4	♦	^D	EOT	传输结束	20	¶	^T	DC4	设备控制 4	36	$	52	4	68	D	84	T	100	d	116	t	
0101	5	5	♣	^E	ENQ	查询	21	§	^U	NAK	反确认	37	%	53	5	69	E	85	U	101	e	117	u	
0110	6	6	♠	^F	ACK	确认	22	■	^V	SYN	同步空闲	38	&	54	6	70	F	86	V	102	f	118	v	
0111	7	7	●	^G	BEL	震铃	23	↨	^W	ETB	传输块结束	39	'	55	7	71	G	87	W	103	g	119	w	
1000	8	8	◘	^H	BS	退格	24	↑	^X	CAN	取消	40	(	56	8	72	H	88	X	104	h	120	x	
1001	9	9	○	^I	TAB	水平制表符	25	↓	^Y	EM	媒体结束	41	)	57	9	73	I	89	Y	105	i	121	y	
1010	A	10	◙	^J	LF	换行/新行	26	→	^Z	SUB	替换	42	*	58	:	74	J	90	Z	106	j	122	z	
1011	B	11	♂	^K	VT	竖直制表符	27	←	^[	ESC	转意	43	+	59	;	75	K	91	[	107	k	123	{	
1100	C	12	♀	^L	FF	换页/新页	28	∟	^\	FS	文件分隔符	44	,	60	<	76	L	92	\	108	l	124	|	
1101	D	13	♪	^M	CR	回车	29	↔	^]	GS	组分隔符	45	-	61	=	77	M	93	]	109	m	125	}	
1110	E	14	♫	^N	SO	移出	30	▲	^6	RS	记录分隔符	46	.	62	>	78	N	94	^	110	n	126	~	
1111	F	15	☼	^O	SI	移入	31	▼	^_	US	单元分隔符	47	/	63	?	79	O	95	_	111	o	127	Δ	^Back space

注：表中的 ASCII 字符可以用 Alt+“小键盘上的数字键”输入。

1）表中前 32 个字符和最后一个字符为控制字符，在通信中起控制作用。

2）10 个数字字符和 26 个英文字母由小到大排列，且数字在前，大写字母次之，小写字母在最后，这一特点可用于字符数据的大小比较。

3）数字 0～9 由小到大排列，ASCII 码分别为 48～57，ASCII 码与数值恰好相差 48。

4）在英文字母中，A 的 ASCII 码值为 65，a 的 ASCII 码值为 97，且由小到大依次排列。因此，只要知道了 A 和 a 的 ASCII 码，也就知道了其他字母的 ASCII 码。

在计算机中一个字节为 8 位，为了提高信息传输的可靠性，在 ASCII 码中把最高位作为奇偶校验位。所谓奇偶校验位是指代码传输过程中，用来检验是否出现错误的一种方法，一般分奇检验和偶校验两种。偶校验规则为：若 7 位 ASCII 码中"1"的个数为偶数，则校验位置"0"；若 7 位 ASCII 码中"1"的个数为奇数，则校验位置"1"。校验位仅在信息传输时有用，在对 ASCII 码进行处理时校验位被忽略。

ASCII 码是使用最广的字符编码，数据使用 ASCII 码的文件称为 ASCII 文件。

4．计算机中中文字符的表示（汉字编码）

计算机在处理汉字时也要将其转换为二进制码，这就需要对汉字进行编码。由于汉字是象形文字，数目很多，常用汉字就有 3000～5000 个，加上汉字的形状和笔画差异极大，因此，不可能用少数几个确定的符号将汉字完全表示出来，或像英文那样将汉字拼写出来。每个汉字必须有它自己独特的编码。通常汉字编码有国标码、机内码、输入码和输出码。

1）汉字的国标码

我国根据有关国际标准，于 1980 年制定并颁布了中华人民共和国国家标准信息交换汉字编码 GB2312-80，简称国标码。国标码的字符集共收录 6763 个常用汉字和 682 个非汉字图形符号，其中使用频度较高的 3755 个汉字为一级字符，以汉语拼音为序排列；使用频度稍低的 3008 个汉字为二级字符，以偏旁部首进行排列。682 个非汉字字符主要包括拉丁字母、俄文字母、日文假名、希腊字母、汉语拼音符号、汉语注音字母、数字、常用符号等。

2）汉字的机内码

汉字的机内码是计算机系统内部对汉字进行存储、处理、传输统一使用的代码，又称为汉字内码。由于汉字数量多，一般用 2 个字节来存放一个汉字的内码。在计算机内汉字字符必须与英文字符区别开，以免造成混乱，英文字符的机内码是用一个字节来存放 ASCII 码，一个 ASCII 码占一个字节的低 7 位，最高位为 0，为了区分，汉字机内码中两个字节其每个字节的最高位置为 1。

3）汉字的输入码

汉字主要是从键盘输入，汉字输入码是计算机输入汉字的代码，是代表某一个汉字的一组键盘符号。汉字输入码也叫外部码（简称外码）。现行的汉字输入方案众多，常用的有拼音输入和五笔字型输入等。每种输入方案对同一汉字的输入编码都不相同，但经过转换后存入计算机的机内码均相同。

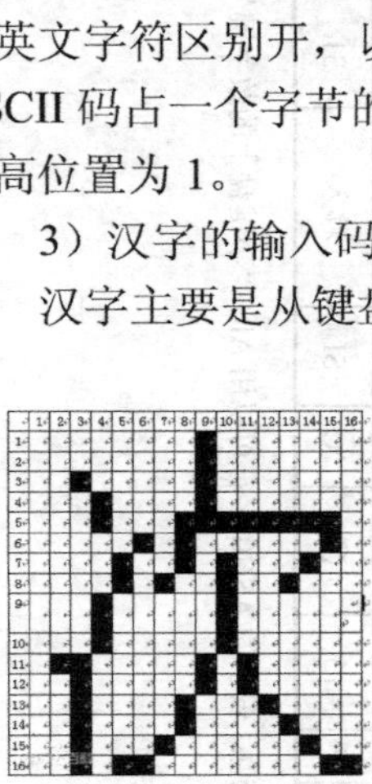

图 1.8　点阵字模示意图

4）汉字的输出码

汉字的输出码（字形存储码）是指供计算机输出汉字（显示或打印）用的二进制信息，也称字模。通常，采用的是数字化点阵字模，如图 1.8 所示。

一般的点阵规模有16×16，24×24，32×32，64×64等，每一个点在存储器中用一个二进制位（bit）存储。例如，在16×16的点阵中，需16×16bit=32 Byte的存储空间。在相同点阵中，不管其笔画繁简，每个汉字所占的字节数相等。汉字还有一种输出码，称为矢量码。所谓的矢量汉字是指用矢量方法将汉字点阵字模进行压缩后得到的汉字字形的数字化信息。矢量字库保存每一个汉字的描述信息，比如一个笔画的起始、终止坐标，半径、弧度等等。在输出时要经过一定的数学运算。

Windows使用的字库为以上两类。在FONTS目录下，扩展名为FON的文件为点阵字库；扩展名为TTF的文件为矢量字库。

1.3 计算机系统的组成及其工作原理

现在的计算机系统可谓是五花八门，无论在尺寸、功能还是价格上，都千差万别。但不管存在着怎样的差别，所有的计算机都是由计算机硬件系统和计算机软件系统两大部分组成。

计算机硬件系统是计算机系统工作的基础，由计算机主机和外围设备两部分组成。其中计算机主机提供最基本的计算能力和输入/输出、存储能力，而外围设备主要用于扩展输入/输出和存储能力。计算机硬件系统本身并不提供人们直接需要的功能，为了使计算机硬件系统具有使用价值，还需要计算机软件系统的配合。软件驱使计算机硬件进行计算、处理数据，完成各种工作。

没有软件系统的计算机硬件系统，就像没有电视节目的电视机一样，人们能看到的只是一个冷冰冰的物体。当然，计算机软件系统和计算机硬件系统之间的关系远不止电视机和电视节目那么简单。计算机系统是一个设计精巧的软硬件协同工作的系统，这种协同不仅仅是软件和硬件之间的协同，同时也包括硬件与硬件之间的协同，软件与软件之间的协同。

1.3.1 计算机硬件组成

1．计算机的逻辑结构及工作原理

不管计算机的外观、体积与能力如何，其逻辑组成都遵从“冯·诺依曼”体系结构。计算机由控制器、运算器、输入设备、存储器及输出设备5个部件组成，如图1.9所示，其中控制器和运算器集成在一起称为中央处理器（CPU）。

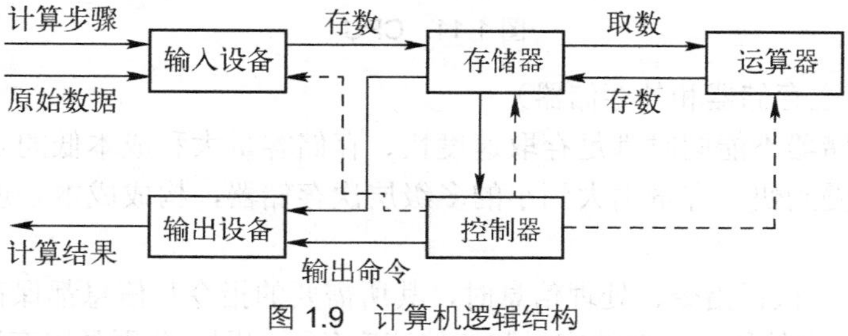

图1.9 计算机逻辑结构

这5个部分相互协同共同完成计算任务，具体步骤如下：

1）在控制器的统一协调下，待处理的数据及处理数据的程序通过输入设备进入计算机，存储在存储器中；

2）运算器再从存储器中取出程序运行，并对存储器中的数据进行处理；

3）最后，在输出设备上将数据显示出来。

这个过程体现了冯·诺依曼提出的“存储程序”思想，也就是程序与数据预先存入存储器，

工作时连续自动高速顺序执行。

2．个人计算机的主要部件

组成个人计算机的设备和部件主要包括主板、中央处理器、存储设备和基本输入/输出设备。

图 1.10　主板

1）主板

主板是计算机中各个部件工作的一个平台，它把计算机的各个部件紧密连接在一起，各个部件通过主板进行数据传输。也就是说，计算机中重要的"交通枢纽"都在主板上，它工作的稳定性影响着整机工作的稳定性。主板一般为矩形电路板，安装在机箱内。主板上面安装了组成计算机的主要电路系统，一般有BIOS芯片、I/O控制芯片、键盘和面板控制开关接口、指示灯插接件、扩充插槽、主板及插卡的直流电源供电接插件等元件，如图 1.10 所示。

2）CPU

中央处理器（CPU，Central Processing Unit）是一块超大规模的集成电路，是一台计算机的运算核心和控制核心。主要包括运算器（ALU，Arithmetic and Logic Unit）和控制器（CU，Control Unit）两大部件。此外，还包括若干个寄存器和高速缓冲存储器及实现它们之间联系的数据、控制及状态的总线。它与内部存储器和输入/输出设备合称为电子计算机三大核心部件，如图 1.11 所示。

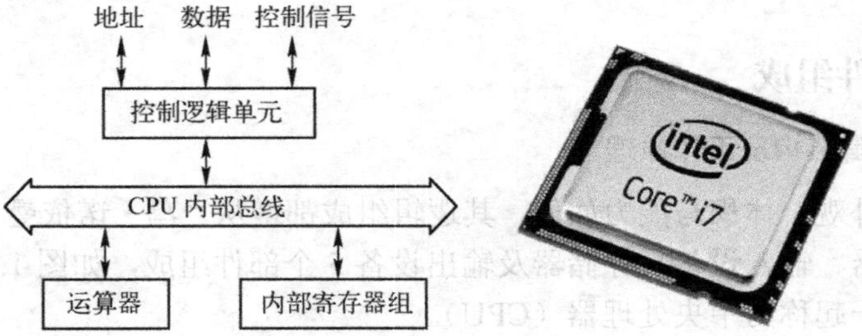

图 1.11　CPU

3）存储设备（主存储器和外存储器）

计算机的主存储器不能同时满足存取速度快、存储容量大和成本低的要求，因此在计算机中必须有速度由慢到快、容量由大到小的多级层次存储器，构成成本合理且性能良好的存储系统。

CPU 进行工作、执行指令、处理信息时，其所需要的指令和信息都保存在不同的存储设备中，它们的作用、存储原理、存储容量和存储速度各不相同，分别是寄存器、外存储器、高速缓存和主存储器。

① 寄存器

在 CPU 内部，有自己的快速存储设备——寄存器，用于存放即将执行的指令和处理的数据；而大量要执行的软件和需要处理的数据都是存放在硬盘和其他外存储器上。

② 外存储器

外存储器的工作速度比较低，种类包括硬盘、光盘和 U 盘等，如图 1.12 所示。CPU 中寄存器的存取速度非常快，和 CPU 的速度相当，但是容量很小。因此，CPU 执行指令和数据时，要即时从外存储器上将有关数据和指令（软件）传输到寄存器中。

图 1.12　外存储器

外存储器的存储容量虽然很大（一般容量可达到 TB 级），但它们的存取速度（100MHz）显然是不能与 CPU 执行指令和处理数据的速度（CPU 的主频单位是 GHz）相匹配的。

③ 高速缓存和主存储器

为了缓解这种矛盾，人们又增加了两种存储设备——高速缓存和主存储器。其中，主存储器（简称主存，也称内存）的存取速度比外存储器快得多，但是容量也有限，目前 PC 一般是 4～8GB。

主存是计算机的工作空间，用于存放计算机将要执行的软件和处理的数据。而高速缓存的工作速度又比主存要快很多，接近 CPU 的速度，但是容量比主存又要小得多，一般为 1MB。

高速缓存的作用好像一个缓冲池，让往来于 CPU 的高速数据流经过这个缓冲池，再流向较慢但是具有较大容量的主存储器。这对于提高主存到寄存器的数据传输能效非常有帮助。

这些存储设备之间的数据往来关系如图 1.13 示，图中由左到右，设备的工作速度在数量级上逐级递减，但是存储容量则逐级递增。由这些存储器组成一个完整的存储系统，这个存储系统的速度近似于寄存器的存储速度，而存储容量近似于外存储器的容量。

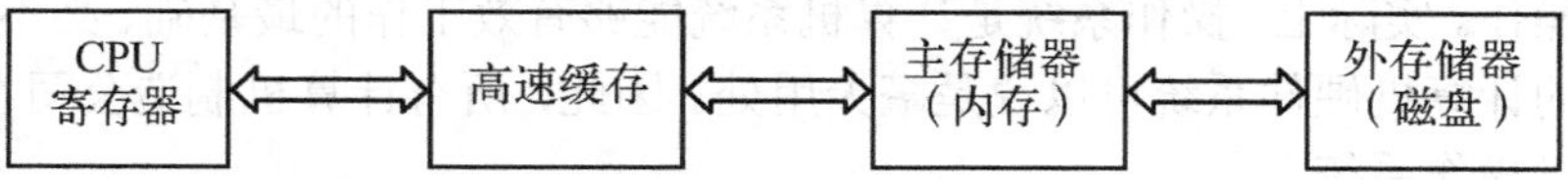

图 1.13　存储系统图

4）基本输入/输出设备

键盘是最常用也是最主要的输入设备，通过键盘可以将英文字母、数字、标点符号等输入到计算机中，从而向计算机发出命令、输入数据等。根据内部结构可以将键盘分为“机械式键盘”和“电容式键盘”两种；根据连接方式分为 PS/2 键盘、USB 键盘、无线键盘等。

鼠标是增强键盘输入功能的重要设备，因为它的外形很像一只老鼠，在英文里面它的名字叫 mouse，意思就是老鼠。目前大量的软件都支持鼠标，没有鼠标这些软件将难以运行。根据连接方式分为 PS/2 鼠标、USB 鼠标、无线鼠标等。

显示器通常也被称为监视器，属于计算机的 I/O 设备，即输入/输出设备，如图 1.14 所示。

图 1.14　基本输入/输出设备

1.3.2 计算机软件组成

为了让计算机能够完成各种各样的任务，人们开发的计算机软件也是多种多样的。通常，不同的工作是由不同的计算机软件来完成的。但是不同的工作之间，相互的联系是很密切的。有的工作是基础性的，其他的工作都是基于它们来完成的；而有些工作则需要很多其他的工作来配合才能完成。为了让计算机软件系统更加精巧，人们在开发软件时将计算机软件分成了两大类：系统软件和应用软件。

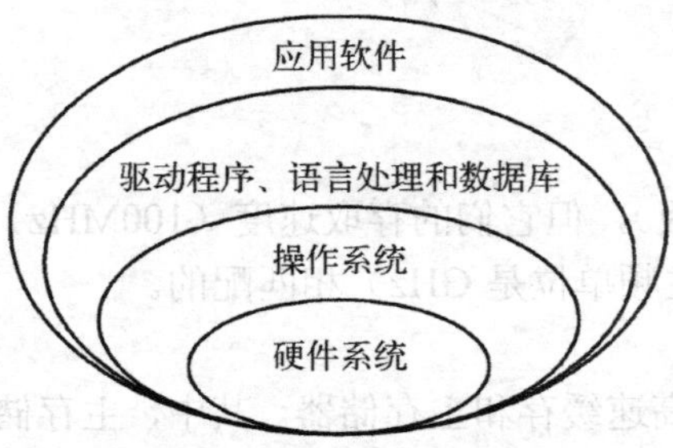

图 1.15 计算机硬件系统和软件系统的层次关系

系统软件和应用软件协同工作，完成信息的输入、存储、管理、处理和输出等功能，软件功能多种多样，但各个软件有明显的层次化特点，如图 1.15 所示。系统软件是底层软件，负责软硬件的协同，并向应用软件提供运行支持；应用软件是高层软件，面向人类思维。不同软件层次之间分工明确且相互配合，在这个层次图中，计算机硬件系统是其核心。

1. 系统软件

系统软件协助计算机执行基本的操作任务，例如为应用软件的运行提供支持，管理硬件设备，在硬件设备和应用软件之间建立接口等。常用的系统软件有操作系统、设备驱动程序、工具软件、数据库系统、程序语言等。

1）操作系统（OS）

操作系统是最重要的计算机系统软件。如果没有操作系统的功能支持，人们无法有效地在计算机上进行操作。实际上，操作系统是计算机系统能够有效工作的最基础、必不可少的软件，没有操作系统的计算机硬件系统可以说是毫无用处。因此，所有计算机制造公司在出售计算机时均提供计算机操作系统。

操作系统的主要任务是管理计算机系统的硬件资源和信息资源（程序和数据）。此外，还要为计算机上各种硬件和软件的运行提供支持，并为计算机的用户和管理人员提供各种服务。台式机和笔记本常用操作系统有 Windows 系列的 Win7 和 Win8，Apple 系列的 Mac OS X。服务器常用的操作系统有 Windows 系列的 Win2003 和 Win2008，以及 Linux 和 UNIX。平板电脑的常用的操作系统有微软的 Win8、谷歌的 Android 和苹果的 iOS 等。

2）设备驱动程序

当将一个新的设备连接到计算机上时，通常需要安装相应的软件以告诉计算机如何使用这个设备，协助计算机控制设备的系统软件就称为设备驱动程序。设备驱动程序中包括所有与设备相关的代码。每个设备驱动程序只能处理一种设备，或者一类紧密相关的设备。

3）数据库系统

数据库系统是对数据进行存储、管理、处理和维护的软件系统，是现代计算机环境中的核心成分。数据库系统由一个相互关联的数据集合和一组用以访问这些数据的程序组成，这个数据集合称为数据库。数据库系统的基本目标是要提供一个可以方便、有效地存储数据库信息的环境。设计数据库系统的目的是为了管理大量的信息。常见的数据库系统有 SQL Sever、Access、Oracle、Sybase、DB2 和 Informix 等。

4）语言处理程序

计算机只能直接识别和执行机器语言，因此要在计算机上运行高级语言程序就必须配备程序语言翻译程序，翻译程序本身是一组程序，不同的高级语言都有相应的翻译程序。语言处理程序有汇编语言汇编器，C++语言编译、连接器等。

2. 应用软件

应用软件是指为了解决各种计算机应用中的实际问题而编制的程序。应用软件具有很强的实用性、专业性，正是由于应用软件的特点，才使得计算机的应用日益渗透到社会的方方面面。应用软件包括商品化的通用软件，也包括用户自己编制的应用程序，可分为如下几大类。

1）文字处理软件

文字处理软件主要用于文字的输入，可以对文字进行修改、排版等操作，还可以将输入的文字以文件的形式保存到软盘或硬盘中。目前常用的文字处理软件有 Microsoft Word 和金山 WPS 等。

2）表格处理软件

表格处理软件主要用于表格中数据的排序、筛选及各种计算，还可用数据制作各种图表等。目前常用的表格处理软件有 Microsoft Excel 和 Lotus 等。

3）辅助设计软件

计算机辅助设计（CAD）技术是近二十年来最有成效的工程技术之一。由于计算机具有快速数值计算、数据处理及模拟的能力，因此在汽车、飞机、船舶、超大规模集成电路 VLSI 等的设计、制造过程中，CAD 占据着越来越重要的地位。辅助设计软件主要用于绘制、修改、输出工程图纸。目前常用的辅助设软件有 AutoCAD 等。

4）图像处理软件

图像处理软件主要用于绘制和处理各种图形图像，用户可以在空白文件上绘制自己需要的图像，也可以对现有图像进行简单加工及艺术处理，最后将结果保存在外存中或打印出来。常用的图像处理软件有 Adobe Photoshop 和我形我速等。

5）多媒体处理软件

多媒体处理软件主要用于处理音频、视频及动画，安装和使用多媒体处理软件对计算机的硬件配置要求相对较高。播放软件是重要的多媒体处理软件，例如暴风影音和 Winamp 等。常用的视频处理软件有 Adobe Premier、Ulead 及会声会影等，而 Flash 用于制作动画，Maya、3ds Max 等是大型的 3D 动画处理软件。

1.3.3 计算机硬件与软件协同工作

计算机的 CPU 是通过执行指令来完成工作的。而指令有多种类型，不同的指令可以完成不同的基本操作，包括算术运算、逻辑运算、条件判断、访问主存储器和输入/输出控制等。每个指令操作的实现，都有一个对应的物理电路来支持。指令和物理电路之间的对应关系，是计算机硬件和软件之间最基本的连接关系，也是硬件和软件协同工作的基础。

计算机程序就是为完成某种特定工作而实现的、由一系列计算机指令构成的序列。指令一般由操作码和操作数两部分组成。操作码就是由与指令对应的固定的物理电路来完成的，而操作数则是该操作码所处理的数据。通常，指令的操作数并不指具体的数据，而是数据在主存储器中的存放位置（地址）。CPU 在执行指令时，按照数据在主存储器中的位置，从主存储器中取得指令操作数。

按照冯·诺依曼的“存储程序”原理，程序与数据都是预先存入存储设备中。工作时，CPU自动、顺序地从存储设备中取出指令及其操作数，高速的运行，并最终得到处理结果。

除了 CPU 内的指令和物理电路之间的对应关系外，计算机系统中的其他硬件设备也都有类似的对应关系，而这种对应关系都是由相应的接口卡（显卡、声卡、网卡）来实现的。设备驱动程序正是依据这种对应关系而设计实现的。不同的设备，由于其功能和对应关系不同，所以都需要有不同的驱动程序。

下面以在 Win7 操作系统下，从数码相机中导入照片，并在 PhotoShop 中处理，然后打印出来的处理过程为例，说明计算机硬件及整个计算机系统是如何协同工作的，如图 1.16 所示。

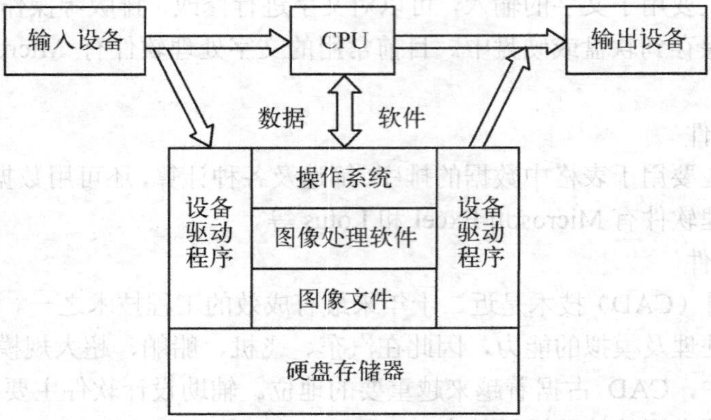

图 1.16　计算机系统的协同工作

1）首先在计算机硬盘中安装 Win7 操作系统、Photoshop 图形处理软件、Cannon 数码相机和 HP 打印机的驱动程序。

2）计算机启动后，首先被执行的软件就是操作系统 Win7。Win7 操作系统运行后，出现 Win7 的桌面，并管理 CPU 和其他硬件设备及软件的运行。

3）要进行图像处理，则接着运行 Photoshop 图像处理软件。在其运行过程中，需要输入一张 Cannon 数码相机拍的照片，这时，Photoshop 图像处理软件就会向 Win7 操作系统发出请求，需要使用图像输入设备（Cannon 数码相机），来输入新图像。

4）Win7 操作系统接到请求后，就会去检查是否有 Cannon 数码相机连接到主机上，并找到 Cannon 数码相机的驱动程序，通过驱动程序来获取数码相机中的图像数据。获得相机中的照片图像后，Photoshop 图像处理软件开始对图像数据进行各种处理。

5）图像处理完成后，需要输出到打印机，Photoshop 图像处理软件就会向 Win7 操作系统发出请求。Win7 操作系统接到请求后，就会检查是否有打印机连接到主机上，并找到打印机的驱动程序，通过驱动程序来打印输出图像数据。

1.4　计算机程序设计与算法基础

虽然计算机的功能非常强大，但是计算机并不能直接帮助人们去解决问题。因为人们在描述这些问题的时候，采用的是人类自然语言的形式，而不是机器指令的形式，计算机听不懂人们所说的话，更不知道该去做什么。比如说，想要知道 1 加 1 等于多少，不能拿起话筒，然后对一台计算机说："计算机，请问，1 加 1 等于多少？"这样做计算机根本就不会理会，因为计算机听不懂人说的话，不知道人们想要的是什么。要让计算机来帮助人们解决这个问题，只能通过计算机程序。

计算机程序（通常简称程序）是人们为解决某种问题用计算机可以识别的代码编排的一系列加工步骤，是一组指示计算机每一步动作的命令。程序的执行过程实际上是对程序所表达的数据进行处理的过程。人们必须把现实中的问题，转换为计算机程序，计算机才能处理。而把现实中的问题，转换为计算机程序的过程，也就是人们通常所说的程序设计。

1.4.1 程序设计与程序设计语言

1. 程序

通常，完成一项复杂的任务，需要进行一系列的具体工作。这些按一定的顺序安排的工作即操作序列，就称为程序。例如，学校里学生考试的程序步骤：

1）预备铃声响，监考老师发试卷；

2）正式考试铃声响，学生开始答题；

3）结束考试铃声响，考试结束，学生结束答题，离开考场；

4）监考老师收试卷。

可见，程序的概念是很普通的。对于计算机来说，计算机要完成某种数据处理任务，我们可以设计计算机程序，即规定一组操作步骤，使计算机按该操作步骤执行，完成该数据处理任务。在为计算机设计程序时，必须用特定的计算机语言描述。用计算机语言设计的程序，即为计算机程序。程序就是计算机为完成某一个任务所必须执行的一系列指令的集合。

2. 程序设计

一个计算机程序一般需要描述两部分内容：一是描述问题中的每个对象及它们之间的关系；二是描述对这些对象进行处理的规则。其中对象及它们之间的关系涉及数据结构的内容，而处理规则即求解某个问题的算法。因此，对程序的描述经常可以理解为：

程序=数据结构+算法

一个设计合理的数据结构往往可以简化算法，而且一个好的程序应具有可靠性、易读性、可维护性等良好特性。

所谓程序设计，就是根据计算机要完成的任务，提出相应的需求，在此基础上设计数据结构和算法，然后再编写相应的程序代码并测试该代码运行的正确性，直到能够得到正确的运行结果为止。程序设计要讲究方法，良好的设计方法能够大大提高程序的清晰度和执行效率。通常程序设计有一套完整的方法，这一套完整的方法也称为程序设计方法学，因此有专家提出如下关系：

程序设计=数据结构+算法+程序设计方法学

程序设计方法学在程序设计中被提到比较高的位置，尤其对于大型软件的设计更是如此，它是软件工程的组成部分。

3. 程序设计语言

在为计算机设计程序时，必须用特定的计算机语言描述。程序设计语言是一组用来书写计算机程序的语法规则。程序设计语言提供了一种数据表达方法与处理数据的功能，编程人员必须按照语言所要求的规范（即语法要求）进行编程。

在过去的几十年里，大量的程序设计语言被发明、被取代、被修改或组合在一起。尽管人们多次试图创造一种通用的程序设计语言，却没有一次尝试是成功的。之所以有那么多种不同的编程语言存在，其原因主要在于：编写程序的初衷各不相同；许多语言对新手来说太难学；不同程序之间的运行成本各不相同。因此，有许多用于特殊用途的语言只在特殊情况下使用。例如，PHP 专门用来显示网页；Perl 更适合文本处理等。而 C 语言是被广泛用于操作系统和编译器开发（所谓的系统编程）的一种面向过程的通用高级语言，是面向对象的计算机语言（如 C#、C++、Java 等）的基础。

4．程序设计语言的分类

程序设计语言按照语言级别可以分为低级语言和高级语言。低级语言有机器语言和汇编语言。低级语言与特定的机器有关、效率高，但使用复杂、烦琐、编程费时、易出差错。高级语言的表示方法要比低级语言更接近于待解问题的表示方法，其特点是在一定程度上与具体机器无关，易学、易用、易维护。

1）机器语言

机器语言是计算机硬件唯一能够识别和执行的用二进制数表示指令代码的程序设计语言。机器语言执行速度很快，但通常在编程时，不采用机器语言，因为它难于记忆和识别。不同机型的机器语言是不同的。

2）汇编语言

汇编语言的实质和机器语言是相同的，都是直接对硬件操作，只不过指令采用了英文缩写的标识符，是一种符号化的语言。与机器语言相比，汇编语言更容易识别和记忆。同样需要编程者将每一步具体的操作用命令的形式写出来，它的每一条指令只能对应实际操作过程中的一个很细微的动作，例如移动、自增等。因此，用汇编语言书写的源程序一般比较冗长、复杂、容易出错，而且使用汇编语言编程需要有更多的计算机专业知识。但汇编语言的优点也是显而易见的，用汇编语言完成的操作不是一般高级语言所能实现的，源程序经汇编生成的可执行文件不仅比较小，而且执行速度很快。

3）高级语言

高级语言是接近人们习惯使用的自然语言和数学语言的计算机程序设计语言，借助编译器为计算机所接收、理解和执行。例如，用于科学计算的 FORTRAN 语言；适合底层程序开发的 C 语言及面向对象的 C++语言等。即使不了解机器指令，也不了解机器的内部结构和工作原理，也能用高级语言编写程序。高级语言主要由语句构成，有一定的书写规则，可以用语句表达需要计算机完成的操作。由于高级语言有统一的语法，独立于具体机器，故便于人们编码、阅读和理解。

1.4.2 语言处理程序

计算机只能执行机器语言程序，用汇编语言或高级语言编写的程序（源程序），计算机是不能识别和执行的。因此，必须配备一种工具，任务是把用汇编语言或高级语言编写的源程序翻译成机器可执行的机器语言程序，这种工具就是“语言处理程序”。语言处理程序包括汇编程序、解释程序和编译程序。

1. 汇编程序

汇编程序是把用汇编语言写的源程序翻译成机器可执行的目标程序的翻译程序，其翻译过程称为汇编。

2. 解释程序

解释程序接收用某种高级程序设计语言（比如 BASIC 语言）编写的源程序，然后对源程序中的每一条语句逐条进行解释并执行，最后得出结果。也就是说，解释程序对源程序是一边翻译，一边执行，执行方式类似于“同声翻译”。解释程序在对源程序进行翻译时并不产生目标程序，因此，应用程序不能脱离其解释器，但这种方式比较灵活，可以动态地调整、修改应用程序。

3. 编译程序

编译程序是将用高级语言所编写的源程序翻译成用机器语言表示的目标程序的翻译程序，其翻译过程称为编译。编译程序与解释程序的区别在于，它将源程序翻译成目标代码文件（*.obj），计算机再执行由此生成的可执行文件。一般而言，建立在编译基础上的系统在执行速度上都优于建立在解释基础上的系统。但是，编译程序比较复杂，应用程序一旦需要修改，必须先修改源代码，再重新编译生成新的目标文件才能执行，这使得开发和维护费用较大；相反，解释程序比较简单，占用内存少，可移植性也好，缺点是执行速度慢。

1.4.3 计算机程序的执行过程

各种用高级语言编写的计算机程序，经过语言处理程序处理后，转换成二进制才能运行。根据“冯•诺依曼”原理，计算机的程序和数据都存储在内存中，所以执行程序时 CPU 需要频繁地与内存进行数据交换。而程序本身也可包含数据，也就是说程序中的每一条指令由操作码和操作数两部分组成，操作码表示该指令应进行什么性质的操作。不同的指令用不同的编码来表示，每一种编码代表一种指令。操作数是数据所在的存储单元的地址或数据本身。

例如“01H 1000H”是一条操作指令。其中 01H 是操作码，1000H 是操作数。具体含义是：将地址为 1000H 存储单元中的数据放到累加器中。

下面我们通过一个计算机的程序，进一步理解计算机的组成原理和工作过程。

这是一个简单的求和程序：y=3+4。3、4 和 y 存储在存储器中的数据区，假如地址依次为 3000H、3001H、3002H。注意，y 不是数据，只是地址为 3002H 的存储单元的标示符，这个单元将要存放计算结果。程序由 4 条指令组成，如表 1.5 所示。

表 1.5　求和程序 y=3+4 所包含的指令

操作码操作数	指 令 含 义
01H　3000H	将地址为 3000H 单元的数据放入累加器 A
03H　3001H	将地址为 3001H 单元的数据与累加器 A 中的数据相加，结果保留在累加器 A 中
02H　3002H	将累加器 A 中的数据存入地址为 3002H 的单元
07H	停机

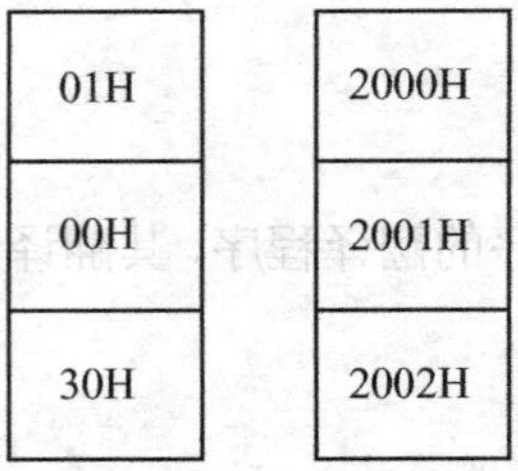

图 1.17　指令 013000H 的存储

这组指令依次存储在存储器中的程序存储区，地址分别为 2000H、2003H、2006H 和 2009H，前 3 条指令各占 3 个字节，第 4 条指令占 1 个字节。一条指令（013000H）的内存存储如图 1.17 所示。

CPU 从程序计数器（PC）依次提取指令，每条指令的意义如表 1.5 所示。图 1.18 显示了指令执行过程中存储器和累加器 A 的变化。如图 1.18（a）所示，程序开始时，PC 指向第 1 条指令，累加器 A 为空（或者为上一次使用累加器 A 的程序存储在累加器中的数据）。在存储器的程序区中 2000H～2009H 存放 4 条指令，数据区存放程序执行时需要的数据，其中 3000H 存放数据 3，3001H 存放数据 4，3002H 用于存放最终的结果 y。图 1.18（b）给出执行第 1 条指令之后的存储器和累加器 A 的状态，第 1 条指令的作用是将地址为 3000H 单元中的数据放入累加器 A，而 3000H 单元中的数据为 3，所以此时累加器 A 中的内容变为 3，PC 指向下一条指令，即第 2 条指令。图 1.18（c）给出第 2 条指令执行后的结果，第 2 条指令的作用是将地址为 3001H 单元的数据与累加器 A 中的数据相加，结果保留在累加器 A 中。3001H 单元中存放的数据为 4，累加器 A 中的数据为 3，相加后的结果为 7，将 7 保存在累加器 A 中，所以此时累加器 A 的内容变为 7，而 PC 指向下一条指令，即第 3 条指令。图 1.18（d）给出执行第 3 条指令之后的结果，第 3 条指令的作用是将累加器 A 中的数据存入地址为 3002H 的单元，所以 3002H 单元的内容此时变为 7，PC 指向最后一条指令。第 4 条指令执行后程序停止。

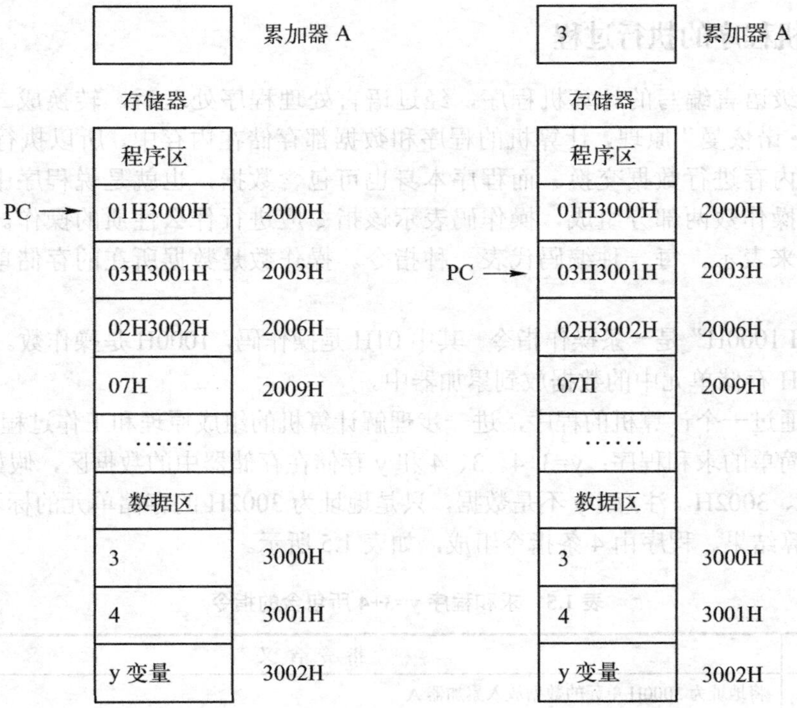

（a）程序开始时　　　　（b）执行第一条指令后

图 1.18　求和程序 y=3+4 的执行过程示意图

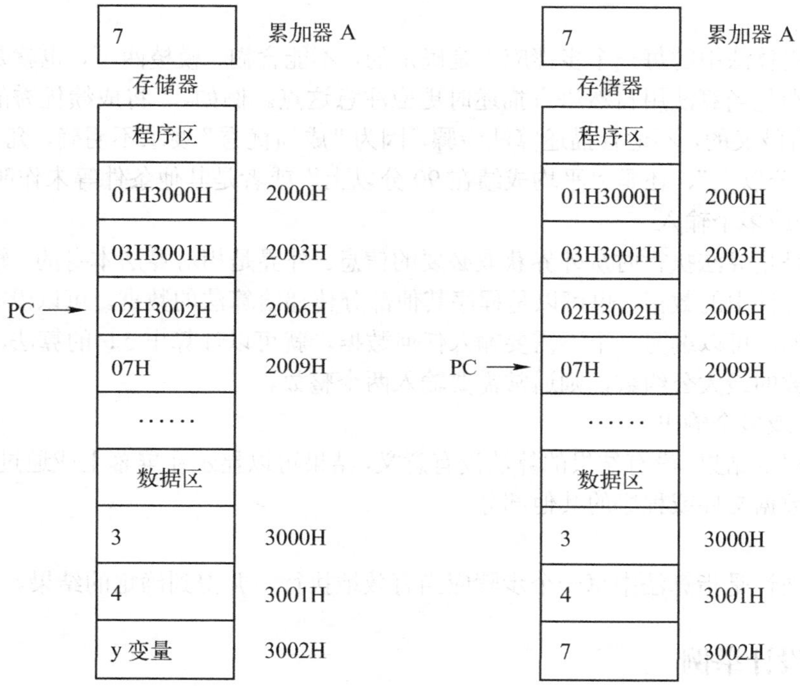

（c）执行第二条指令后　　（d）执行第三条指令后

图 1.18　求和程序 y=3+4 的执行过程示意图（续）

1.4.4　算法的概念

1. 算法

为解决一个实际问题而采取的确定且有穷的方法和步骤，称之为“算法”。解决同一个问题，可能有不同的方法和步骤，即有不同的算法。例如，求 1+2+3+4+5+…+100，有的人可能先进行 1+2，再加 3，再加 4，以此类推，一直加到 100；而有的人则采取这样的方法：100+(1+99)+(2+98)+…+(49+51)+50=100×50+50=5050。

当然，方法有优劣之分，有的方法只需执行很少的步骤，而有些方法则需要较多的步骤。一般来说，总是希望采用方法简单、运算步骤少的算法。

因此，为了有效地进行解题，不仅需要保证算法正确，还要考虑算法的质量，选择合适的算法。同样的任务如果采用不同的算法来实现，可能需要不同的时间、空间开销，其效率往往也是不同的。一个算法的优劣可以用空间复杂度与时间复杂度来衡量。通常时间复杂度用于度量算法执行的时间长短；而空间复杂度用于度量算法执行时所需存储空间的大小。

2. 算法的特性

1）有穷性

一个算法应包含有限的操作步骤而不能是无限的，应当在执行一定数量的步骤后结束，不能陷入死循环。事实上“有穷性”往往指“在合理范围之内”的有限步骤。如果让计算机执行一个历时几年才结束的算法，算法尽管有穷，但超过了合理的限度，人们也不会认为此算法是有用的。

2）确定性

确定性是指算法中的每一个步骤应当是确定的，不能含糊、模棱两可，也就是说算法不能产生歧义。特别是当算法用自然语言描述时更应注意这点。例如，“将成绩优秀的同学名单打印输出”就是有歧义的，不适合描述算法步骤，因为“成绩优秀”要求不明确，究竟是要求“每门课程都在 90 分以上”、还是“平均成绩在 90 分以上”或者是其他条件等未作明确的说明。

3）有零个或多个输入

所谓输入是指算法执行时从外界获取必要的信息。外界是相对算法本身的，输入可以是来自键盘或数据文件中的数据，也可以是程序其他部分传递给算法的数据。可以没有输入，也可以有输入。例如，可以编写一个不需要输入任何数据，就可以计算出 5！的算法，但如果要计算任意两个整数的最大公约数，则通常需要输入两个整数。

4）有一个或多个输出

算法必须得到结果，没有结果的算法没有意义，结果可以显示在屏幕上或通过打印机打印，也可以传递给数据文件或程序的其他部分。

5）有效性

算法的有效性是指算法中每一个步骤应当有效地执行，并得到确定的结果。

1.4.5 算法设计举例

程序设计人员的基本技能之一是设计算法，并根据算法写出程序。因此，对于初学者来说，掌握一些常用算法是非常重要的。许多初学者常常把要解决的问题首先和程序设计语言中的语句联系在一起，影响了程序设计质量。设计算法和编写程序要分开考虑，在学习程序设计语言之前，就应该学会针对一些简单问题来设计算法。

【例 1.12】 有两个瓶子 A 和 B，A 中盛放酒，B 中盛放醋，现要求将其中的酒和醋互换，即 A 中盛放醋，B 中盛放酒。设计一个交换两个瓶子中的酒和醋的算法。

分析： 这是一个非数值运算问题。一般地，两个瓶子中的液体不能直接交换。要解决这一问题，最好的办法是引入第 3 个空的瓶子 C。

这样，交换步骤可描述为如下算法：

1）将 A 瓶中的酒装入 C 瓶中；

2）将 B 瓶中的醋装入 A 瓶中；

3）将 C 瓶中的酒装入 B 瓶中。

思考： 可将 3 个瓶子看成是 3 个变量，瓶子中的酒和醋看做是变量中存放的值，这个算法就可以引申到交换两个变量的值。

【例 1.13】 设计算法，实现如下问题的求解：输入 3 个数，输出其中的最大数。

分析： 这一问题处理的对象是 3 个数，那么，首先需要有空间存放这 3 个数，定义 3 个变量 a,b,c，将 3 个数依次输入到 a,b,c 中。另外，因要求输出最大数，所以可再定义一个变量存放最大数，设该变量为 max。

算法描述如下：

1）输入 a,b,c;

2）比较 a 与 b 的大小，将 a 与 b 中的大者放入变量 max 中；

3）比较 c 与 max 的大小，将 c 与 max 中的大者放入变量 max 中；

4）输出 max。

【例 1.14】 求 $sum=\sum_{i=1}^{6} i$，即 sum=1+2+3+4+5+6 的值。

方法一：可以用最直接的方法进行计算。算法描述如下：

1）定义变量 sum;

2）求 sum=1+2+3+4+5+6;

3）输出 sum。

方法二：利用等差数列求和公式计算。算法描述如下：

1）定义变量 sum;

2）求 sum=$\frac{6\times(1+6)}{2}$；

3）输出 sum。

思考：方法一的算法虽然正确，但不具通用性，太烦琐。如果需要求 1～100 的和，则要书写的表达式太长，显然是不可取的。而方法二的算法虽然效率较高，但前提条件是必须知道等差数列的求和公式。

方法三：把求和公式转化为 2 个简单公式的重复计算。算法描述如下：

1）定义变量 sum，用于求累加和，定义变量 i 用于表示[1, 6]内的任一整数；

2）令 sum 的初值为 0，i 的初值为 1;

3）令 sum=sum+i;

4）令 i=i+1;

5）如果 i<7 则转 3），否则转 6）;

6）输出 sum。

思考：上述算法中的步骤 3）、4）、5）组成了一个循环，在实现算法时，要反复多次执行这 3 个步骤。执行步骤 5）时，经过判断，若 i 超过规定的数值 6 则转步骤 6），输出 sum 后算法结束。此时变量 sum 的值就是所要求的结果。

用方法三表示的算法具有较强的通用性和灵活性。如果要计算 1～100 的和，只需将步骤 5）中的 i <7 改成 i <101 即可。若要计算 100 个任意输入的整数的和，只需要把 3）分成两步：输入 x；令 sum=sum+x 即可。

1.4.6 算法的表示

人们可以用不同的方法来描述一个算法。常用的有自然语言、流程图、伪代码和计算机语言等表示法。

1. 自然语言表示法

自然语言就是人们日常使用的语言，可以是汉语、英语或其他语言。

【例 1.15】 求 $m!$。

分析：如果 m=6，即要求 1×2×3×4×5×6。先设 s 表示累乘积，t 表示乘数。

自然语言表示 m!的算法描述如下：

1）使 s=1，t=1;

2）使 $s\leftarrow s\times t$;

3）使 $t\leftarrow t+1$;

4）如果 $t\leqslant m$，返回 2）重复执行，否则输出 s 后结束。

用自然语言描述算法具有通俗易懂的优点，但它的缺点是：

1）冗长。自然语言表示算法往往要用一段冗长的文字才能说清楚所要进行的操作。

2）容易出现歧义。自然语言往往要根据上下文才能正确判断出其含义，不太严谨。如“张三对李四说他的儿子考上了大学”就存在“歧义性”，因为究竟指谁的儿子不明确。

3）用自然语言表示顺序执行的步骤比较好懂，但如果算法中包含判断或转移时就不够直观。

因此，除了那些很简单的问题之外，一般不用自然语言表示算法。

2．流程图表示法

用一些几何图形代表各种不同性质的操作，这种表示方式称为算法的流程图表示法。美国国家标准化协会规定了一些常用的图形符号（如图 1.19 所示），这些符号已被世界各国的程序员普遍接受和采用。

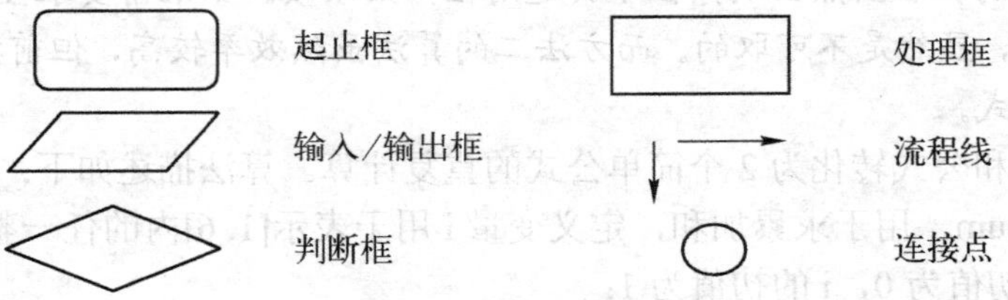

图 1.19　常用流程图符号

1）起止框。表示算法的开始和结束。一般内部只写“开始”或“结束”。

2）输入/输出框。表示算法请求输入/输出需要的数据或算法将某些结果输出。一般内部常常填写“输入…”，“打印/显示…”。

3）判断框（菱形框）。主要是对一个给定条件进行判断，根据给定的条件是否成立来决定如何执行其后的操作。

4）处理框。表示算法的某个处理步骤，一般内部常常填写赋值操作。

5）流程线。用于指示程序的执行方向。

6）连接点。用于将画在不同地方的流程线连接起来，同一个编号的点是相互连接在一起的。使用连接点，还可以避免流程线的交叉或过长，使流程图更加清晰。

【例 1.16】 用流程图表示求 $\sum_{i=1}^{10} i$ 的算法。

分析： 令 s 表示累加和，初值为 0。

用流程图描述的算法如图 1.20 所示。

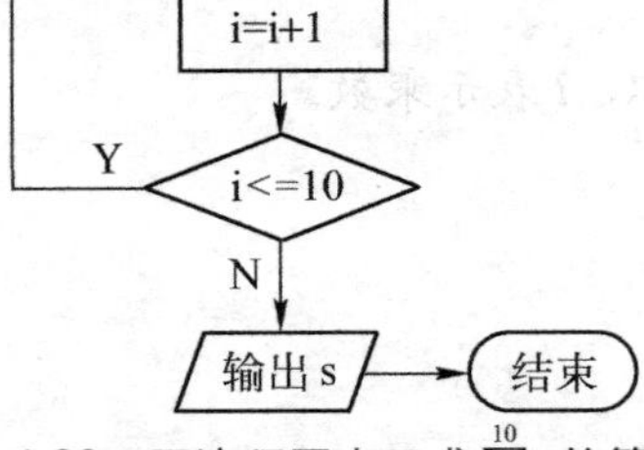

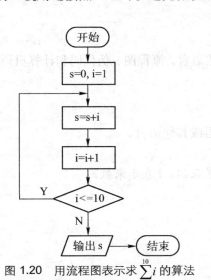

图 1.20　用流程图表示求 $\sum_{i=1}^{10} i$ 的算法

流程图比较直观、灵活，并且较易掌握，但是这种流程图对于流程线的走向没有任何限制，可以任意转向，在描述复杂的算法时所占的篇幅较多，费时费力且不易阅读。

3．伪代码表示法

使用流程图表示算法，清晰易懂，但如果要修改，工作量会很大。在设计算法的过程中，通常需要反复修改，不断完善。为了在设计算法时方便，经常使用伪代码作为描述工具。伪代码是一种近似于高级语言又不受高级语言语法约束的一种算法描述方式，这在英语国家中使用起来更加方便。

例如，“打印 x 的绝对值”的算法可以用伪代码表示如下：

若 x 为正
则打印 x
否则
打印-x

伪代码书写格式比较自由，容易修改，但用伪代码表示的算法没有用流程图表示的算法直观。

4．计算机语言表示法

计算机是无法识别流程图和伪代码的，只有用计算机语言编写的程序才能被计算机翻译后执行。例如，已经给出例 1.15 中求 *m*!的算法，但还没有求出确切的结果。只有实现了算法，才能得到运算结果。因此，描述一个算法后，还需将它转换成相应的计算机语言程序。用计算机语言表示算法时，必须严格遵循所用语言的语法规则，这是和伪代码不同的。C++语言的语法规则和程序设计方法等将在以后的章节展开讨论。

1.4.7 算法的结构化描述

经过研究，人们发现，任何复杂的算法，都可以由顺序结构、选择（分支）结构和循环结构这三种基本结构组成，因此，构造一个算法的时候，也仅以这三种基本结构作为“建筑单元”，遵守这三种基本结构的规范，基本结构之间可以并列，可以相互包含，但不允许交叉，不允许从一个结构直接转到另一个结构的内部去。正因为整个算法都是由这三种基本结构组成的，就像用模块构建的一样，所以结构清晰，易于正确性验证，易于纠错。这种方法，就是结构化方法。遵循这种方法的程序设计，就是结构化程序设计。

1．顺序结构

顺序结构是简单的线性结构，各框按顺序执行。其流程图的基本形态如图 1.21 所示，语句的执行顺序为：A→B→C。

2．选择（分支）结构

这种结构是对某个给定条件进行判断，条件为真或假时分别执行不同框的内容。其基本形状有两种，如图 1.22（a）和图 1.22（b）所示。图 1.22（a）的执行序列为：当条件为真时执行 A，否则执行 B；图 1.22（b）的执行序列为：当条件为真时执行 A，否则什么也不做。

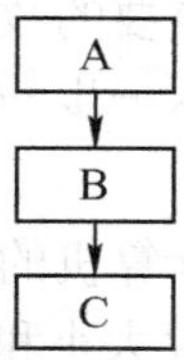

图 1.21 顺序结构的流程图

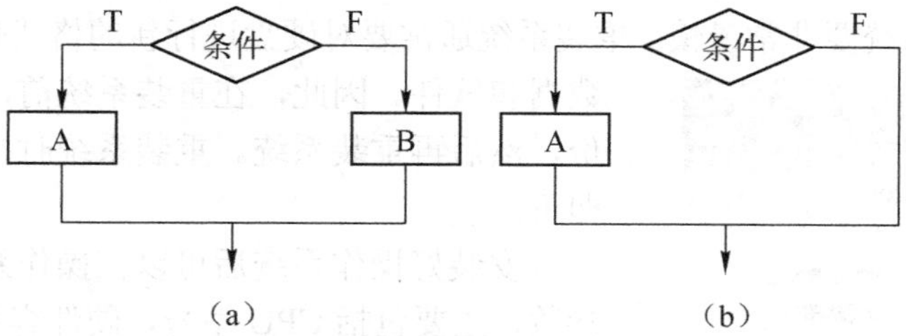

图 1.22 选择（分支）结构的流程图

3．循环结构

循环结构有两种基本形态：while 型循环和 do-while 型循环。

1）while 型循环

如图 1.23 所示，其执行序列为：当条件为真时，反复执行 A，一旦条件为假，跳出循环，执行循环后的语句。

2）do-while 型循环

如图 1.24 所示，其执行序列为：首先执行 A，再判断条件，条件为真时，一直循环执行 A，一旦条件为假，结束循环，执行循环后的下一条语句。

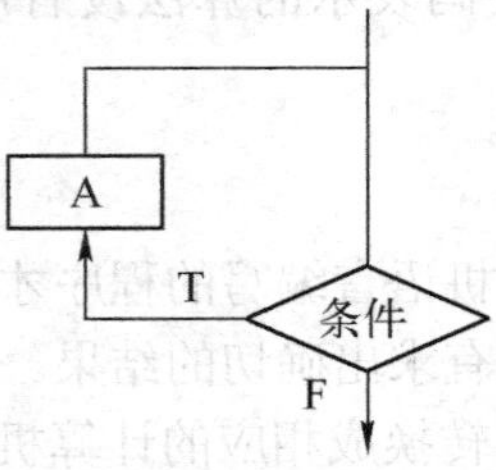

图 1.23　while 型循环流程图

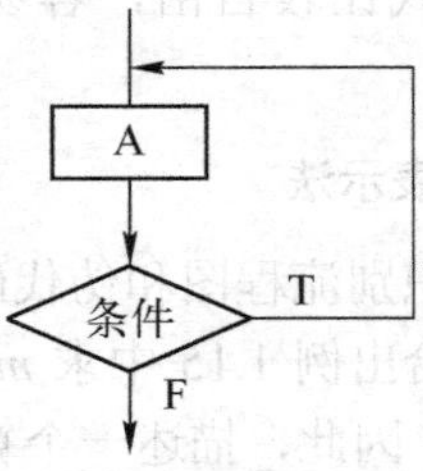

图 1.24　do-while 型循环流程图

在图 1.23 和图 1.24 中，A 被称为循环体，条件被称为循环控制条件。

1.5　综合应用——配置自己的计算机

配置自己的计算机，一般包括六个步骤：选择硬件、安装操作系统、Internet 上网配置、查看上网参数的配置和测试、计算机安全防护和应用软件的安装。

1. 选择硬件

计算机硬件的发展速度非常快，而且在同一时期，也会有很多不同品牌、不同型号的硬件可供选择。购买时，只需根据自己的需要及维护能力加以选择即可。

目前台式计算机的主流配置为：CPU 为英特尔酷睿 i7 处理器，DDR3 的内存为 8GB，1000Mbps 以太网卡，硬盘容量为 2TB，液晶显示器尺寸为 20 英寸。

笔记本计算机的主流配置为： CPU 为英特尔酷睿 i5 处理器，DDR3 的内存为 4GB，1000Mbps 以太网卡和 802.11bgn 无线局域网卡，硬盘容量为 1TB，显示器尺寸为 14 英寸。

2. 安装操作系统

通常，购买品牌计算机都会预装操作系统软件和各种设备的驱动程序，计算机系统能正常进行工作。但是一旦计算机软件系统出现故障，如受到病毒侵袭，不能正常工作时需要重新安装系统。

重装系统要非常谨慎。重装系统通常要对硬盘进行新的格式化，这时会破坏硬盘中已有的数据和软件。因此，在重装系统前，一定要对重要的数据进行备份，然后再重装系统。重装系统时按照系统提示一步一步往下做即可。

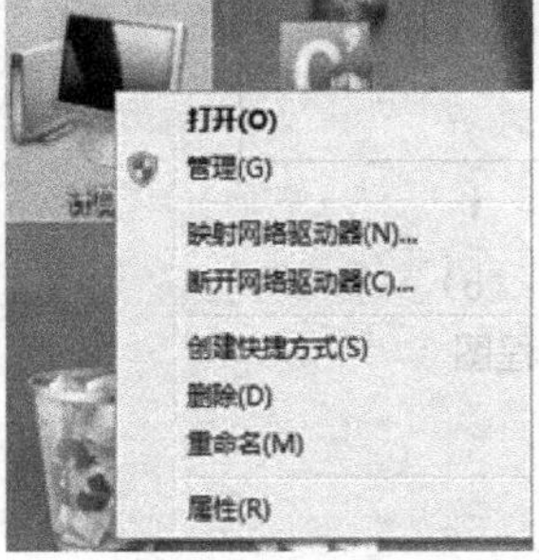

图 1.25　计算机的右键属性

安装好操作系统后可以在操作系统中查看计算机的硬件配置参数，主要包括 CPU 型号，硬件容量大小，内存大小和频率，主板型号，显卡型号和大小。

1）右击桌面我的电脑（计算机）→属性，如图 1.25 所示。

2）然后就可以看到计算机的一部分配置，如系统信息，CPU 型号和内存大小等，如图 1.26 所示。

图 1.26 计算机的一部分配置

3）右击桌面我的电脑（计算机）→属性，然后单击设备管理器，就可以看到计算机的一部分配置，如显卡型号和 CPU 的核数等，如图 1.27 所示。

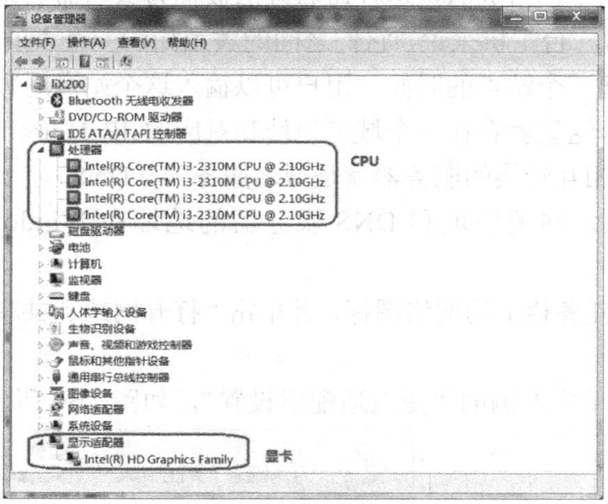

图 1.27 计算机设备管理器

4）右击桌面我的电脑（计算机）→管理，然后单击磁盘管理，可以看硬盘容量，如图 1.28 所示。

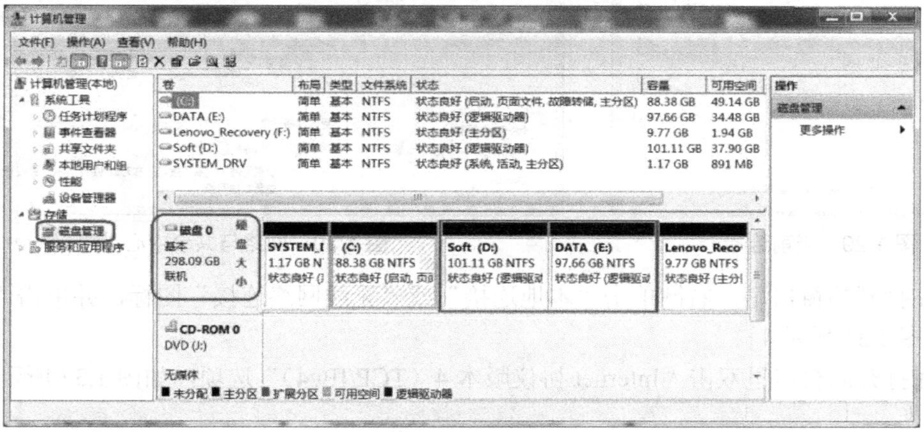

图 1.28 计算机磁盘管理

3. Internet 上网配置

目前大部分计算机都需要连接 Internet，以便于获取信息和进行信息交流。

Internet 上网首先要从 Internet 服务提供者（ISP）处获取上网所需要的 IP 地址、子网掩码、网关地址和域名服务器的地址，然后再在计算机的操作系统中进行相应的设置。

类似于邮递员按照街道、门牌号等地址区分不同的人来投递信件一样，IP 地址用于区分 Internet 上的主机。IP 地址由 4 部分数字组成，每个数可取值 0～255，各数之间用一个点号“.”分开，例如：202.114.18.8。

子网掩码是一种用来指明一个 IP 地址的哪些位标识的是主机所在的子网及哪些位标识的是主机的位掩码。子网掩码不能单独存在，它必须结合 IP 地址一起使用。与 IP 地址相同，子网掩码的长度也是 32 位，也使用十进制的形式，例如：255.255.255.0。

从一个房间走到另一个房间，必然要经过一扇门。同样，从一个网络向另一个网络发送网络信息，也必须经过一道“关口”，这道关口就是网关，它的地址就是网关地址。

由于人们记住主机的 IP 地址是很困难的，所以就为每台主机起了个名字，主机的名字是由圆点分隔开的一连串的单词组成的，这种命名方法被称为域名命名系统。主机的 IP 地址和主机的域名是等同的。对一台主机来说，它们之间的关系如同一个人的身份证号码同这个人的名字之间的关系。在访问一个站点的时候，用户可以输入这个站点用数字表示的 IP 地址，也可以输入它的域名地址，这里就存在一个域名地址和对应的 IP 地址相互转换的问题。负责域名地址和对应的 IP 地址相互转换的服务器就是域名服务器（DNS）。

IP 地址、子网掩码、网关地址和 DNS 服务器的地址在 Windows 系统中的配置步骤如下。

1）单击桌面右下角任务栏上的网络图标，并单击“打开网络和共享中心”按钮，如图 1.29 所示。

2）在打开的窗口里单击左侧的“更改适配器设置”，如图 1.30 所示。

图 1.29　当前连接

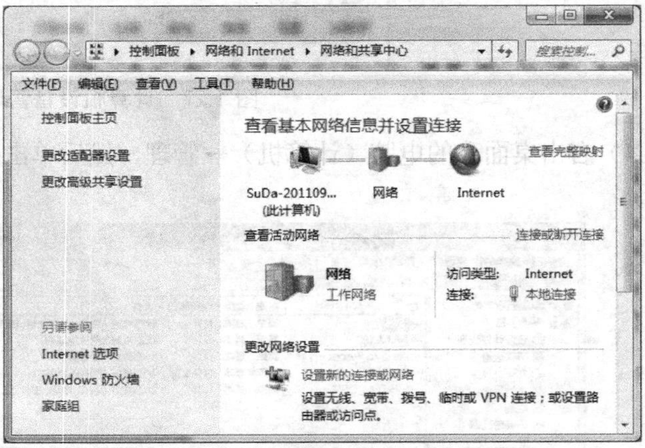

图 1.30　网络与共享中心

3）在打开的窗口里，右键单击“本地连接”或“无线网络连接”图标，并单击“属性”选项，如图 1.31 所示。

4）在打开的窗口里双击“Internet 协议版本 4（TCP/IPv4）”选项，如图 1.32 所示。

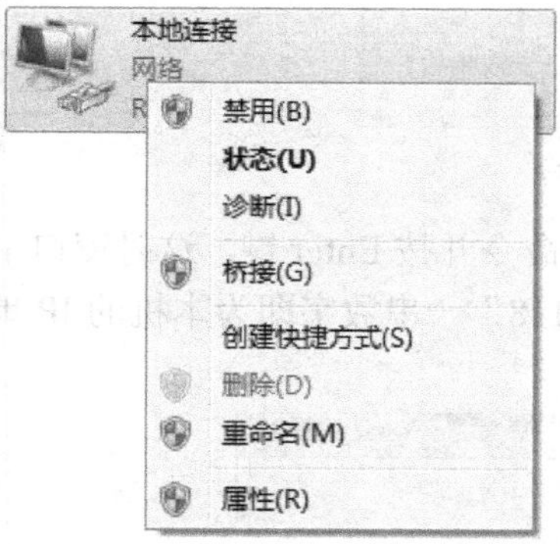

图 1.31　本地连接

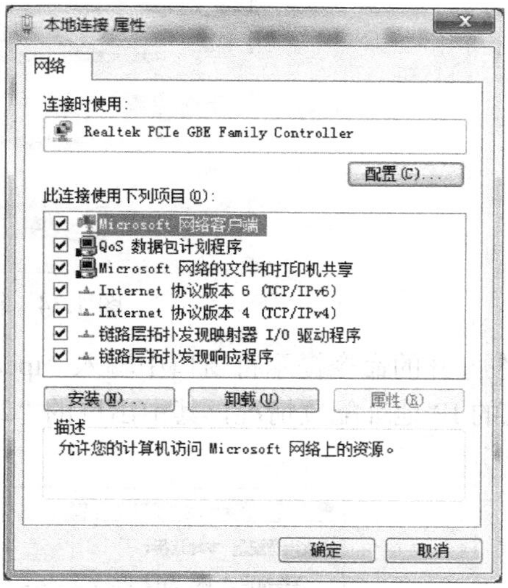

图 1.32　本地连接属性

5）在随后打开的窗口里，根据 Internet 服务提供者的要求，选择“自动获得 IP 地址（O）”或者是“使用下面的 IP 地址（S）”，如图 1.33 所示。

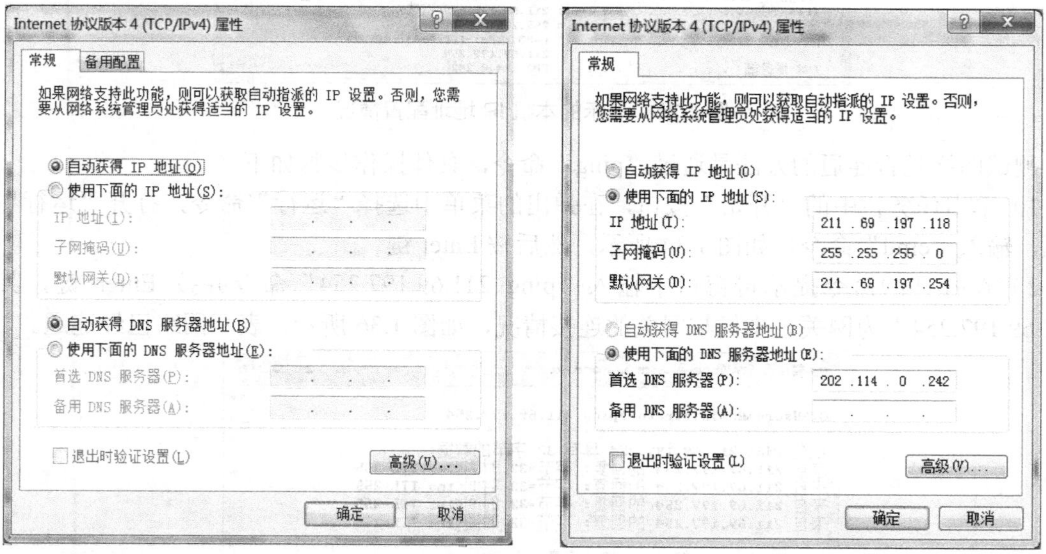

图 1.33　Internet 协议版本 4 属性

6）设置完成后单击“确定”提交设置，然后在本地连接“属性”中单击“确定”保存设置。

4. 查看上网参数的配置和测试

配置完成后，如何查看计算机的上网参数呢？查看计算机的 IP 地址的方法很多，最简单的方法是通过“ipconfig“命令来查看计算机的 IP 地址，具体操作步骤如下。

1）单击任务栏中的“开始”按钮，在弹出的菜单中选择“运行”命令，打开“运行”对话框，输入“cmd”命令，如图 1.34 所示，然后按 Enter 键。

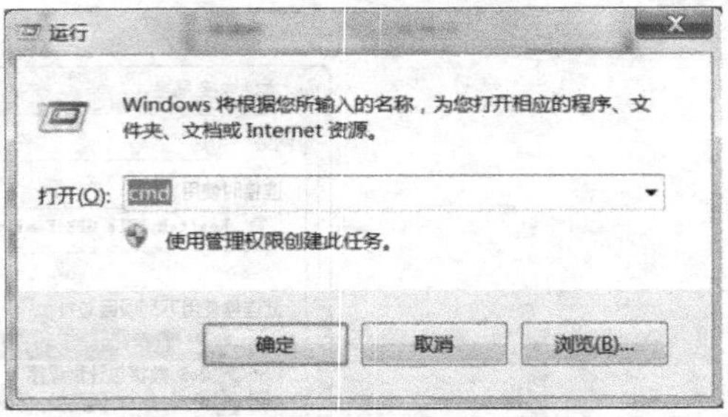

图 1.34　输入 cmd 命令

2）在打开的命令提示符窗口中输入“ipconfig /all”命令并按 Enter 键，这时窗口中显示的就是本机的 IP 地址配置情况，其中出现的“211.69.197.118”一串数字即为本机的 IP 地址，如图 1.35 所示。

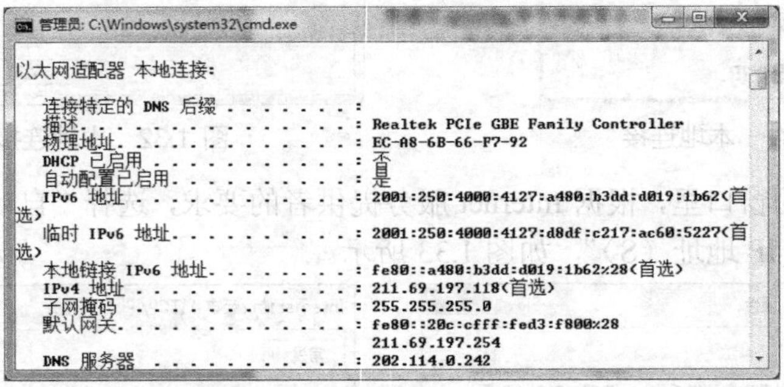

图 1.35　显示的本机 IP 地址配置情况

测试网络是否连通的方法是通过“ping”命令，具体操作步骤如下。

1）单击任务栏中的“开始”按钮，在弹出的菜单中选择“运行”命令，打开“运行”对话框，输入“cmd”命令，如图 1.34 所示，然后按 Enter 键。

2）在打开的命令提示符窗口中输入“ping 211.69.197.254”命令并按 Enter 键，其中“211.69.197.254”为网关。本机与网关的连接情况，如图 1.36 所示，表示网络已经连通。

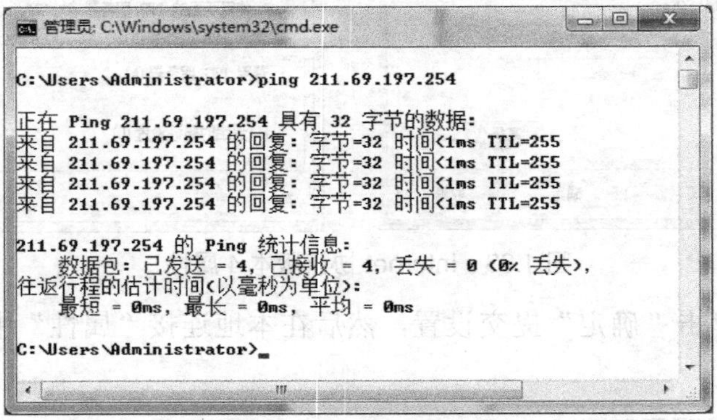

图 1.36　本机与网关的连接情况

5. 计算机安全防护

随着计算机应用领域的扩展，拥有和使用计算机的用户越来越多，人们使用计算机工作、处理日常事务、上网、收发 E-mail、炒股等。但是计算机安全也成了困扰用户的重大问题。黑客阵营的悄然崛起，使得像美国国防部这样安全措施非常周密的计算机网络都会遭受攻击，网上病毒的传播时时刻刻都在威胁用户的数据。

计算机病毒的破坏能力是巨大的，轻则扰乱用户正常工作、降低系统性能，重则损坏用户文件、删除硬盘程序或格式化硬盘，使用户资料丢失、系统瘫痪，甚至损坏计算机硬件，造成用户无法开机。而黑客入侵则可能使用户资料被窃、计算机被远程控制或者系统及文件被破坏等严重后果。

计算机安全问题应该引起极大的重视，因为甚至当你没有想到自己也会成为被攻击的目标时，威胁就已经出现了。一旦威胁发生，常常措手不及造成极大的损失。因此，应该像每家每户的防火防盗问题一样，做到防患于未然。从计算机安全的角度考虑，应该做好以下几方面的工作。

1）安装杀毒软件，预防计算机感染病毒

通过安装杀毒软件，并经常更新病毒库，定期对计算机进行查杀病毒的操作，可以有效地防止计算机感染病毒。安装杀毒软件后，当遇到感染病毒的文件时会事先发出报警信号，用户可以有效地躲避已知病毒的感染。但是如果杀病毒软件更新不及时，或是系统本身出现问题而使其无法发挥应有的功能，则用户的计算机将有可能受到病毒的严重侵害。目前，常见的反病毒软件有瑞星杀毒软件、金山毒霸、360 杀毒、诺顿（Norton）等。

2）安装设置防火墙，防范黑客入侵

Internet 的繁荣为黑客造就了肥沃的土壤，接入 Internet 的计算机随时都有可能受到黑客入侵和攻击的威胁，因此防范黑客也成为必须重视的问题。通过安装网络防火墙，能够有效预防黑客的入侵及攻击。

Windows 系统也内置了防火墙功能，Windows 自带防火墙只阻截所有传入的未经请求的流量，对主动请求传出的流量不作理会。

Windows 防火墙设置方法如下：打开“控制面板”→“网络和 Internet”→“网络和共享中心”，在“网络和共享中心”窗口中选择“Windows 防火墙”→“打开或关闭 Windows 防火墙”，将弹出如图 1.37 所示的“自定义设置”窗口，进行设置即可。

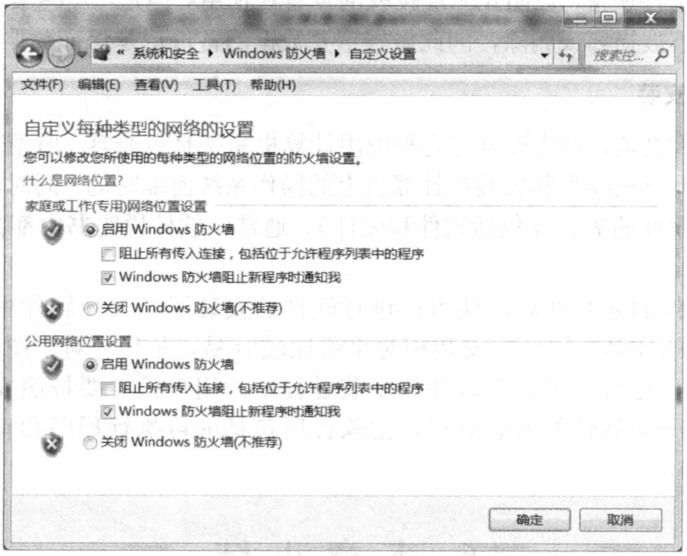

图 1.37　Windows 防火墙自定义设置

3）及时安装最新的系统漏洞补丁

操作系统虽然给用户带来了方便的操作界面，但它并不是完美的，同样存在缺陷，很多病毒就是利用系统的漏洞来加以传播和进行破坏的。所以，用户应定期查看安全公告，尽早获得安全信息和安装系统补丁。最方便的方法是使用 Windows 的自动更新功能。

Windows 自动更新设置方法如下：打开“控制面板”→“系统和安全”→“Windows Update 的启用或禁止自动更新”，出现如图 1.38 所示的“更改设置”窗口，再进行设置即可。

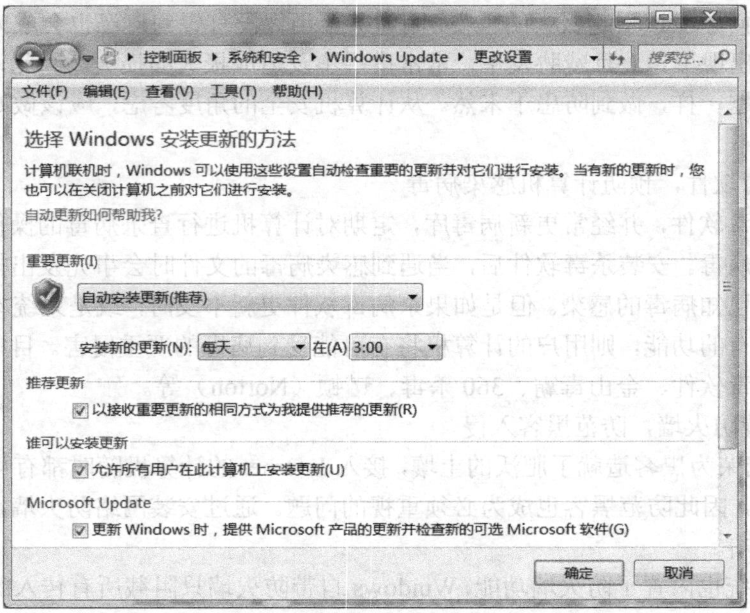

图 1.38　Windows Update 更改设置

当有新的更新时，系统会连网下载，并提示用户安装更新。

4）对重要资料的保护

对重要的数据进行加密，以防止未经授权的查看和使用。但是，当感染病毒时并不能保证加密过的文件数据不被损坏或删除，因此做好重要数据的备份也是保证数据安全的有效措施。

6．应用软件的安装

在安装应用软件之前，首先要确定它与所用计算机系统是否兼容。所谓兼容，就是指软件必须是针对所用的计算机类型和安装在计算机上的操作系统而编写的。同时，还要确定所用计算机是否满足安装软件的需要（包括软件和硬件）。通常，软件说明书中都会提供待安装软件的软硬件需求说明。

一旦确定了软件的兼容性后，就可以进行软件的安装了。安装软件中会有一个安装启动程序来启动软件的安装。软件的安装相对来说比较容易，尤其是对于图形用户界面来说，安装过程就更简单、更统一了。在软件的安装过程中，用户只需要按照安装程序的提示进行安装即可。通过一个软件的安装过程，把软件所包括的可执行程序和有关的数据全部放到指定的文件目录中。

1.6　本 章 小 结

本章主要介绍了计算机的基础知识，包括计算机的概况、计算机中的信息表示、计算机系统的组成及其工作原理、计算机程序设计与算法基础等内容。

计算机的发展阶段通常按照计算机中所采用的电子器件来划分，可分为 4 个阶段。每发展一代，计算机的性能就有很大的提高，其体积越来越小，功能越来越强，应用越来越普及。

计算机的特点是运算速度快、计算精度高、记忆能力强、具有逻辑判断能力、可靠性高和通用性强。计算机主要应用于数值计算、数据及事务处理、自动控制与人工智能、计算机辅助设计、辅助制造和辅助教学、通信与网络等领域。

计算机中的数据可以分为数值型数据和非数值型数据。其中数值型数据在计算机中是以二进制编码表示，带符号的数可采用原码、反码和补码等编码方法。对非数值的文字和其他符号进行处理时，要对文字和符号进行数字化，即用二进制编码来表示文字和符号。其中西文字符最常用的编码方案有 ASCII 编码，对于汉字，我国也制定的相应的编码方案。

计算机硬件由运算器、控制器、存储器、输入设备和输出设备 5 个基本部分组成。计算机软件分为系统软件和应用软件两大类。一个完整的计算机系统是由硬件系统和软件系统组成的，同时计算机系统是一个设计精巧的软硬件协同工作的系统，这种协同不仅仅是软件和硬件之间的协同，同时也包括硬件与硬件之间的协同，软件与软件之间的协同。

程序设计语言按照语言级别可以分为低级语言和高级语言。高级语言编写的程序，计算机必须经过翻译成二进制代码，计算机才能执行。

“算法”是为解决一个实际问题而采取的确定且有穷的方法和步骤。“算法”具有有穷性、确定性、有零个或多个输入、有一个或多个输出和有效性等 5 个特性。通常采用自然语言、流程图、伪代码和计算机语言等来描述一个算法。任何复杂的算法，都可以由顺序结构、选择（分支）结构和循环结构这三种基本结构组成。

1.7 习　　题

1．计算机的发展经历了哪几个阶段？各个阶段的主要特征是什么？

2．设字长为 8 位，写出下列各数的补码。

125、−125、−1、255、−256、−2345

3．完成下列十进制数转换为二进制数、八进制数和十六进制数。

102、378、126.125、40.25

4．将二进制数、八进制数和十六进制数转换为对应的十进制数。

$(11010111)_2$、$(567)_8$、$(15B)_{16}$

5．某学生五门功课的成绩为 80,95,78,87,65，请写出求平均成绩的算法，并画出流程图。

6．任意输入三个数，将它们按从小到大的顺序排列输出。请写出相应的算法，并画出流程图。

第2章 C++程序设计概述

本章作为C++程序设计的入门章节，首先结合实例介绍C++程序的概述；然后针对其特点，介绍C++中的基本词法单位、数据类型、相关运算，以及常量、变量、数组、引用和指针；再介绍简单的输入和输出方法，最后介绍运算符、表达式和语句等基础知识，为后面编程做好准备。

2.1 简单的C++程序实例

2.1.1 一个简单的程序结构

下面通过一个简单的程序来分析C++程序的基本构成及主要特点。

【例 2.1】 在屏幕上显示短句：同学们好，欢迎来华中科技大学 ！

程序代码如下：

```
#include <iostream>          //第 1 行，编译预处理命令，包含头文件
using namespace std;         //第 2 行，使用命名空间 std
int main ()                  //第 3 行，主函数首部，程序的执行的入口
{                            //第 4 行，程序体开始
    cout<<" 同学们好，欢迎来华中科技大学! \n";    //第 5 行，输出语句
    return 0;                //第 6 行，向操作系统返回一个正常状态值
}                            //第 7 行，程序体结束
```

这个程序编译、连接完成后，运行时会在屏幕上输出以下一行信息：

同学们好，欢迎来华中科技大学!

从上面程序可以看出，程序的基本结构组成如下：

1）程序的头部：第 1 行和第 2 行，主要是程序运行前的描述。

2）主函数首部：第 3 行由 int main() 组成，main() 代表“主函数”，每一个 C++程序都必须有一个 main() 函数，它是程序执行的入口。main() 前面 int 的作用是声明函数返回值的数据类型为整数类型。

3）程序体部分：从第 4 行到第 7 行，函数体必须由“{ }”括起来。程序第 6 行的作用是该函数向操作系统返回一个 0，表示程序正常结束。如果函数向操作系统返回一个非 0 值，一般为 1，表示程序异常结束。

本例中每行语句后的“//”为语句的注释标记，主函数内只有一个 cout 语句，其作用是输出信息到屏幕。C++的 main() 函数程序体都由“{ }”中的语句序列完成，每个语句以分号“;”结束。C++严格区分大小写，语法上虽然不严格限制程序的书写格式，但从提高可读性的角度

出发，程序书写应采用缩进格式，一般一条语句占一行。

程序的第 1 行“#include <iostream>”，不是 C++ 语句，而是 C++ 的一个预处理命令，它以“#”开头以与 C++ 语句相区别，行的末尾没有分号。“#include<iostream>”是一个包含命令，它的作用是将文件 iostream 中的内容包含到该命令所在的程序文件中。iostream 是 input、output 和 stream 3 个词的组合，代表“输入输出流”的意思，文件 iostream 的作用是向程序提供输入或输出时所需要的一些信息。由于这类文件都放在程序单元的开头，所以称为“头文件”（head file）。在程序进行编译时，先对所有的预处理命令进行处理，将头文件的具体内容代替#include 命令行，然后再对该程序单元进行整体编译。

程序的第 2 行“using namespace std;”的意思是“使用命名空间 std”。C++标准库中的类和函数是在命名空间 std 中声明的，因此程序中如果需要用到 C++标准库（此时就需要用#include 命令行），就需要用“using namespace std;”作声明，表示要用到命名空间 std 中的内容。

在初学 C++时，对本程序中的第 1 行、第 2 行可以不必深究，只需知道：如果程序有输入或输出时，必须使用“#include<iostream>”命令以提供必要的信息，同时要用“using namespace std;”使程序能够使用这些信息，否则程序编译时将出错。

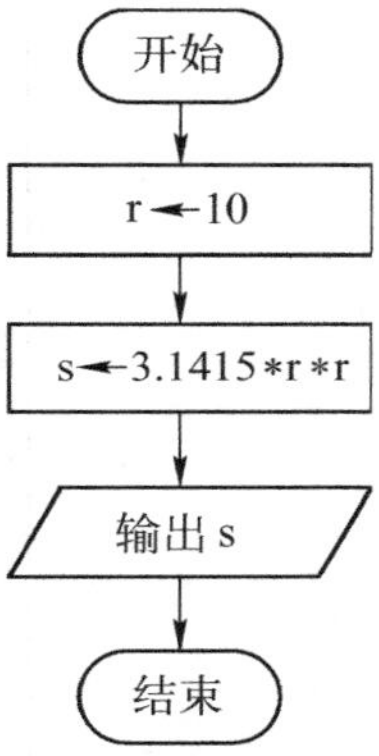

图 2.1　求圆的面积流程图

【例 2.2】 已知圆的半径为 10 厘米，求该圆的面积。

1. 根据问题要求，画出流程图，如图 2.1 所示。

2. 确定程序所需的变量及其数据类型。

1）表示圆半径的变量，其为实数类型，可取变量名为 r。

2）表示圆面积的变量，其为实数类型，可取变量名为 s。

3. 编写程序如下。

```
#include <iostream>           // 第 1 行，包含输入输出的头文件 iostream
using namespace std;          // 第 2 行，使用命名空间 std
int main()                    // 第 3 行，主函数首部
{                             // 第 4 行，程序体开始
    double   s, r;            // 第 5 行，说明程序所需变量数据
    r=10.0;                   // 第 6 行，赋值语句，常量 10.0 赋给变量 r
    s=3.14*r*r;                   // 第 7 行，赋值语句，表达式的值赋给变量 s
    cout<<"s="<<s<<endl;          // 第 8 行，输出语句
    return 0;                     // 第 9 行，函数返回值
}                                 // 第 10 行，程序体结束
```

4. 从程序体来看，程序就是对数据处理的过程，程序解决问题步骤如下。

1) 数据说明：第 5 行，用数据类型确定数据在计算机中的表现形式。

2) 数据赋值：第 6 行，用赋值语句给变量赋初值。

3) 数据处理：第 7 行，用数学公式处理计算，并用赋值语句把结果赋给变量。

4) 数据输出：第 8 行，用输出语句在计算机屏幕上显示输出的内容。

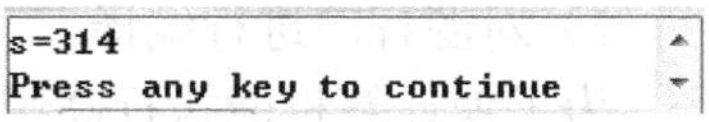

图 2.2　例 2.2 运行结果图

程序运行时，屏幕上输出的内容如图 2.2 所示。

如果把程序例 2.2 的功能改为求任意圆的面积，只需要将变量 r 赋值的方式改为输入语句，把例 2.2 中第 6 行 r 赋值语句改为输入语句“cin>>r;”。这样，每运行一次程序，可根据用户输入的半径值得到所需圆的面积。

```
#include <iostream>           // 第 1 行，包含输入输出的头文件 iostream
using namespace std;          // 第 2 行，使用命名空间 std
int main()                    // 第 3 行，主函数首部
```

```
{                                    // 第 4 行，程序体开始
    double    s, r;                  // 第 5 行，说明程序所需变量数据
    cin>>r;                          // 第 6 行，输入语句，从键盘输入任意数据给变量 r
    s=3.14*r*r;                      // 第 7 行，赋值语句，表达式的值赋给变量 s
    cout<<"s="<<s<<endl;             // 第 8 行，输出语句
    return 0;                        // 第 9 行，函数返回值
}                                    // 第 10 行，程序体结束
```

2.1.2　C++程序的编辑和实现

设计好程序后，还需要使用 C++语言的编译器完成编译、连接，才能运行。一个程序从编写到最后运行结果需要以下一些步骤，如图 2.3 所示。

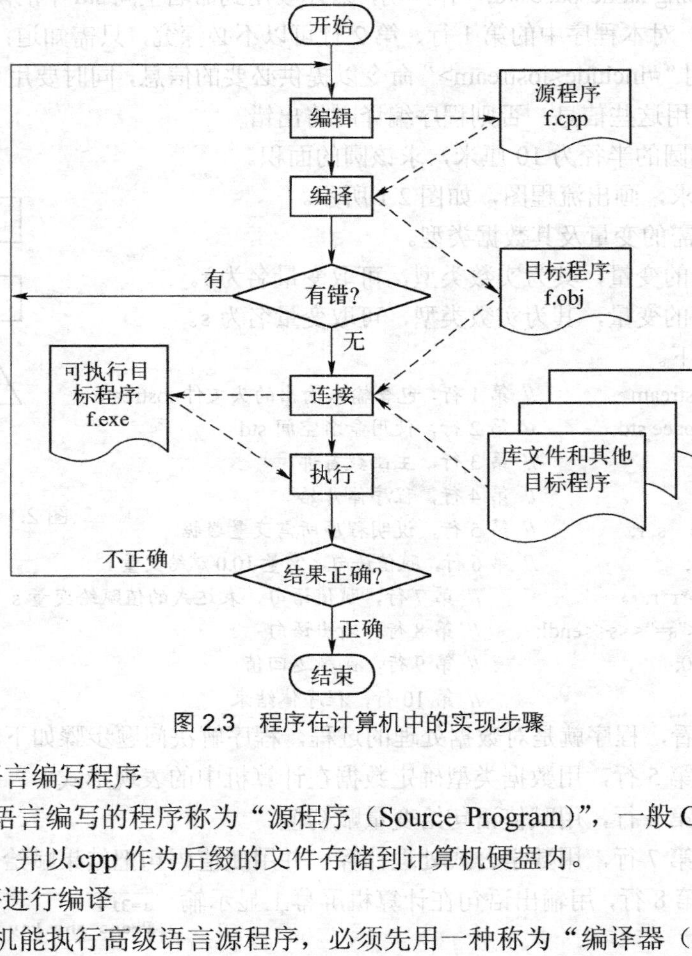

图 2.3　程序在计算机中的实现步骤

1）用 C++语言编写程序

用 C++高级语言编写的程序称为“源程序（Source Program）”，一般 C++的源程序是选用一个文本编辑器，并以.cpp 作为后缀的文件存储到计算机硬盘内。

2）对源程序进行编译

为了使计算机能执行高级语言源程序，必须先用一种称为“编译器（Compiler）”的软件（也称编译程序或编译系统），把源程序翻译成二进制形式的“目标程序（Object Program）”。目标程序一般以.obj 作为后缀。编译的作用是对源程序进行词法检查和语法检查。编译时对文件中的全部内容进行检查，编译结束后会显示出所有编译出错的信息。一般编译系统给出的出错信息分为两种：一种是 error 错误；另一种是 warning 警告错误。

3）将目标文件与所需的相关文件连接

在改正所有的错误并全部通过编译后，得到一个或多个目标文件。此时要用系统提供的“连

接程序（Linker）”将一个程序的所有目标程序和系统的库文件及系统提供的其他信息（主要是把程序所需要的子函数）连接起来，最终形成一个可执行的二进制文件，它的后缀是.exe，是可以直接在操作系统上执行的。

4）运行程序

在操作系统下运行最终形成的可执行的二进制文件(.exe 文件)，得到运行结果。

5）分析运行结果

如果运行结果不正确，应检查程序或算法是否有问题。

C++编译器采用 Visual C++ 6.0，简称 VC 或者 VC 6.0。Visual C++ 6.0 由许多组件组成，包括编辑器、调试器及程序向导 AppWizard、类向导 Class Wizard 等开发工具。

根据设计好的例 2.1 程序，在 VC 上实现的过程如下。

1．打开 Microsoft Visual C++ 6.0 程序。

2．创建一个控制台应用程序工程。

1）进入 Microsoft Visual C++ 6.0 集成开发环境后，选择“文件”→“新建”菜单项，弹出新建对话框。单击“工程”标签，打开其选项卡，在其左边的列表框中选择“Win32 Console Application”工程类型，在“工程名称”文本框中输入工程名 hello，在“位置”文本框中输入工程保存的位置，单击“确定”按钮，如图 2.4 所示。

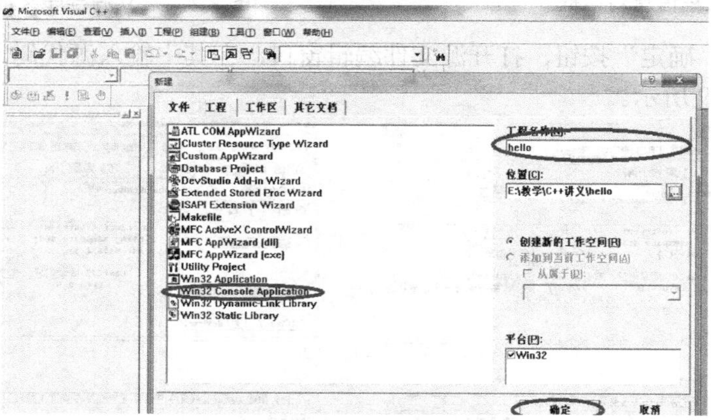

图 2.4　创建新的应用程序界面

2）在弹出的对话框（如图 2.5 所示），选择“一个空工程”，单击“完成”按钮。

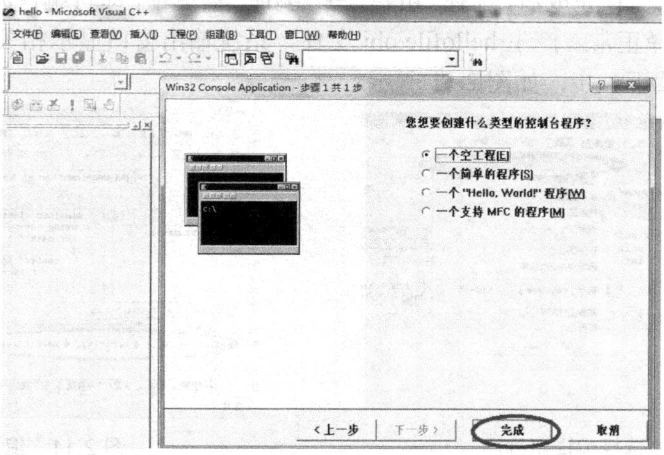

图 2.5　Win32 Console Application 弹出窗口

3）此时出现“新建工程信息”对话框，如图 2.6 所示。该对话框中提示用户创建了一个空的控制台应用程序，并且没有任何文件被添加到新工程中，此时，工程文件创建完成。

3．程序的编辑、编译、生成和执行。

1）选择“文件”→“新建”菜单项，弹出“新建”对话框。单击“文件”选项卡，在列表框中选择“C++ Source File”，在“文件名”文本框中输入文件名 hellofile，选中“添加到工程”复选框，自动生成 hellofile.cpp 文件，如图 2.7 所示。

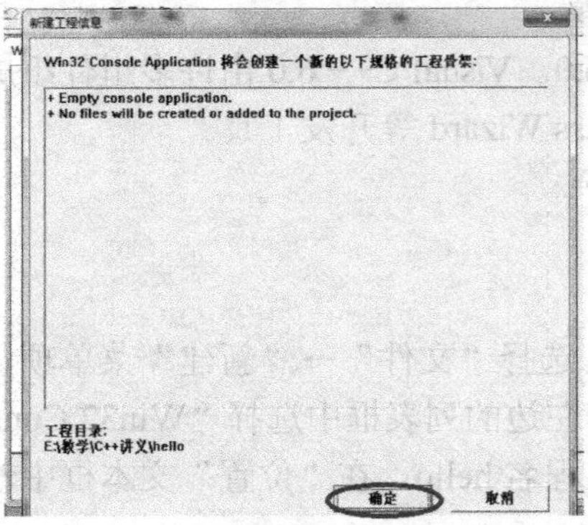

图 2.6　新工程信息对话框

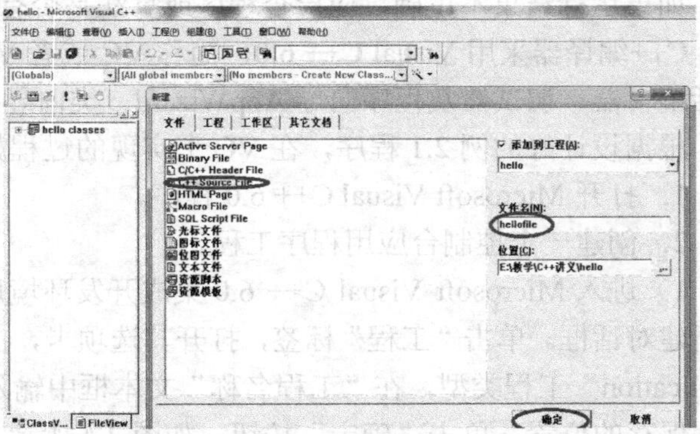

图 2.7　建立源程序文件名

2）然后单击“确定”按钮，打开源文件编辑窗口，在其中输入源代码，如图 2.8 所示。最后保存，如图 2.9 所示。

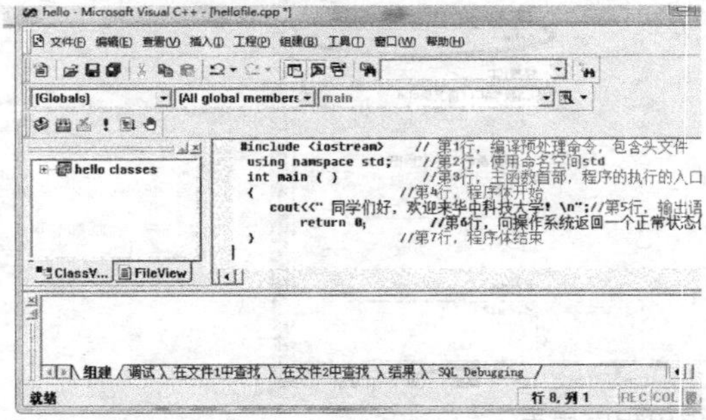

图 2.8　输入源程序

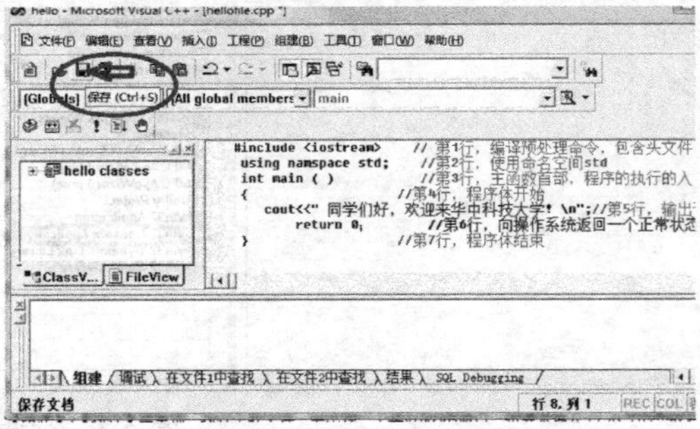

图 2.9　保存源程序

3）源代码输入、保存完成后，选择“组建”→“编译”菜单项，即可编译源文件 hellofile.cpp，如图 2.10 所示。编译正常，产生 hellofile.obj 文件，系统输出窗口显示相关信息，如果信息显示无错误，可以继续下一步，如图 2.11 所示。

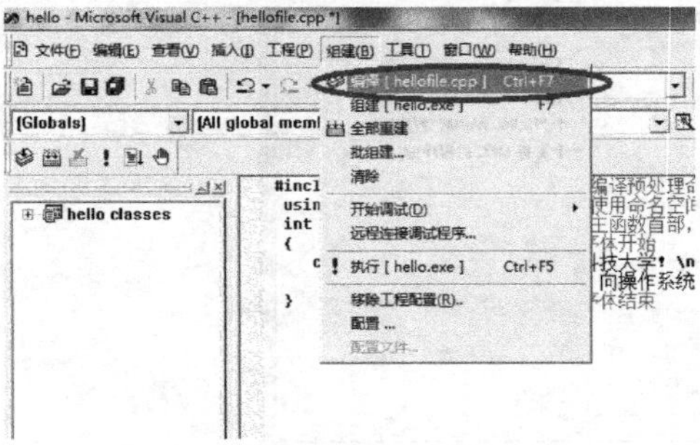

图 2.10　选择编译源程序

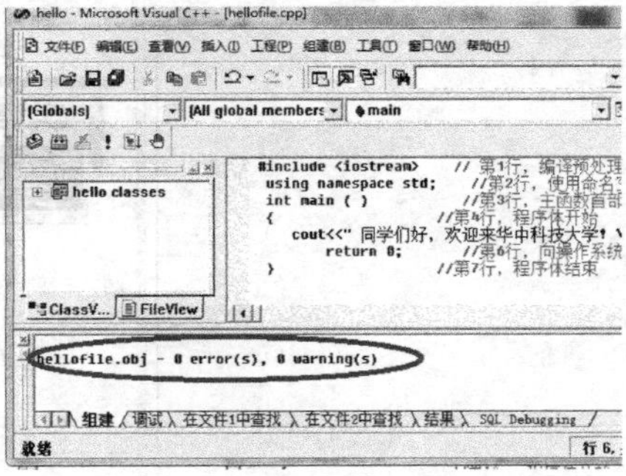

图 2.11　编译后显示

4）源代码编译完后，选择“组建”→“组建”菜单项，如图 2.12 所示。系统输出窗口显示相关信息，如果无错误显示，即可生成 hello.exe 文件，如图 2.13 所示。

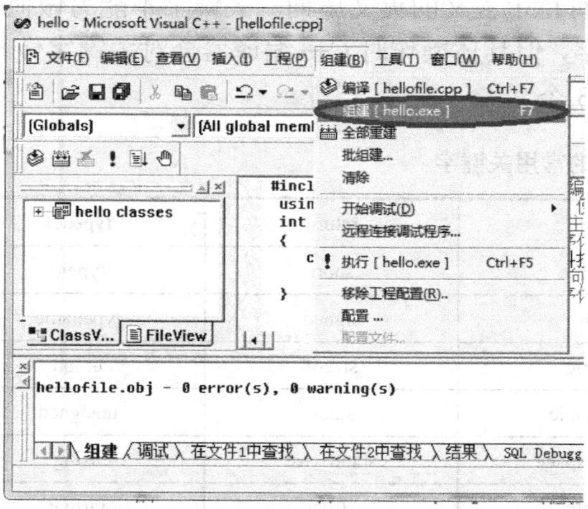

图 2.12　选择组建源程序

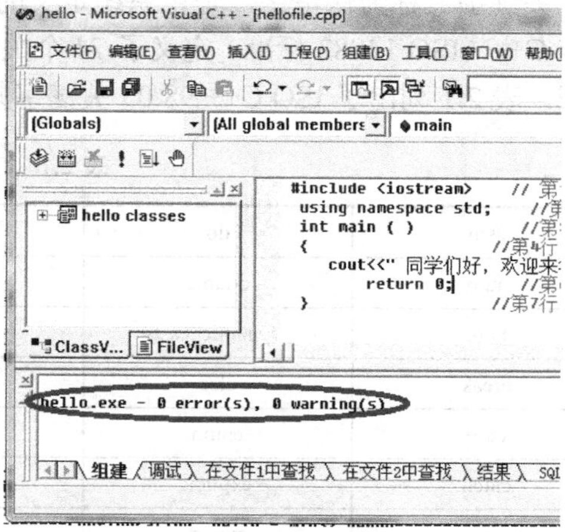

图 2.13　组建源程序显示

5）源代码组建完成后，选择“组建”→“执行”菜单项，即可执行文件 hello.exe，如图 2.14 所示。程序执行结果如图 2.15 所示。

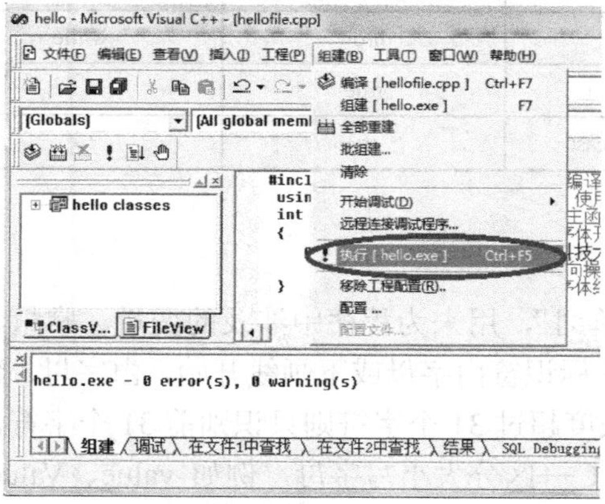

图 2.14　执行程序

同学们好，欢迎来华中科技大学!
Press any key to continue

图 2.15　程序执行结果

2.2　C++语言规则

2.2.1　C++的字符集

在程序设计语言中，都会使用一些特定的字符来构造基本词法单位，进而形成程序语句。其中用于 C++的字符集包括：

26 个小写字母　a b c d e f g h i j k l m n o p q r s t u v w x y z

26 个大写字母　ABCDEFGH I J KLMNOPQRSTUVWXYZ

10 个阿拉伯数字　0 1 2 3 4 5 6 7 8 9

其他符号　+ – * / = , . :_ :;? \ ' ' ' ~ 1 1 # % & ( ) [ ] { } ^ < > 空格

C++的字符集所构成的词法单位有 5 种：关键字、标识符、常量、运算符和标点符号。

2.2.2 关键字

关键字又称为保留字，是由系统定义的具有特定含义的英文单词。关键字不能另做他用。标准 C++（ISO 14882 标准）定义了 74 个关键字，但具体操作时 C++编译器会对关键字做一些增减。表 2.1 列出了 ISO C++ 98/03 关键字共 63 个。

表 2.1　C++的常用关键字

asm	do	if	return	typedef
auto	double	inline	short	typeid
bool	dynamic_cast	int	signed	typename
break	else	long	sizeof	union
case	enum	mutable	static	unsigned
catch	explicit	namespace	static_cast	using
char	export	new	struct	virtual
class	extern	operator	switch	void
const	false	private	template	volatile
const_cast	float	protected	this	wchar_t
continue	for	public	throw	while
default	friend	register	true	
delete	goto	reinterpret_cast	try	

2.2.3 标识符

标识符（Identifier，ID）是程序员定义的“单词”，用来为程序中涉及的变量、常量、函数及自定义数据类型等命名。在标准 C++中，合法标识符由字母或下画线开始，由字母、数字或下画线组成，其有效长度为 1～31 个字符，若长度超过 31 个字符则只识别前 31 个字符，但 Visual C++标识符的有效长度为 1～247 个字符。C++区分大小写字母，例如 value、Value 和 VALUE 是 3 个不同的标识符。

用户自定义标识符时不能使用关键字，也不能与 C++编译器提供的资源名（如库函数名、类名、对象名等）相同。

一般使用有意义的单词或拼音序列作为标识符，可大小写混用，以提高程序的可读性。另外，虽然 C++编译器允许标识符以下画线开始，但因为系统定义的内部符号一般以下画线或双下画线开始，所以自定义标识符时不提倡以下画线开始。

2.2.4 标点符号

标点符号包括“# () { } , : ; " '”等。

有些标点符号有一定的语法意义，如字符和字符串常量分别用单引号和双引号来说明；有些则主要起分隔作用，如“:”等。

书写程序时每个语法符号之间必须用分隔符隔开，除这些标点符号外，起分隔符作用的还有运算符、空格符、制表符（Tab 键）、回车符等。

2.3 C++的数据类型

生活中人们总是与各种各样的数据打着交道。例如，某同学，中文姓名为张三，英文名为William，性别男，生日是 1995 年 7 月 3 日，体重 62.5 公斤，身高 172cm。在这些信息中，该同学的中文及英文名字分别为由多个中文字符或英文字符构成的字符串；性别为中文字符；生日为日期数据；体重为实数；身高为整数。不同的数据在做运算时按照不同的运算规则，字符串的运算可以把两个字符串组合在一起，也可以计算一串字符串的子串；日期计算根据年月日的特点，做加减运算等。

计算机程序处理的对象是数据，为了方便计算，数据以某种特定的形式存在于计算机内，如整数、实数和字符等，不仅在计算机内存储的形式不同，并且它们的运算规则也是不相同的。为了区分数据在计算机内存储形式和运算规则的不同，计算机高级语言设计了数据类型来约束数据。数据类型是在程序中说明数据的取值范围的集合，以及定义在这个值集上的一组操作规则。C++程序中数据变量的使用严格遵从“先说明类型后使用”的原则。C++中的数据类型分为两大类，即基本数据类型和非基本数据类型，如图 2.16 所示。

- C++ 的数据类型
  - 基本数据类型
    - 整型 int
    - 字符型 char
    - 实型
      - 双精度型 double
      - 单精度型 float
    - 布尔 bool
    - 无值型 void
  - 非基本数据类型
    - 数组 type[]
    - 指针 type*
    - 引用 type&
    - 类 class
    - 结构 struct
    - 联合 union
    - 枚举 enum

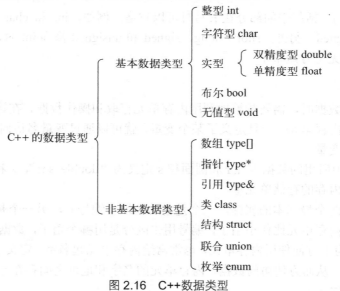

图 2.16　C++数据类型

2.3.1　基本数据类型

C++对基本数据类型分别进行了封装，称为内置数据类型。内置数据类型不仅定义了数据类型，还定义了常用操作。本节仅介绍各种基本数据类型的含义和定义方法。

整型用来处理整数。整数（不加说明时，是指有符号的整数）在内存中存放的是其补码；无符号整数没有符号位，存放的就是原码。整数占用的字节数与计算机的机型有关，一般占用 2 个或 4 个字节，在 32 位的计算机上占用 4 个字节。

字符型用来处理字符，存储的是该字符在计算机中的 ASCII 码，占用 1 个字节。如大写字母 A 的 ASCII 码为 65，在对应的 1 个字节中存放的就是 65。字符型数据在计算机中的表达本质上仍然是整数，是一个 8 位的二进制整数。C++中的基本数据类型如表 2.2 所示。

表 2.2 C++中的基本数据类型

类 型	名 称	占用字节数	取 值 范 围
bool	布尔型	1	true，false
(signed) char	有符号字符型	1	-128～127
unsigned char	无符号字符型	1	0～255
(signed)short (int)	有符号短整型	2	-32768～32767
(unsigned) short (int)	无符号短整型	2	0～65535
(unsigned)int 或 signed	有符号整型	4	-2^{31}～$(2^{31}-1)$
unsigned (int)	无符号整型	4	0～$(2^{32}-1)$
(signed) long (int)	有符号长整型	4	-2^{31}～$(2^{31}-1)$
unsigned long (int)	无符号长整型	4	0～$(2^{32}-1)$
float	实型	4	-10^{38}～10^{38}
double	双精度型	8	-10^{308}～10^{308}
long double	长双精度型	8	-10^{308}～10^{308}
void	无值型	0	

表中类型用“()”括起来的部分在书写时可以省略。例如，int 和 char 默认为有符号的，等同于加修饰词 signed。另外，short、long、signed 和 unsigned 修饰 int 时，int 可以省略，如 unsigned short 表示无符号短整型。

1．简单变量

计算机在处理数据时，需要频繁地利用内存单元存取和操作数据。在计算机高级语言中，变量对应计算机的内存单元。一旦定义了某个变量，就可以通过变量名访问内存单元中存放的数据，直到释放该变量。

在例 2.2 程序中所用的数据半径 r 和圆面积 s 定义为“double s,r;”，s 和 r 称为变量，C++变量存放在计算机内存的存储单元里。

计算机内存有两个最基本的属性，一个是它的地址（编号），另一个是它存储的数据值。可以把存储数据的内存单元比作小箱子，编号用来区分是用哪个箱子，数据值就如箱子里面放着的东西。不过，为了方便使用内存单元，也常常给内存单元起名字。定义了内存单元名字后，可以根据名字寻址，从而方便访问数据，内存单元的名字和地址之间存在一个映射关系，名字方便理解和编写程序。

变量名必须用标识符进行标识，变量值是程序运行时所需数据的具体值。程序编译时，就给变量分配内存单元。系统根据程序中定义的变量数据类型，分配一定大小的存储空间。例如，C++编译系统一般为整型变量分配 4 个字节，为单精度浮点型变量分配 4 个字节，为字符型变量分配 1 个字节。内存区的每一个字节有一个编号，这个编号称为地址，如图 2.17 所示。

编译器根据变量的数据类型为每个变量分配所需地址连续的内存单元，用于存储该数据变量的值。一个变量应该有一个变量名字，并对应一个内存单元地址，在内存中占据一定数量的存储单元，在该存储单元中存放变量的值。如图 2.18 所示，说明了变量名、地址和值之间关系。

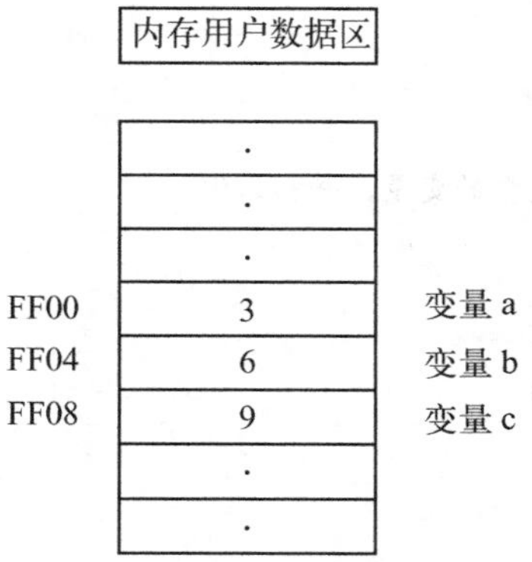

图 2.17　变量的内存表示

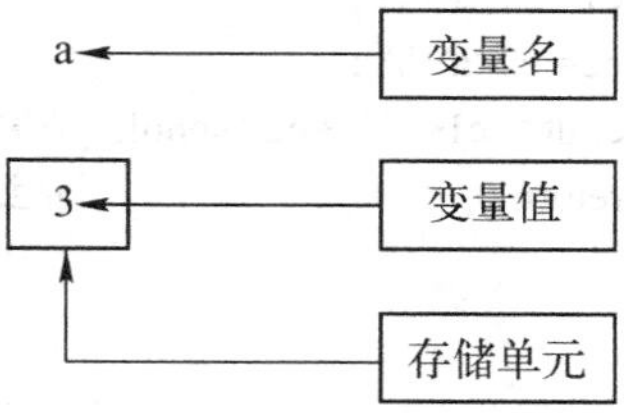

图 2.18　变量名和变量值

由此可以看出，说明一个数据变量就明确了它的 4 个属性：名字、数据类型、允许的取值范围及合法操作。这样带来如下两个好处。

① 便于编译程序为变量预先分配内存空间。不同数据类型的变量占用内存单元的字节数不同，根据数据类型能够保证内存空间的有效使用。

② 便于在编译期间进行语法检查。不同数据类型的变量有其相应的合法操作规则，编译程序可以根据变量的类型对其操作的合法性进行检查。

1）变量说明

> 变量说明有时也称为变量定义。在 C++中，变量说明的一般简单格式：
> **数据类型 变量名 1，变量名 2，…，变量名 n;**

下面是变量定义的几个例子：

```
int    i, j, k;        //定义 3 个整型变量 i, j, k，每个变量用逗号分开
char   c1, c2;         //定义 2 个字符型变量 c1, c2，每个变量用逗号分开
double  dx;            //定义 1 个双精度型变量 dx
```

变量的数据类型可以是 C++的基本数据类型，也可以是非基本数据类型，其中非基本数据类型将在后面的相关章节中进行介绍。

变量定义可以出现在程序中的任何位置，只要在使用该变量之前定义即可，但是同一个变量名在一个作用域中不能重复定义。

经过说明的变量可以被使用。使用变量时，必须保证变量有确定的值。变量定义而未被赋值时，其值为随机值，程序运行时将导致结果错误，且这类错误不能被编译器查出。

2）变量初始化

定义变量时即给变量一个值称为变量初始化，例如：

```
int   a=3, b=4, c=5;   //说明 3 个整型变量并赋初值，3 个变量用逗号分开
float   x=3.0;         //说明 1 个单精度实数变量并赋初值
double y=1.7;          //说明 1 个双精度实数变量并赋初值
char   e='a' ,f='4' ,g='g' ;  //说明 3 个字符型变量并赋初值，3 个变量用逗号分开，字符的表示一定要用单引号' '括起来，字符型变量的值是存放字符所对应的 ASCII 码的值。
```

【例 2.3】 下面程序的作用是将小写字母转换为大写字母，程序运行结果如图 2.19 所示。

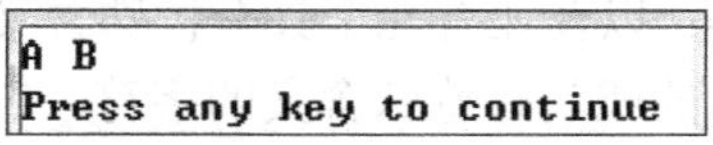

图 2.19　运行结果图

```
//2_3.cpp,将小写字母换成大写字母
#include<iostream>
using namespace std;
```

```
int main()
{
        char c1='a',c2='b';              //说明两个字符类型的变量，并初始化
        c1= c1-'a'+'A';
        c2= c2-'a'+'A';
        cout<<c1<<' '<<c2<<endl;  //输出语句
        return 0;                         //主函数的返回值
}
```

2. 常量

常量是指数据的值在程序执行过程中始终保持不变，其中包括文字常量和常变量。

文字常量指在程序中直接给出的数据量。文字常量存储在程序代码区，而不是数据区，对它的访问不是通过数据地址进行的。根据取值和表示方法的不同，文字常量分为整型常量、实型常量、字符型常量和字符串常量，例 2.2 中第 6 行的 10.0 和第 7 行的 3.14 是文字常量，均为实数常量。例 2.3 中'a'和'b'也是文字常量，均为字符常量。

1）整型常量

C++中的整型常量可以使用十进制、八进制、十六进制等表示方法。十进制表示与平时熟悉的书写方式相同；八进制表示以 0 开始，由数字 0～7 组成；十六进制以 0X（或 0x）开始，由数字 0～9 和字母 A～F（大小写均可）组成。下面是几个整型常量的例子：

```
15，-24                   //2 个十进制数据
012，-0655                //2 个八进制数据
0x32A，-0x2fe0            //2 个十六进制数据
```

2）实型常量

C++中，含有小数点或 10 的幂的数均为实型常量，数据类型为 double。相应的两种表示方法称为一般形式和指数形式：一般形式与平时书写的形式相同，由数字 0～9 和小数点组成；指数形式（也称为科学表示法）则表示为尾数乘以 10 的整数次方形式，由尾数、E 或 e 和阶数组成。以下是几个实型常量的例子：

0.23，-125.76，0.0，46.　//一般形式
123E12　　//指数表示，123×10^{12}
-0.34e-2　　//指数表示，-0.34×10^{-2}

指数形式要求 E 或 e 前面的尾数部分必须有数字，后面的指数部分必须为整数。以下表示方法都是不合法的：

```
E4                        //不能没有尾数
1.43E3.5                  // 阶数不能是实数
```

3）字符型常量

字符型常量是用单引号引起来的单个字符。在内存中保存的是字符对应的 ASCII 码值。在所有字符中，可显示的字符通常就用单引号引起来。如：

'a'，'@'，'4'，' '

还有一些不可显示的及无法从键盘输入的字符，如回车符、换行符、制表符、响铃、退格等；以及还有几个具有特殊含义的字符，例如反斜杠、单引号和双引号。针对这些无法直接表示的或具有特殊含义的字符，C++提供了一种称为转义序列的表示方法。表 2.3 中列出了 C++中定义的转义序列及其含义。

表 2.3　C++中定义的转义序列字符及其含义

字符表示	ASCII 码值	名　称	功能或用途
\a	0x07	响铃	用于输出
\b	0x08	退格（Backspace 键）	退回一个字符
\f	0x0c	换页	用于输出
\n	0x0a	换行符	用于输出
\r	0x0d	回车符	用于输出
\t	0x09	水平制表符（Tab 键）	用于输出
\v	0x0b	纵向制表符	用于制表
\0	0x00	空字符	作为字符串结束标识符
\\	0x5c	反斜杠字符	用于需要反斜杠的地方
\'	0x27	单引号字符	用于需要单引号的地方
\"	0x22	双引号字符	用于需要双引号的地方
\nnn	八进制表示		用八进制 ASCII 码表示字符
\xnn	十六进制表示		用十六进制 ASCII 码表示字符

下面是用转义序列表示的不可见字符和特殊字符的例子：

```
'\n'        //换行符
'\\'        //反斜杠字符
```

表 2.3 中最后两行是所有字符的通用表示方法，即用反斜杠加 ASCII 码表示。由此，以字母 a 为例，可以有 3 种表示方法，即'a'、'\141'和'\x61'。可以看出，对于可见字符，第 1 种表示方法是最简单、直观的。

4）字符串常量

用双引号引起来的若干个字符称为字符串常量。例如：

"I am a Chinese.", "123", "a", ""

字符串常量在内存中是按顺序逐个存储字符串中字符的 ASCII 码，并在最后存放一个'\0'字符。'\0'字符称为串结束符。字符串的长度指的是串中'\0'字符之前的所有字符数量，包括不可见字符。因此，字符串常量实际在内存中占用的字节数是：串长+1。如字符串常量"abc"在内存中占 4 个字节（而不是 3 个字节），如图 2.20 所示。

a	b	c	\0

图 2.20　字符串的内存表示

编译系统会在"abc"字符串最后自动加一个'\0'，作为字符串结束标志。但'\0'并不是字符串的一部分，它只作为字符串的结束标志。

如：cout<<"abc"<<endl;

输出 3 个字符 abc，而不包括：'\0'。

注意："a"和'a'代表不同的含义，"a"是字符串常量，'a'是字符常量。前者在内存中占 2 个字节，后者在内存中占 1 个字节。

分析下面的程序片段：

```
char  c;          //定义一个字符变量
c='a';            //正确，字符，内存中占一个字节，存放'a'，值为 0x61
c="a";            //错误，变量 c 表示只能容纳一个字符
                  //而"a"却表示的是字符串，占用两个字节
```

5）常变量

用常量说明符 const 给文字常量起个名字，这个标识符就称为标识符常量。由于标识符常量的说明和使用的形式很像变量，也称为常变量。下面通过例子说明常变量的使用方法。

```
const double   PI=3.1416;   //用 const 来声明一个实数，并给这个实数起名字 PI，PI 的值不能改变，在程序中始终为 3.1416
```

注意：常变量在说明时就必须赋值。

```
const int Number_of_Student=100;  //用 const 来声明一个整数，并给这个整数起名字
```

上面的定义中，Number_of_Student 的值是不能改变的，在程序执行期间始终为 100。

常变量同样必须先说明后使用。说明之后，就可以通过使用标识符达到使用常量的目的。与文字常量相比，常变量有两个明显的好处：一是增加程序的可读性，便于理解常量的含义；二是增加程序的可维护性，假设某个常量在程序中多次出现，如果需要修改该常量的值，采用常变量形式，就只需要在常变量的说明处进行修改，避免了到程序中多处查找修改的麻烦，同时也避免了因漏改导致程序结果错误。

C++推荐用大写字母作为常变量名，以便和一般变量名区分。把程序例 2.2 改为：

```
#include <iostream>
using namespace std;
int main()
{
    const double PI=3.1415;      //说明常变量，在本程序不能再改变
    double    s, r;
    r=10.0;
    s=PI*r*r;
    cout<<"s="<<s<<endl;
    return 0;
}
```

2.3.2 其他数据类型

1. 数组

数组是由一定数目的同类数据顺序排列而成的集合体，属于结构类型数据，组成数组的对象称为该数组的元素。在计算机内存中，一个数组在内存中占有一片连续的存储单元区域，数组名就是这片连续存储空间的首地址，数组元素按照下标在这片存储空间顺序连续存储，逻辑上相邻的元素在物理地址上也是相邻的。因此，数组的每个元素都用下标变量标识。数组不仅有一维数组，还有多维数组。一维数组对应数学中的向量，二维数组则可对应矩阵，通常用一个二维数组来存储矩阵。数组要求先定义后使用。

数组是有序数据的集合。要寻找一个数组中的某一个元素必须给出两个要素，即数组名和下标。数组名和下标唯一地标识一个数组中的一个元素。

数组是有类型属性的。同一数组中的每一个元素都必须属于同一数据类型。一个数组在内存中占一片连续的存储单元。如果定义一个整型数组 a，有 10 个元素，假设数组的起始地址为 FF00，则该数组在内存中的存储情况如图 2.21 所示。

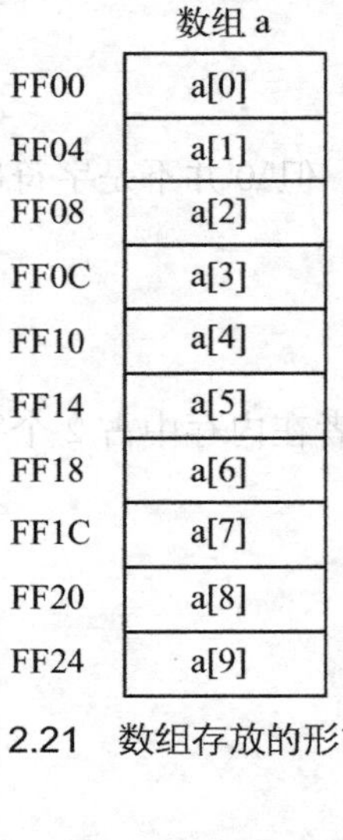

图 2.21　数组存放的形式

引入数组就不需要在程序中定义大量的简单变量，大大减少程序中标识符的数量，使程序精炼，而且数组含义清楚，使用方便，明确地反映了数据间的联系。许多好的算法都与数组有关，熟练地运用数组，可以大大地提高编程和解题的效率，加强了程序的可读性。

1）一维数组的定义

> 一维数组定义的格式：
> **数据类型　数组名[常量];**

其中，数据类型指的是数组中所有元素的数据类型，可以是C++中定义的任何一种数据类型；“[]”中的常量用来定义数组大小，即数组中元素的个数。

C++中的数组大小在编译时确定，编译器要按照定义，为数组分配一段连续的存储单元，这段单元的大小在整个程序运行期间是固定不变的。因此，在定义时必须指明数组大小，而且只能使用正整数常量。语法上数组名代表的是数组存储单元的首地址。数组更加详细的内容将在第5章介绍。

以下是两个定义数组的例子：

```
int m[5] ;          // 数组m中有5个整数，m为数组名，5为数组个数
const int N=3;      // 说明常量N
double x[N] ;       // 数组x中有N个实数，x为数组名，N为数组个数，并且N必须是已经定义了的常量
```

注意下面的数组定义是非法的：

```
int count;
double   s[count];       //错误，数组元素个数不能是变量
const double   Num=3;
int n[Num];              //错误，数组元素个数不能是实数
```

数组大小不能用变量来定义，因为数组单元的分配是在编译时确定的，其大小必须在编译时明确，而变量的赋值则是在程序运行期间获得的。如果编程者在定义时不能确定数组大小，那么通常采用“**大开小用**”的方法，即估计元素个数不会超过某个界限，就用这个上界限来定义数组大小。

2）数组的初始化

数组初始化的方法是在定义时用“{}”列出元素的值。例如：

```
int score[5]={88, 92, 90, 85, 78};
```

初始化值的个数对应定义的数组元素个数，从第0个元素开始逐个取得初始化值。

```
double   y[3]={3.4, 4.2, 2.7};    //3个元素y[0], y[1], y[2]的取值分别为3.4, 4.2, 2.7
```

对于在定义时给数组初始化的情况，可以不指明元素个数，编译器会按照初始化值的个数确定数组大小。例如：

```
int n[]={ 1,2,3,4,5};    // 数组n有5个元素
int nn[];                // 错误，非法定义，必须指明数组元素的个数
```

3）数组的使用

> 访问数组元素的一般格式：
> **数组名[表达式]**

数组元素在存储单元中是按下标的顺序连续存放的，任何一个元素都可以单独访问。C++中规定数组中第1个元素的下标为0。例如上面定义的数组n，5个元素分别是n[0]、n[1]、n[2]、n[3]和n[4]。

对数组的访问指的是对数组元素的访问，一般不能直接将数组名作为访问对象，给数组赋值时必须给每一个元素逐个赋值，如例 2.4 所示。

【例 2.4】 一个简单的使用数组的例子，程序运行结果如图 2.22 所示。

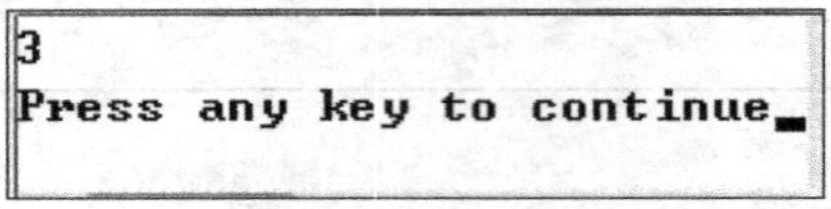

图 2.22　例 2.4 运行结果图

```
//2_4.cpp,一个简单的使用数组的例子
#include <iostream>
using namespace std;
int main()
{
    int int_arr[4];     //说明一个数组变量
//数组 int_arr 在内存单元中有地址连续的 4 个元素，下标从 0 开始计算
    int_arr[0]=1;       //给数组第 1 个元素赋值 1
    int_arr[1]=1;       //给数组第 2 个元素赋值 1
    int_arr[2 ]=2;      //给数组第 3 个元素赋值 2
    int_arr[3]=int_arr[1]+int_arr[2];    //给数组第 4 个元素赋值是运算后的结果 3
    cout<<int_arr[3]<<'\n';              //输出第 4 个元素的值
    return 0;
}
```

2．指针

一个内存单元的地址与内存单元的内容是有区别的两个概念。在程序中一般是通过变量名来对内存单元的内容进行存取操作的。其实程序经过编译以后已经将变量名转换为对应的变量地址，对变量值的存取都是通过变量的地址进行的。这种通过变量地址存取变量值的方式称为直接存取方式，或直接访问方式。还可以采用另一种称为间接存取（间接访问）的方式，可以在程序中定义这样一种特殊的变量，它是专门用来存放内存单元地址的，图 2.23 是直接访问和间接访问的示意图。为了将数值 3 送到变量中，可以有两种方法：

1）直接将数 3 送到整型变量 i 所标识的单元中，如图 2.23（a）所示。

2）将 3 送到指针变量 i_ pointer 所指向的单元（变量 i 所标识的单元）中，如图 2.23（b）所示。

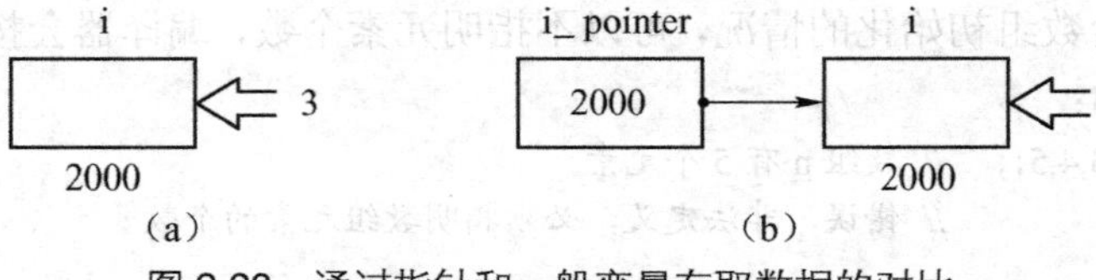

图 2.23　通过指针和一般变量存取数据的对比

由于图 2.23（b）通过变量的地址来找到所需的变量单元的内容，因此可以说，地址指向所找的变量单元。因此将地址所在变量形象化地称为“指针”，一个变量的地址称为该变量的指针。

如果有一个变量是专门用来存放另一变量地址（即指针）的，则它称为指针变量。指针变量的值（即指针变量中存放的值）是地址（即指针）。

> 指针数据类型的定义形式：
>
> **数据类型　*标识符;**
>
> 其中，“*”为指针类型说明符，“标识符”是指针变量名，“数据类型”是指针变量所指向关联单元的数据类型，即指针变量所指向变量的数据类型。

指针是一个用来指示一个内存地址的数据类型，可以通过地址把那些不连续的存储空间充分利用起来，满足程序的数据表示需求。指针类型变量的内容是计算机内存地址，而变量前面的数据类型则说明变量值地址指向的存储单元的数据类型。

下面对不同数据类型的指针变量定义如下：

```
int    *ip;          //说明变量 ip 是指针变量
                     //ip 的内容是地址，该地址指向的存储单元是整型数据
char   *cp;          //说明变量 cp 是指针变量
                     //cp 的内容是地址，该地址指向的存储单元是字符型数据
double   *dp;        //说明变量 dp 是指针变量
                     //dp 的内容是地址，该地址指向的存储单元是双精度浮点型数据
```

与指针变量有关的运算符有&（取地址运算符）和*（指针运算符，或称间接访问运算符）。例如：&a 为变量 a 的地址，*p 为指针变量 p 所指向的存储单元。

【例 2.5】 通过指针变量访问整型变量。

```
//2_5.cpp,通过指针变量访问整型变量
#include<iostream>
using namespace std;
int main()
{
    int   a,b;                                  //定义整型变量 a,b
    int   *pointer_1,*pointer_2;                //定义指针变*pointer_1,*pointer_2
    a=100;b=10;                                 //对 a,b 赋值
    pointer_1=&a;                               //把变量 a 的地址赋给 pointer_1
    pointer_2=&b;                               //把变量 a 的地址赋给 pointer_2
    cout<<a<<" "<<b<<endl;                      //输出 a 和 b 的值
    cout<<*pointer_1<<" "<<*pointer_2<<endl;    //输出*pointer_1 和*pointer_2 的值
    return 0;
}
```

程序中变量的存储形式如图 2.24 所示，程序运行结果如图 2.25 所示。

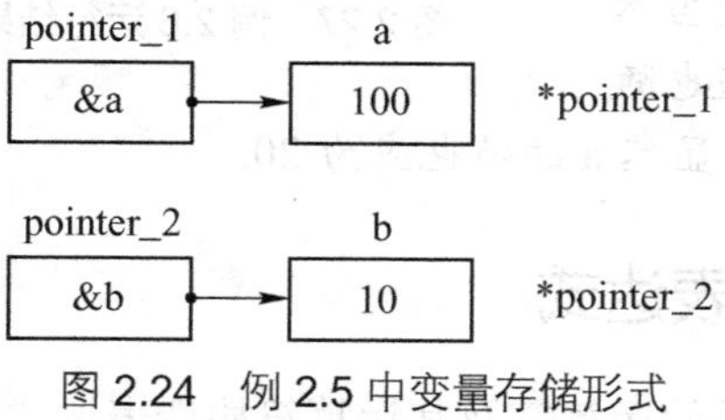

图 2.24　例 2.5 中变量存储形式

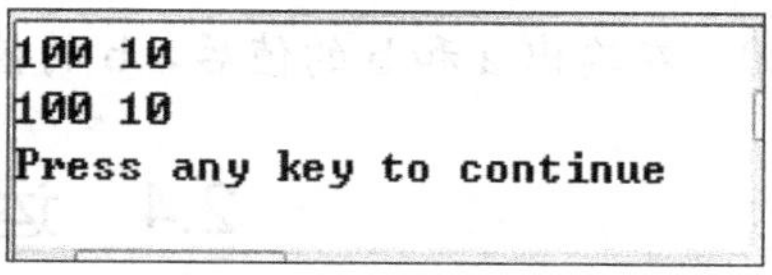

图 2.25　例 2.5 运行结果图

指针相关内容详细见第 5 章。

3．引用

引用是一种新的变量类型，它的作用是为一个已经定义的变量起一个别名。例如：

```
int   a;              //定义 a 是整型变量
int   &b=a;           //声明 b 是 a 的引用
```

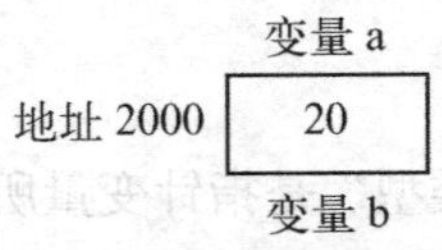

图 2.26　引用的存储形式

以上语句声明了 b 是 a 的引用，即 b 是 a 的别名，其示意图如图 2.26 所示。经过这样的声明后，a 和 b 的都是给同一个内存单元起的名字，作用相同，代表同一变量。

注意：

1）&是引用声明符。声明变量 b 为引用类型，不需要另外开辟内存单元来存放 b 的值，而是 b 和 a 占内存中的同一个存储单元，它们具有同一地址。

2）引用声明完毕后，相当于同一个目标内存单元的变量名有两个名称，即该目标单元的原名称和引用名，且不能再把该引用名作为其他变量名的别名。声明 b 是 a 的引用，可以理解为使变量 b 具有变量 a 的地址，如果 a 的值是 20，则 b 的值也是 20。

3）声明引用时，必须同时对其进行初始化。

4）不能建立数组的引用。因为数组是一个由若干个元素组成的集合，所以无法建立一个数组的别名。

在声明变量 b 是变量 a 的引用后，在它们所在函数执行期间，该引用类型变量 b 始终与其代表的变量 a 相联系，不能再作为其他变量的引用（别名）。下面的用法不对：

```
int   a1,a2;
int   &b=a1;                              //正确，声明 b 是 a1 的引用（别名）
int   &b=a2;                              //错误，企图再使 b 又变成 a2 的引用（别名）是不行的
```

【例 2.6】 引用和变量的关系。

```
#include<iostream>
using namespace std;
int main()
{
int a=10;
int &b=a;                       //声明 b 是 a 的引用
a=a*a;                          //a 的值变化了，b 的值也应一起变化
cout<<a<<"      "<<b<<endl;     //输出的两个值是一样的
b=b/5;                          //b 的值变化了，a 的值也应一起变化
cout<<b<<"      "<<a<<endl;     //输出的两个值是一样的
return   0;
}
```

程序运行结果如图 2.27 所示。

```
100     100
20      20
Press any key to continue
```

图 2.27　例 2.6 运行结果图

强调：a 的值开始为 10，b 是 a 的引用，b 的值当然也应该是 10，当 a 的值变为 100(a*a 的值)时，b 的值也随之变为 100。在输出 a 和 b 的值后，b 的值变为 20，显然 a 的值也应为 20。

2.4　运算符和表达式

C++语言提供了多种运算符，本节重点介绍常见的运算符及其运算符构造表达式。

2.4.1　基本运算符及其表达式

表达式就是由运算符、操作数及标点符号组成的，能得到一个值的式子。本节介绍的基本运算包括算术运算、关系运算和逻辑运算等。

1. 算术运算符与算术表达式

算术运算符用于算术运算，算术运算包括：+（加）、-（减）、*（乘）、/（除）和%（求余），涉及到的操作数为整型或浮点型等数值型数据。运算符总是与操作数封装在一起，相同的运算符对不同数据类型的操作数执行的运算是有差异的。

表 2.4　算术运算符及其优先级

运　算　符	含　　义	举　　例	结　　果
/	除	1.0/ 2.0	0.5
*	乘	-2 * 4	-8
%	余数（取模）	5 % 2	1
+	加	5 + 2	7
-	减	5 - 3	2

注意，对于运算符“/”，当两个操作数均为整数时，所执行的运算为整除，结果为整数。整除运算结果舍去小数取整，例如：

```
1/2        //结果为 0，整数
5/4        //结果为 1，整数
```

只要有一个操作数是实数，则两个操作数均转换为 double 型，“/”成为普通的除，结果是实数，例如：

```
5/4.0      //结果为 1.25，实数
5.0/4.0    //结果为 1.25，实数
```

求余运算符“%”也称为求模，其意义是求两个整数相除后的余数。因此，要求两个操作数必须均为整数。如果两个整数中有负数，则结果的符号与被除数相同，例如：

```
6%3        //结果为 0
6%7        //结果为 6
7%6        //结果为 1
-7%6       //结果为-1
7%-6       //结果为 1
-7%-6      //结果为-1
6.3%3      //错误，编译不通过
```

由算术运算符、操作数和括号连接而成的表达式称为算术表达式。算术运算要注意运算符的优先级。C++仍然遵循“**先乘除、后加减**”的原则。对于任何类型的表达式，如果要改变运算的次序，都可使用括号，括号中的运算具有最高优先级。

当表达式中的每个变量都有确定的值时才能进行表达式求值。

算术运算还需注意数据溢出问题。运算结果超出对应数据类型的表示范围称为溢出。C++编译器只会对除法运算中除数为 0 的情况提示出错，而溢出不作为错误处理，程序将继续执行并产生错误的计算结果。因此，程序设计者必须在程序中解决检查和处理数据溢出的问题。

如果需要计算平方根运算、三角函数和平方运算，则需要运用相关的数学函数头文件实现。

【例 2.7】 计算某数据的绝对值、平方根和平方运算，程序运行结果如图 2.28 所示。

```
#include<iostream>
#include<cmath>              //数学函数的头文件
```

```
a/c的值：0
a/c的值：-0.6
x/y的值：0.875
绝对值的值：3
平方的值：  9
平方根的值：  1.73205
Press any key to continue
```

图 2.28　例 2.7 运行结果图

```
using namespace std;
int main()
{
        int a=-3,b=0,c=5;
        double x=3.5,y=4.0;
        cout<<"a/c 的值: "<<a/c<<endl;
        cout<<"a/c 的值: "<<a*1.0/c<<endl;
        cout<<"x/y 的值: "<<x/y<<endl;
        cout<<"绝对值的值: "<<abs(a)<<endl;
        cout<<"平方的值:   "<<pow(a,2)<<endl;
        cout<<"平方根的值:   "<<sqrt(abs(a))<<endl;
        return 0;
}
```

2．赋值运算符与赋值表达式

将数据存放到变量所标识的存储单元的操作称为赋值。如果该单元中已有值，则赋值操作以新值取代旧值。常量不能赋值。C++的赋值运算符为“=”。其意义是将赋值号右边的值送到左边变量所标识的内存单元中。

赋值号不是等号，它具有方向性。左操作数称为“左值”，必须放在内存中可以访问且可以合法修改值的存储单元中，通常只能是变量名；右操作数称为“右值”，可以是常量，也可以是变量或表达式，但一定能取得确定的值。例如，下面的赋值运算是错误的：

```
3.1415926=pi          // 错误，左值不能是常数
x+y=z                 // 错误，左值不能是表达式
const   int   N=30
N=40                  // 错误，常变量不能被重新赋值
```

由赋值运算符连接的表达式称为赋值表达式。赋值表达式本身也有值，其左值就是赋值表达式的值。赋值表达式的运算是先计算右值，再将右值赋给左值。下面是一些赋值表达式的例子：

a=5+6　　　　// 表达式的值为 11，将 11 赋给 a

d=c=b=a+1　　// 将 a+1 的值 12 赋给 b，再将表达式(b=a+1)的值 12 赋给 c，再将表达式(c=b=a+1)的值 12 赋给 d，则整个表达式的值为 12

c=(a=1)+(b=2)　// 将值 1 赋给 a，值 2 赋给 b，再将表达式(a=1)+(b=2)的值 3 赋给 c，则整个表达式的值为 3

在 C++中，赋值运算符和双目算术运算符可以组合成一个新的运算符，称为复合赋值运算符，包括：+=、－=、*=和%=。这些运算符连接而成的表达式称为复合赋值表达式，如表 2.5 所示。复合赋值运算表达式仍属于赋值表达式，它不仅可简化书写，而且能提高表达式的求值速度。

表 2.5　复合运算符及其优先级

运 算 符	含　义	举　例	等　效	a 的结果
=	赋值运算符	int a=5 int b=3	int a，b a=5；b=3	5
/=	除后赋值	a/=3	a=a/3	1
*=	乘后赋值	a*=b-1	a=a*(b-1)	10
%=	取模后赋值	a%=3	a=a%3	2
+=	加后赋值	a+=3	a=a+3	8
-=	减后赋值	a-=(b+6)	a=a- (b+6)	-4

3．自增、自减运算

C++中提供了两个具有赋值功能的单目算术运算符：++（自增）和--（自减）。其意义是使变量的当前值加 1 或减 1 后再赋给该变量自己。例如：

```
i++        // 相当于 i=i+1
j--        // 相当于 j=j-1
```

由于具有赋值功能，因此++、--运算符要求操作数只能是变量，而不能是常量或表达式。注意，a++与 a+1 的不同在于前者 a 自身的值变了，而后者不变。

++、--在使用时还分为运算符前置和运算符后置，上例是运算符后置，下面是运算符前置的写法：

```
++i
--j
```

对于单独的自增、自减表达式，运算符前置和后置没有区别，如 i++与++i 的运算结果完全一样。但是当自增、自减表达式还参与其他运算时，运算符前置和后置的结果往往是不同的。运算符前置的情况下，变量的值是先增减后引用，即参与运算的是增减后的新值；而运算符后置时，变量的值则是先引用后增减，即引用变量增减前的值参与运算，然后再增减变量的值。例如：

```
int i=5, j=5, m, n;
m=i++;             //相当于先 m=i; 再计算 i=i+1; 结果 m 的值为 5，i 的值为 6
n=++j;             //相当于先计算 j=j+1; 再 n=j; 结果 n 的值为 6，j 的值为 6
```

【例 2.8】 请观察++前和++后作为独立语句和在一个语句中的表达式的不同结果。

```
#include<iostream>
using  namespace  std;
int main()
{
    int   x=3,y=4;
    cout<<"输出 x 值: "<<x<<endl;                    //输出 x 值
    cout<<"输出 y 的值: "<<y<<endl;                   //输出 y 值
    x++;        //计算 x++等价于 x=x+1
    cout<<"在 x++语句后输出 x 的值: "<<x<<endl;       //输出 x 的值
    y++;        //计算 y++等价于 y=y+1
    cout<<"在 y++语句后输出 y 的值: "<<y<<endl;       //输出 y 值
    cout<<"输出 x++的值: "<<x++<<endl;                //先输出 x 的值，再计算 x=x+1
    cout<<"输出++y 的值: "<<++y<<endl;                //先计算 y=y+1，再输出 y 的值
    return 0;
}
```

程序运行结果如图 2.29 所示。

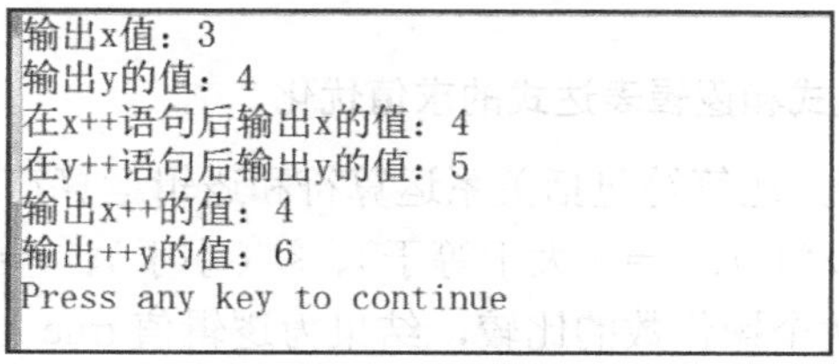
```
输出x值：3
输出y的值：4
在x++语句后输出x的值：4
在y++语句后输出y的值：5
输出x++的值：4
输出++y的值：6
Press any key to continue
```

图 2.29　例 2.8 运行结果

4. 关系运算符与关系表达式

关系运算符也称比较运算符，用于两个操作数的值的比较，由关系运算符构成的表达式称为关系表达式，关系表达式的值为逻辑型，即 true 或 false。所有的关系运算符都是双目运算符，它们的优先级相等，如表 2.6 所示。

表 2.6　关系运算符

运 算 符	含　义	举　例	结　果
==	等于	2 == 5	false
>	大于	'b'>'d'	false
>=	大于等于	7 >=2	true
<	小于	'A'<'2'	false
<=	小于等于	23 <=23	true
!=	不等于	2!=5	true

【例 2.9】 比较“=”和“==”的区别。

```
#include<iostream>
using namespace std;
int main()
{
int   a,b;
     a=0;                  //赋值语句，0 赋给变量 a
     b=a=0;                //赋值语句，b=(a=0),0 赋给变量 a, 0 赋给变量 b
     cout<<"b=a=0 的值"<<b<<endl;         //输出 0
     b=a==0;               //赋值语句，b=(a==0)，因为 a 的值为 0，所以 a==0 的表达式结果为真即 1
     cout<<"b=a==0 的值"<<b<<endl;        //输出 1
    return 0;
}
```

说明：

1）数值型数据按其大小比较。

关系运算的两个操作数只要有一个是数值型，就会强制将另一个操作数转换为数值型，然后进行比较。如果操作数转换为数值型出错，则运行时显示出错。

2）字符比较按照字符的 ASCⅡ码值大小比较。

数字字符"0"～"9"的 ASCII 码为 48～57，大写字符"A"～"Z"的 ASCII 码为 65～90，小写字符"a"～"z"的的 ASCII 码为 97～122。这三者相比，数字字符 ASCII 码最小，小写字符 ASCII 码最大。如果字符比较，数字字符'2'的 ASCII 码大于数字字符'1'的 ASCII 码，结果为 true。

5. 逻辑运算、逻辑表达式和逻辑表达式的求值优化

逻辑运算用于判断分析，运算符包括关系运算符和逻辑运算符。

关系运算符包括：>（大于）、>=（大于等于）、<（小于）、<=（小于等于）、==（等于）和!=（不等于），用来完成两个操作数的比较，结果为逻辑值 true（真）或 false（假）。

逻辑运算符包括：!、&&和||，假定 a=3，b=0，c=5，其优先级和语义如表 2.7 所示。逻辑运算的操作数和运算结果均为逻辑值。

表 2.7　逻辑运算符的优先级和语义

运算符	名　称	语　义	举　例	结　果
!	逻辑非	操作数的值为真，则结果为假	!a	假
&&	逻辑与	当两个操作数全部为真是，结果为真，否则为假	a>b&&a<c++	真，c 的值为 6
			a<b&&a<c++	假，c 的值为 5
||	逻辑或	两个操作数中有一个为真，则结果为真	a>b||a<c++	真，c 的值为 5
			a<b||a<c++	真，c 的值为 6

C++中的逻辑值与整数之间有一个对应关系：**真对应 1，假对应 0**；反过来，**0 对应假，非 0 值对应真**。所以逻辑运算的结果可作为整数参与其他运算，同时整数也可参与逻辑运算。关系表达式是一种简单的逻辑表达式，式中只包括关系运算符。计算逻辑表达式时，逻辑非的优先级最高，关系运算符次之，逻辑与和逻辑或最低。

C++在求逻辑表达式值的时候，并非先将所有逻辑运算符连接的表达式的值全部求出，再进行所有的逻辑运算，而是采用求值优化算法。其含义是，在求逻辑表达式值的过程中，一旦表达式的值能够确定，就不再继续进行余下的运算。例如，假定 a=2，b=0，c=3，则逻辑表达式 a ||b++|| c--产生的结果是：表达式值为 1，a 值为 2，b 值为 0，c 值为 3。求值优化体现在：整个表达式做的是或运算，由表达式 a 的值就已经确定了整个表达式的值，因此后面的算术表达式求值及逻辑表达式求值都不再计算。同样，假定 x=0，y=2，z=3，则逻辑表达式 x&&(y=y*y)&&(z=z+3)产生的结果是：表达式值为 0，x 值为 0，y 值为 2，z 值为 3。

优化计算固然提高了运算效率，但可能产生副作用。副作用是指出乎设计者的意料，得到意想不到的结果。

下面是几个逻辑表达式的例子，假定 a=3，b=0，c=5，d=2。

```
a>b>c            //先求 a>b，结果为 true，即 1，1 再与 c 比较，结果为 false
a>b&&b>c         //先求 a>b 的值为真，并且求 b>c 的值为假，再计算：真&&假的结果为假
a+b>c+d          //相当于(a+b)>(c+d)，先计算 a+b 和 c+d 的结果，3 和 7，再进行 3>7 的比较结果为 false
a<b&&a<c++       //先求 a<b 为假，不管 a<c 的结果如何，对于与&&运算来说结果一定为假，这样
                 //&&后面不计算，即 c++是不计算的
a>b&&a>c++       //先求 a>b 为真，再求 a>c 为假，结果为假，最后 c=c+1
a!=0             //是判断 a 是否不等于 0，而这个例子的 a 为 3，不等于 0，结果为真
```

【例 2.10】 请观察不同逻辑表达式的结果。

```
#include<iostream>
using namespace std;
int main()
{
    int a=3,b=0,c=5,d=2;bool x;
    cout<<"a>b 表达式的结果"<<(a>b)<<endl;  //结果为 true，即为 1
    x=(a>b>c);        //先计算 a〉b 为真，即为 1，1>c 为假，结果为 0
    cout<<"a>b>c 表达式的结果"<<x<<endl;
    cout<<" a+b>c+d 表达式的结果 "<<( a+b>c+d)<<endl;
    cout<<"输出 C 的值"<<c<<endl;        //c=5
    cout<<"a>b&&a<c++ 表达式的结果 "<<(a>b&&a<c++) <<endl;
    cout<<"输出 C 的值"<<c<<endl;        //c=6
    cout<<"a<b&&a<c++ 表达式的结果 "<<(a<b&&a<c++) <<endl;
    cout<<"输出 C 的值"<<c<<endl;        //c=6
```

```
        cout<<"a>b&&a>c++ 表达式的结果 "<<(a>b&&a>c++) <<endl;
        cout<<"输出 C 的值"<<c<<endl;    //c=7
        cout<<"a>b&&a<c++ 表达式的结果 "<<(a>b&&a<c++) <<endl;
        cout<<"输出 C 的值"<<c<<endl;    //c=8
    return 0;
    }
```

```
a>b 表达式的结果1
a>b>c 表达式的结果0
 a+b>c+d 表达式的结果 0
输出 C 的值5
a>b&&a<c++ 表达式的结果 1
输出 C 的值6
a<b&&a<c++ 表达式的结果 0
输出 C 的值6
a>b&&a>c++ 表达式的结果 0
输出 C 的值7
a>b&&a<c++ 表达式的结果 1
输出 C 的值8
Press any key to continue
```

图 2.30 例 2.10 运行结果

程序运行结果如图 2.30 所示。

6. 逗号运算符与逗号表达式

C++中的逗号也是一个运算符，在所有运算符中它的优先级最低。用逗号连接起来的表达式称为逗号表达式。

一般格式：**表达式 1，表达式 2，…，表达式 n**

逗号表达式所做的运算是从左到右依次求出各表达式的值，并将最后一个表达式的值当做整个逗号表达式的值。例如，假定 a=1，b=2，c=3，则逗号表达式 a=a+1，b=b*c，c=a+b+c 的运算过程依次是：将 2 赋给 a，将 6 赋给 b，将 2+6+3（即 11）赋给 c，整个逗号表达式的值为 11。再如，以下 3 个表达式的结果是不同的：

```
c=b=(a=3，4*3) //结果为 a=3，b=12，c=12，表达式的值为 12
c=b=a=3，4*3  //结果为 a=3，b=3，c=3，表达式的值为 12
c=(b=a=3，4*3) //结果为 a=3，b=3，c=12，表达式的值为 12
```

并非所有的逗号都构成逗号表达式，有些情况下逗号只作为分隔符，如函数参数之间的分隔符，参见第 6 章。

7. sizeof()运算符

该运算符用于计算一个数据类型或一个变量名的字节数。

一般格式：**sizeof(数据类型)或 sizeof(变量名)**

其中，数据类型可以是标准数据类型，也可以是用户自定义类型；变量必须是已定义的变量。另外，括号可以省略，运算符与操作数之间用空格间隔。例如：

```
sizeof(int)       //值为 4
sizeof (float)    // 值为 4
double   x;
sizeof(x)         //值为 8
```

使用该运算符也是为了实现程序的可移植性和通用性，因为同一操作数类型在不同的计算机上可能占用不同的字节数。

8. 表达式应注意的规则

1）乘号必须使用写成*且不能省略，例如，x 乘以 y 应写成 x*y。

2）C++中平方不能用^运算。

3）括号均使用圆括号，可以多对圆括号成对出现、嵌套使用。

2.4.2 C++的运算符、优先级和结合性

运算（即操作）是对数据的加工，对常量或变量进行运算或处理的符号称为运算符，参与运算的对象称为操作数。C++的运算符非常丰富，表 2.8 列出了各种运算符及其优先级和结合性。

优先级和结合性决定运算中的优先关系。运算符的优先级从上到下依次递减，最上面具有最高的优先级，即表中的序号越小，优先级越高，逗号操作符具有最低的优先级。运算符的结合性决定优先级相等的运算符组合在一起时的运算次序，同一优先级的运算符有相同的结合性，如+、-的结合性是从左到右（左结合），则表达式：a+b+c-d（先算 a+b，再加 c，最后减 d）。尽管运算符都有各自的优先级，仍然建议在书写包含多种运算符的混合运算表达式时，尽量使用括号标明运算次序，以便阅读和理解。

按照运算符要求的操作数个数的不同，运算符分为单目（一元）运算符、双目（二元）运算符和三目（三元）运算符。单目运算符只对一个操作数运算，如负号运算符“-”等；双目运算符要求有两个操作数，如乘号运算符“*”等；三目运算符要求有 3 个操作数，三目运算符只有“? :”，详细解释请见第 3 章的内容。

表 2.8　C++的运算符及其优先级和结合性

优先级	运算符	名称或含义	使用形式	结合方向	说　明
1	[]	数组下标	数组名[常量表达式]	左到右	
	()	圆括号	(表达式)/函数名(形参表)		
	.	成员选择（对象）	对象.成员名		
	->	成员选择（指针）	对象指针->成员名		
2	-	负号运算符	-表达式	右到左	单目运算符
	(类型)	强制类型转换	(数据类型)表达式		
	++	自增运算符	++变量名/变量名++		单目运算符
	--	自减运算符	--变量名/变量名--		单目运算符
	*	取值运算符	*指针变量		单目运算符
	&	取地址运算符	&变量名		单目运算符
	!	逻辑非运算符	!表达式		单目运算符
	~	按位取反运算符	~表达式		单目运算符
	sizeof	长度运算符	sizeof(表达式)		
3	/	除	表达式/表达式	左到右	双目运算符
	*	乘	表达式*表达式		双目运算符
	%	余数（取模）	整型表达式%整型表达式		双目运算符
4	+	加	表达式+表达式	左到右	双目运算符
	-	减	表达式-表达式		双目运算符
5	<<	左移	变量<<表达式	左到右	双目运算符
	>>	右移	变量>>表达式		双目运算符
6	>	大于	表达式>表达式	左到右	双目运算符
	>=	大于等于	表达式>=表达式		双目运算符
	<	小于	表达式<表达式		双目运算符
	<=	小于等于	表达式<=表达式		双目运算符
7	==	等于	表达式==表达式	左到右	双目运算符
	!=	不等于	表达式!=表达式		双目运算符
8	&	按位与	表达式&表达式	左到右	双目运算符
9	^	按位异或	表达式^表达式	左到右	双目运算符

续表

<table>
<tr><th>优先级</th><th>运算符</th><th>名称或含义</th><th>使用形式</th><th>结合方向</th><th>说　明</th></tr>
<tr><td>10</td><td>|</td><td>按位或</td><td>表达式|表达式</td><td>左到右</td><td>双目运算符</td></tr>
<tr><td>11</td><td>&&</td><td>逻辑与</td><td>表达式&&表达式</td><td>左到右</td><td>双目运算符</td></tr>
<tr><td>12</td><td>||</td><td>逻辑或</td><td>表达式||表达式</td><td>左到右</td><td>双目运算符</td></tr>
<tr><td>13</td><td>?:</td><td>条件运算符</td><td>表达式 1?表达式 2:表达式 3</td><td>右到左</td><td>三目运算符</td></tr>
<tr><td rowspan="11">14</td><td>=</td><td>赋值运算符</td><td>变量=表达式</td><td rowspan="11">右到左</td><td></td></tr>
<tr><td>/=</td><td>除后赋值</td><td>变量/=表达式</td><td></td></tr>
<tr><td>*=</td><td>乘后赋值</td><td>变量*=表达式</td><td></td></tr>
<tr><td>%=</td><td>取模后赋值</td><td>变量%=表达式</td><td></td></tr>
<tr><td>+=</td><td>加后赋值</td><td>变量+=表达式</td><td></td></tr>
<tr><td>-=</td><td>减后赋值</td><td>变量-=表达式</td><td></td></tr>
<tr><td><<=</td><td>左移后赋值</td><td>变量<<=表达式</td><td></td></tr>
<tr><td>>>=</td><td>右移后赋值</td><td>变量>>=表达式</td><td></td></tr>
<tr><td>&=</td><td>按位与后赋值</td><td>变量&=表达式</td><td></td></tr>
<tr><td>^=</td><td>按位异或后赋值</td><td>变量^=表达式</td><td></td></tr>
<tr><td>|=</td><td>按位或后赋值</td><td>变量|=表达式</td><td></td></tr>
<tr><td>15</td><td>,</td><td>逗号运算符</td><td>表达式,表达式,…</td><td>左到右</td><td>从左向右顺序运算</td></tr>
</table>

2.4.3 语句

语句是程序的基本单位，用分号“;”作为标记。C++中的语句分为以下几种，分别是表达式语句、函数调用语句、控制语句、空语句和复合语句。

1. 表达式语句

表达式是由运算符将操作数连接起来的式子，程序中的运算处理大多通过表达式语句来实现。这里要注意表达式和表达式语句的区别：在表达式后加上一个分号就构成了表达式语句。例如：

```
int    a,b,c;
a*b+c;      //无意义的表达式语句，结果无法保留
a++;        //自增表达语句
b=5;        //赋值表达式语句称为赋值语句
```

2. 输入/输出语句

```
cin>>a;          //输入语句
cout<<b;         //输出语句
```

3. 空语句

只由一个分号构成的语句称为空语句。空语句不执行任何操作，但具有语法作用，例如 for 循环在有些情况下循环体是空语句，也有时循环条件判别是空语句，这些将在后面章节中见到。大多数情况下，从程序结构的紧凑性与合理性角度考虑，尽量不要随便使用空语句。

4. 函数调用语句

在 C++语言中，函数调用后面加上一个分号就构成了函数调用语句，详细内容请参见第 6 章。

5. 控制语句

控制语句用于完成一定的控制功能，例如程序的选择控制、循环控制等，详细内容请参见第 3 章和第 4 章。

6. 复合语句

用一对“{}”括起来的若干语句构成一个复合语句。复合语句可以看成是一条语句，如果它被执行，则括号中的所有语句都要按顺序被执行。复合语句描述为一个块，在语法上起到一个语句的作用，其作用参见其他章节。

对于单个语句，必须以“;”结束。对于复合语句，其中的每个语句仍以“;”结束，而整个复合语句的结束符为“}”。

2.5 简单的输入/输出

程序执行期间，从外设（如键盘）接收信息的操作称为输入，向外设（如显示器）发送信息的操作称为输出。本节介绍从键盘向程序中的变量输入数据，以及将程序计算的结果输出到显示器上的基本操作。

C++中没有专门的输入/输出语句，它是通过系统提供的输入/输出流类来实现输入/输出的。本节只介绍通过 cin 和 cout 实现的最基本的数据输入/输出，包括整数、实数、字符和字符串。

cin 用来在程序执行期间给变量输入数据，一般格式： **cin>>变量名 1>>变量名 2>>…>>变量名 n;**

其中，“>>”称为提取运算符，程序执行到这条语句时便暂停下来，等待从键盘上输入相应数据，直到所列出的所有变量均获得数据值后，程序再继续执行。用 cin 可以只给一个变量输入数据，也可以一次给多个变量输入数据。

cin>>该操作符是根据后面变量的类型读取数据。输入结束条件是遇到 Enter、Space、Tab 键。对结束符的处理：丢弃缓冲区中使得输入结束的结束符(Enter、Space、Tab)。

cout 实现将数据输出到显示器上的操作，一般格式： **cout<<表达式 1<<表达式 2<<…<<表达式 n;**

其中，“<<”称为插入运算符，它将紧跟其后的表达式的值输出到显示器上当前光标位置。

提取运算符“>>”和插入运算符“<<”借用了右移和左移运算符，并做了新的定义，称为运算符重载。

cin 和 cout 的书写形式很灵活，如果有多个变量，则既可以分成若干个语句输入或输出，也可以写在同一个语句中，即使这些变量类型不相同也可以。

下面分别介绍不同类型数据的输入/输出。需要说明的是，使用 cin 和 cout 时必须在程序开头增加两行：

```
#include<iostream>
using namespace std;
```

2.5.1 数据的输入/输出

本节介绍字符、字符串、整数和实数的输入/输出。

1．字符的输入/输出

用 cin 为字符变量输入数据时，输入的各字符之间可以有间隔，也可以无间隔，系统会自动跳过输入行中的间隔符（包括空格符、制表符、回车符等）。例如：

```
char  c1, c2, c3;
cin>>c1;
cin>>c2>>c3;
```

程序执行过程中若输入：

```
Ab↙      //↙表示回车符，Ab 间无空格
c↙
```

则系统分别将字符 A、b、c 赋给变量 c1、c2、c3。

从键盘输入数据的个数、顺序、类型必须与 cin 中所列的变量一一对应，否则将造成输入数据错误，同时影响后面变量对数据的提取，而且很多情况下程序并不给出错误提示。

如果希望将键盘上输入的所有字符（包括间隔符）都作为输入字符赋给字符变量，则必须使用函数 cin.get()，cin.get()函数一次只能提取任意一个字符的值，其格式为：

```
cin.get(字符变量);
```

例如：

```
char c1, c2, c3, c4;
cin.get(c1);
cin.get(c2);
cin.get(c3);
cin.get(c4);
```

程序执行过程中若输入：

```
A b↙      //Ab 间有 1 个空格
C↙
```

则字符 A、空格、b、回车符（第一行的）将分别赋给变量 c1、c2、c3、c4；输入缓冲区中保留字符 C 和回车符（第二行的）。

在输出时，所有类型的多个数据间均是无间隔的，如需间隔，则可在数据间插入间隔符，如\t（制表符，自动跳过若干个字符）、\n 或 endl（基本含义一样，表示换行，并清空缓冲区）等。

2．字符串的输入 / 输出

向一个字符数组中输入字符串时，用系统提供的函数 cin.getline()是最合适的。cin.getline()以回车作为结束，在此之前输入的所有字符都会放入字符数组中。而字符串在输出时则可以直接输出串常量，也可以用字符数组名直接输出字符数组。例如：

```
char  city[11];
cin.getline(city, 11);      //从键盘输入城市名，最多读 10 个字符
cout<<"城市名："<<city<<endl;
```

cin.getline()函数的第 1 个参数是已经定义的字符数组名，第 2 个参数是读入字符的最多个数（包括字符串结束符\0）。上例中将从输入行中提取 10 个字符，再加上一个\0 字符输入到 city 中。输出时，字符数组输出串结束符前的所有字符。例子中也给出字符串常量的输出方式，字符串常量常用于输出一些提示信息。

3．数值型数据的输入/输出

数值型数据的输入/输出比较简单，通过下例说明使用方法。

【例 2.11】 输入十进制数据到变量中，并输出该变量。

```
#include<iostream>
using namespace std;
void main()
{
    int   i,j;
    double   x,y;
    cout<<"输入数据   i，j，x，y: "<<endl;       //第 7 行，输入前的提示信息
    cin>>i>>j;       //第 8 行，输入两个变量，按照数据类型的方式读入
    cin>>x>>y;       //输入两个变量，按照数据类型的方式读入
    cout<<"x+y="<<x+y<<endl; //输出两个变量值和变量名
}
```

程序执行到第 7 行时，将输出提示信息：

```
输入数据 i，j，x，y:
```

并停留在第 8 行，等待用户输入数据，若输入：

```
3 20↙
3.6 4.7↙
```

则程序输出：

```
x+y=8.3
```

思考： 如果数据变量说明是实数，输入的数据是 10.0，请问输出的结果什么？

2.5.2 输出格式控制

1. 实数的小数输出控制

cout 语句中，在默认状态下小数点后的 0 不输出。如果需要输出小数点后的 0，则在 cout 中必须指明相应的小数形式，增加 showpoint 参数，表明显示小数，下面举例说明。

【例 2.12】 把输入为 10.0 等形式的实数输出，请观察输出结果的形式。

```
#include<iostream>
using namespace std;
int main()
{
    double   x,y;
    cout<<"输入实数数据  x，y: "<<endl;          //输入前的提示信息
    cin>>x>>y;                                   //输入两个变量，按照数据类型的方式读入
    out<<"x:  "<<x<<'\t'<<"y:  "<<y<<endl;       //输出两个变量值和变量名
    return 0;
}
```

程序运行结果如图 2.31 所示。

思考： 实数输出的形式是实数吗？

【例 2.13】 在 cout 中增加 showpoint 参数后，输入实数 10.0 和 100.0 等类似形式，请观察实数的输出形式。

```
#include<iostream>
using namespace std;
int main()
{
```

```
    double   x,y;
    cout<<"输入实数数据 x, y: "<<endl; //输入前的提示信息
    cin>>x>>y;        //输入两个变量，按照数据类型的方式读入
    cout<<"x: "<<showpoint<<x<<'\t'<<"y: "<<y<<endl; //输出两个实数变量值和变量名
    cout<<"x+y="<<x+y<<endl;
    return 0;
}
```

程序运行结果如图 2.32 所示。

注意：观察实数输出的形式，实数的整体有效位数为 6 位，实数 10.0 保留小数点后的位数是 4 位，实数 100.0 保留小数点后的位数是 3 位。

```
输入实数数据 x, y:
10.0
20.0
x: 10    y: 20
x+y=30
Press any key to continue
```

图 2.31　例 2.12 运行结果

```
输入实数数据 x, y:
10.0
100.0
x: 10.0000        y: 100.000
x+y=110.000
Press any key to continue
```

图 2.32　例 2.13 运行结果

【例 2.14】 输入实数 10.0 和 100.0 等类似形式，观察实数小数点后 2 位的输出形式。

```
#include<iostream>
#include<iomanip>           //格式控制符需要的头文件
using namespace std;
int main()
{
    double   x,y;
    cout<<"输入实数数据 x, y: "<<endl;
    cin>>x>>y;
    cout<<"x: "<<setiosflags(ios::fixed)<<setprecision(2)<<x<<'\t'<<"y: "<<y<<endl;
    //输出保留小数点 2 位
    cout<<"x+y="<<x+y<<endl;
    return 0;
}
```

程序运行结果如图 2.33 所示。

```
输入实数数据 x, y:
10.0
100.0
x: 10.00          y: 100.00
x+y=110.00
Press any key to continue
```

图 2.33　例 2.14 运行结果

注意：对于 setprecision(n)与 setiosflags(ios::fixed)合用，可以控制小数点右边的数字个数，setprecision(n)可控制输出流显示浮点数的数字个数，也必须使用头文件#include<iomanip>。

2．数据输出格式

输出时为了将数据格式控制的更好，除了用输出空格和回车换行的方法外，还可以用 C++提供的函数 setw()。setw()的括号中给出一个正整数值，用来限定紧跟其后的一个数据项的输出宽度。

例如，setw(8)表示紧跟其后的数据项的输出占 8 个字符宽度。如果数据的实际宽度小于指定宽度，则按右对齐的方式在左边留空，如图 2.34 所示；如果数据的实际宽度大于指定宽度，则按实际宽度输出，即指定宽度失效。注意，setw()只能限定紧随其后的一个数据项，输出后即回到默认输出方式。因此，如果要用 setw()指定宽度，那么每个数据输出前都必须指定。使用 setw()函数，必须在程序开头增加一句#include<iomanip>。

【例 2.15】 控制输出数据在屏幕上的位置，运行结果如图 2.34 所示。

```
#include<iostream>
#include<iomanip>
using namespace std;
int main()
{
    int i=2,j=3;
    double x=2.6,y=1.8;
    cout<<"输出变量 i"<<' '<<"输出变量 j"<<endl;
    cout<<setw(8)<<i<<setw(10)<<j<<endl;
    cout<<setw(10)<<"输出 i*j"<<endl;
    cout<<setw(10)<<i*j<<endl;
    cout<<setw(8)<<"输出变量 x"<<' '<<"输出变量 y"<<endl;
    cout<<setw(8)<<x<<setw(10)<<y<<endl;
    return 0;
}
```

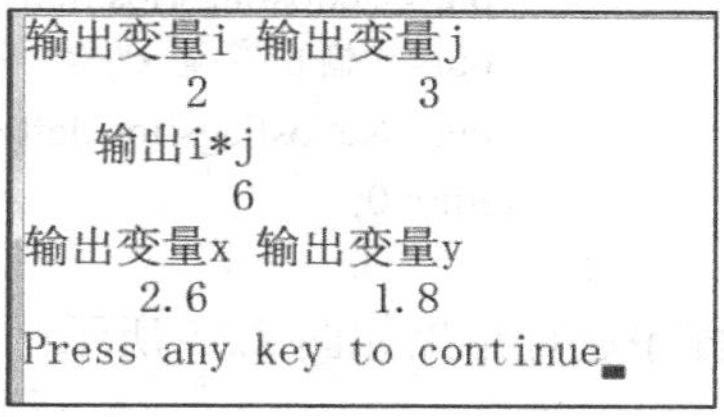
输出变量i 输出变量j
2 3
输出i*j
6
输出变量x 输出变量y
2.6 1.8
Press any key to continue
图 2.34　例 2.15 运行结果

其他输出形式控制符如表 2.9 所示。

表 2.9　使用控制符控制输出格式

控 制 符	作　　用
dec	设置整数的基数为 10
hex	设置整数的基数为 16
oct	设置整数的基数为 8
setbase(n)	设置整数的基数为 n（n 只能是 16，10，8 之一）
setfill(c)	设置填充字符 c，c 可以是字符常量或字符变量
setprecision(n)	设置实数的精度为 n 位。在以一般十进制小数形式输出时，n 代表有效数字。在以 fixed（固定小数位数）形式和 scientific（指数）形式输出时，n 为小数位数
setw(n)	设置字段宽度为 n 位
setiosflags(ios::fixed)	设置浮点数以固定的小数位数显示
setiosflags(ios::scientific)	设置浮点数以科学计数法（即指数形式）显示
setiosflags(ios::left)	输出数据左对齐
setiosflags(ios::right)	输出数据右对齐
setiosflags(ios::shipws)	忽略前导的空格
setiosflags(ios::uppercase)	在以科学计数法输出 E 和十六进制输出字母 X 时，以大写表示
setiosflags(ios::showpos)	输出正数时，给出“+”号
resetiosflags	终止已设置的输出格式状态，在括号中应指定内容

【例 2.16】 将上面例子中的输出向左对齐，需要用到 setiosflags(ios::left)，表示向左对齐。

```
#include<iostream>
#include<iomanip>
```

```
using namespace std;
int main()
{
        int i=2,j=3;
        double x=2.6,y=1.8;
        cout<<"输出变量 i"<<' '<<"输出变量 j"<<endl;
        cout<<setiosflags(ios::left)<<setw(10)<<i<<setw(10)<<j<<endl;
        cout<< "输出 i*j"<<endl;
        cout<<setiosflags(ios::left)<<setw(10)<<i*j<<endl;
        cout<<"输出变量 x"<<' '<<"输出变量 y"<<endl;
        cout<<setiosflags(ios::left)<<setw(10)<<x<<setw(10)<<y<<endl;
        return 0;
}
```

程序运行结果如图 2.35 所示。

```
输出变量i 输出变量j
2         3
输出i*j
6
输出变量x 输出变量y
2.6       1.8
Press any key to continue
```

图 2.35　例 2.16 运行结果

2.6　本章小结

计算机的基本功能是进行数据处理。在 C++语言中，数据处理的基本对象是常量和变量。运算是对各种形式的数据进行处理。数据在内存中存放的情况由数据类型所决定。数据的操作要通过运算符实现，而数据和运算符共同组成了表达式。本章是对 C++语言中的数据类型、运算符、表达式等内容的全面介绍，要正确理解其特点，并灵活运用，主要掌握以下知识要点。

1．掌握常量和变量的概念。

2．掌握整型数据和实型数据、字符型数据和字符串型数据的概念和区别。

3．掌握各种类型变量的说明及其初始化。

4．掌握算术运算、关系运算、逻辑运算、赋值运算等概念。

5．掌握运算符的优先级、左结合和右结合规则。

6．掌握自加、自减运算的规则。

7．掌握 C++程序的组成。

C++程序的组成包括注释部分（两种风格）、编译预处理部分（宏定义，文件包含和条件编译）、程序正文部分（类型定义、常变量定义、函数定义）。最终，程序源代码由 ASCII 码组成类似单词或词组的单元（词法单元），可以用任意的文本编辑器编辑，源代码中的空白（空格、Tab、回车换行）用来表示词法单元的开始和结束，除这一功能外，其余空白将被忽略，但如果是字符串内部的空白（不含回车换行，或者说字符串内不能直接回车换行，需要使用转义符）将作为字符串的一部分输出，不会忽略。

1）注释：一对符号“/ *”与“* /”之间的内容称为注释。它可以占多行，是从 C 语言中继承来的一种注释形式。或者一行中符号“//”之后的内容也称为注释。它只能占一行，是 C++语言特有的一种注释形式。

2）编译预处理命令：C++的编译预处理命令以“#”开头。

3）程序主体：用函数组织过程，每个相对独立的过程都要组织成一个函数；不同的程序由不同的函数按层次结构组织而成。一个 C++程序至少且仅包含一个 main()函数，也可以包含一个 main()函数和若干个其他函数。其他函数可以是系统提供的库函数，也可以是用户根据需要自己编制设计的函数。

8．掌握程序的编辑、编译、连接和运行。

1）编辑是将编写好的 C++源程序输入到计算机中，生成磁盘文件的过程。

2）编译器的功能是将程序的源代码转换成为机器代码的形式，称为目标代码，然后，再将目标代码进行连接，生成可执行文件。

3）运行一个 C++的源程序经过编译和连接后生成了可执行文件。运行可执行文件可在编译系统下选择相关菜单项来实现，也可以采用其他方法。

2.7 习　题

1．C 语言与 C++语言有什么关系？

2．什么是数据类型？C++语言中，基本数据类型有哪些？

3．判断下列标识符的合法性。

sin	book	5arry	_name	Example2.1	main
$1	class_cpp	a3	x*y	my name	

4．假定有下列变量：

```
int a=3,b=5,c=0;
double x=2.5,y=8.2,z=1.4;
char ch1='a',ch2='5',ch3='0',ch4;
```

求下列表达式的值。

1）x+(int)y%a　　2）x=z*b++,b=b*x,b++　　3）ch4=ch3-ch2+ch1

4）int(y/z)+(int)y/(int)z　　5）!(a>b)&&c&&(x*=y)&&b++

6）ch3||(b+=a*c)||c++

5．编写程序的步骤有哪些？

6．已知：1 英里=1.60934 千米，编程实现：输入千米数，输出显示所有转换的英里数。

7．编程实现：输入长方体的长宽高，输出长方体的体积。

8．编程实现：当 c=5 时，输入任意 x 的值，输出下面表达式的值。

$$\frac{\pi}{2}+\sqrt{\arcsin^2(x)+c^2}$$

第3章 分支结构

顺序结构的程序虽然能解决输入、计算、输出等问题，但它不能解决程序执行过程中先做判断再选择做什么操作的问题，此类问题的解决需要运用 C++语言提供的分支结构来完成。

本章以实例为引导，循序渐进地介绍 if 语句和 switch 语句的结构形式和应用特点。通过对本章内容的学习，掌握 C++的三大流程控制结构中分支结构的基本语法及其应用。

3.1 if 分支结构

用程序处理商场促销打折活动的问题。例如，当顾客购买商品的总金额大于等于 400 元时，用户享受商场 9 折优惠；当客户购买商品总金额达到 245 元及以上而少于 400 元时，用户享受商场 95 折优惠；当客户购买商品总金额达到 125 元及以上低于 245 元时，用户享受商场 97 折优惠。

分析： 此例为典型的分支问题，不能用顺序结构的程序设计思想解决此类问题，需要运用分支结构来解决。请参看图 3.1 所示的打折问题处理程序的流程图。

上面商场打折问题的求解程序如例 3.1 所示。

【例 3.1】 编写程序处理商场打折问题。

```
#include<iostream>
using namespace std;
int main()
{
    double amount;
    cout<< "请输入客户购买商品的金额总数: ";
    cin>> amount;
    cout<< "用户实际支付购买商品的金额总数为: "
    if(amount >= 400) //分支结构的"条件部分"
        cout<< amount*0.9 <<endl;
    else if(amount >= 245)
        cout<< amount*0.95<<endl;
    else if(amount >= 125)
        cout<< amount*0.97<endl;
    else    cout<< amount <<endl;
    return 0;
}
```

注意：

1）上面程序中用到 C++语言提供的流程控制语句中的多分支结构语句。

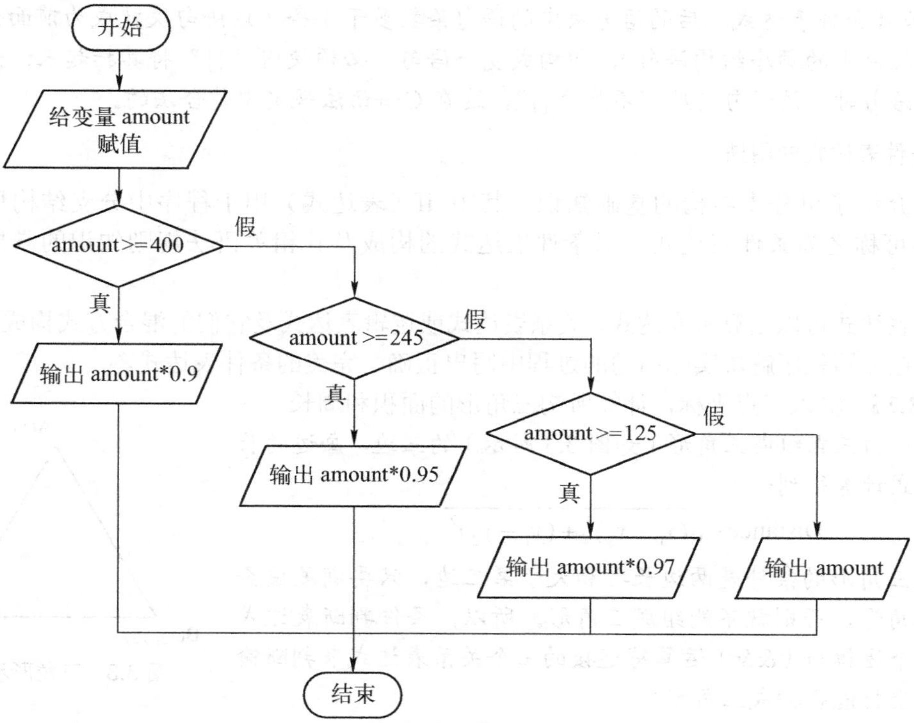

图 3.1　处理打折问题的程序工作流程图

2）整个分支结构阅读的关键就在给变量 amount 赋值之后，经逐个条件表达式比对判断是否为真后，选择满足条件的表达式之后的语句块执行，然后程序就离开整个分支结构语句，即上面程序中方框所包括的 if 分支结构中所有程序语句，继续执行后面的程序语句代码。

本章将对各种分支结构（单分支结构、双分支结构及多分支结构）及条件表达式构成形式等内容作详细介绍。

3.1.1　单分支结构

1. 语法格式

```
if(表达式)
{
  语句
}
```

单分支结构执行流程为：当 if 后圆括号内条件为真时，执行“{}”包括的所有语句。单分支结构工作流程图如图 3.2 所示。

说明：

1）单分支结构格式中由 if 关键字、圆括号中的表达式、“{}”以及其中的语句 3 部分组成。其中圆括号中的表达式亦称为 if 语句中的条件判断表达式。

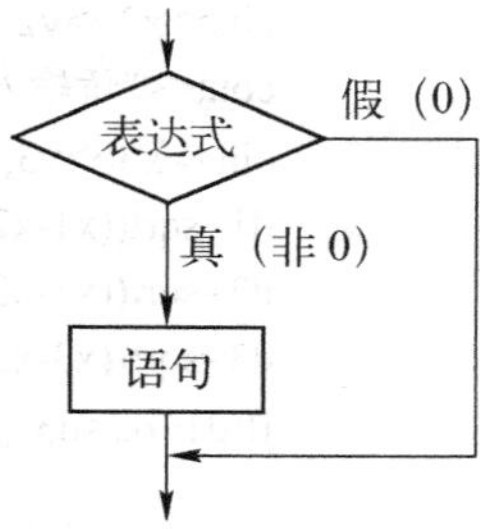

图 3.2　单分支结构工作流程图

2）若 if 条件表达式之后的语句块中的语句条数多于 1 条（该语句块就成为前面介绍过的程序流程控制中的顺序结构语句），即构成复合语句，必须使用“{}”将其括起来；若该部分只有 1 条语句时，该语句前后可不加“{}”，这在 C++语法规定中是合法的。

2. 条件表达式的用法

前面介绍了单分支结构的基础知识，其中 if（表达式）用于程序中分支结构里的条件判断，亦可称之为条件表达式。对条件表达式的构成及其相关语法规则知识的掌握是十分重要的。

条件表达式可以由算术表达式、关系表达式或逻辑表达式及它们的混合方式构成。本节主要目标是在编写程序解决实际问题的过程中写出正确、完美的条件表达式。

【例 3.2】 输入三点坐标，计算所构三角形的面积和周长。

分析： 由三点组成三角形（如图 3.3 所示）的三边，每边的长度可由下式计算得到：

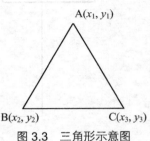

$$\text{Distance}=\sqrt{(x_1-x_2)^2+(y_1-y_2)^2}$$

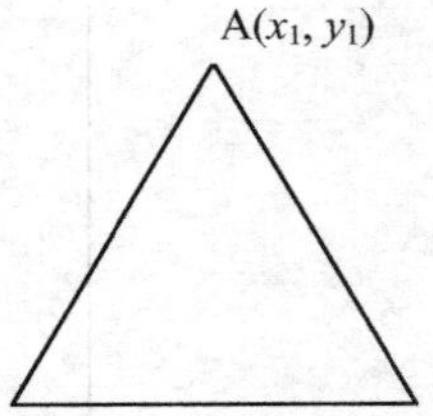

图 3.3 三角形示意图

组成三角形的条件是两边长之和大于第三边，只要满足该条件则是三角形，否则就不能组成三角形。所以，条件判断表达式中使用两个逻辑与（&&）运算符连接的三个关系表达式来判断输入的三点坐标能否构成三角形。

另外，当已知三角形三边的长度，就可以计算出三角形的周长，同时根据海伦公式就可以计算出该三角形的面积，海伦公式如下：

$$\text{area}=\sqrt{s(s-d_1)(s-d_2)(s-d_3)}$$

其中 d_1、d_2、d_3 为三角形三边之长，$s=\dfrac{d_1+d_2+d_3}{2}$，area 为面积，perimeter 为周长。

程序代码如下：

```
#include <iostream>
#include <cmath>                    //由于使用了数学函数 sqrt()，则程序必须引入 cmath 头文件
using namespace std;
int main()
{
    double x1,x2,x3,y1,y2,y3;
    double d1,d2,d3;
    double s,area,perimeter;
    cout<<"请输入第一个点的坐标";
    cin>>x1>>y1;
    cout<<"请输入第二个点的坐标";
    cin>>x2>>y2;
    cout<<"请输入第三个点的坐标";
    cin>>x3>>y3;
    d1=sqrt((x1-x2)*(x1-x2)+(y1-y2)*(y1-y2));          //计算 x1,x2 两点之间的距离
    d2=sqrt((x1-x3)*(x1-x3)+(y1-y3)*(y1-y3));          //计算 x1,x3 两点之间的距离
    d3=sqrt((x3-x2)*(x3-x2)+(y3-y2)*(y3-y2));          //计算 x3,x2 两点之间的距离
    if(d1+d2<d3 || d1+d3<d2 || d2+d3<d1)               //由逻辑“或”连接三个关系表达式构成条件
                                                       判断表达式
```

```
        {
            cout<<"这三点不能构成三角形"<<endl;
            return 0;
        }
        s=(d1+d2+d3)/2;
        area = sqrt((s-d1)*(s-d2)*(s-d3));                  //计算三角形的面积
        perimeter = 2*s;                                    //计算三角形的周长
        cout<<"三点构成的三角形周长为: "<<perimeter<<", 面积为: "<<area<<endl;
        return 0;
}
```

注意：

1）在上述程序中，我们巧妙地使用 return 语句的功能，其特点为在程序中遇到 return 语句就结束整个程序。例如，在例 3.2 程序中第一个“return 0;”语句执行后，其后面的代码都不再执行。

2）对于本例问题的求解，可以通过设计出其他的判断条件作为其求解思路。例如，如果三角形的三点在一条直线上（即三点一线重合），则不能构成三角形，否则就一定可以构成三角形。

3. 单分支结构应用程序举例

【例 3.3】 编程求两个数中大数并输出。

```
#include <iostream>
using namespace std;
int main()
{
    int a,b,max;              //max 变量是用来存放两个数中较大数的变量
    cout<<"请输入两个数: ";
    cin>>a>>b;
    max=a;                    //将已有值的两个变量(a,b)中之一变量的值赋给 max 变量
    if (max<b)                //然后再用 max 跟另一个变量的值去比较大小
    max=b;
    cout<<max<<endl;
    return 0;
}
```

注意：

1）本例程序设计思路如下：首先为 a 和 b 两个变量赋值，然后把其中任意一个变量（如变量 a）的值赋给变量 max，即执行语句“max=a;”，该语句是本题程序编写的关键一步。再用 if 语句判别 max 与另一变量 b 的大小，如果 max 小于 b，则把 b 的值赋给 max。

2）这样设计比较算法，变量 max 中始终保存两数中的大数，最后输出 max 的值即可。

3.1.2 双分支结构

1. 语法格式

双分支结构中使用 C++语言规定的关键字有 if 和 else 两种，亦称为 if-else 分支语句结构。而且两个关键字需要一起配对使用才能完成双分支结构语句的功能，如例 3.4 所示程序。双分支结构的语法格式如下：

```
if（表达式）{
    分支语句块 1;
}
else{
    分支语句块 2;
}
```

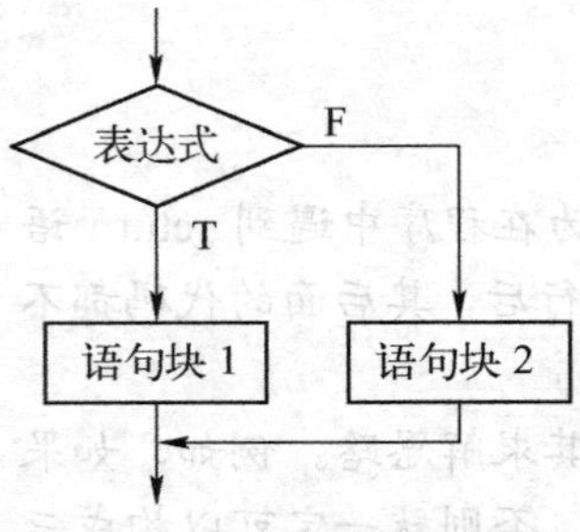

图 3.4　双分支结构流程图

说明：

1）上面格式内容整体构成了 if-else 双分支结构，其工作流程图如图 3.4 所示。分支语句块 1 和语句块 2 是分属于 if-else 结构中两种情况下执行的语句块。

2）当计算机按程序指令序列执行到 if-else 结构时，程序执行流程为：首先判断 if(表达式)的逻辑值是否为“真”，如果表达式的逻辑值为真时，程序执行“语句块 1”中所有语句，然后离开整个 if-else 结构，执行该结构之后的语句；若 if(表达式)的逻辑值为“假”时，程序执行 else 之后的“语句块 2”中所有语句，然后离开整个 if-else 双分支结构，继续执行 if-else 结构之后的语句。

双分支结构的特点如下：

1）if(表达式)被称为 if-else 结构中的条件判断表达式，它可由普通表达式、关系表达式和逻辑表达式构成。

2）当分支语句块 1 和语句块 2 中语句条数只有一条语句时，可以省掉语句块两边的“{}”。

3）双分支结构中的分支语句块 1 和语句块 2 两部分可以没有任何实际语义的语句，同样可以使用一个分号（即空语句）来替代各语句块，即表示当 if 条件表达式为“真”或“假”时，执行空语句，它表示程序任何事都不做。

2. 双分支结构应用程序举例

【例 3.4】 汽车超速判断程序。

分析：模拟交通警察的雷达测速仪。通过程序输入汽车速度，如果速度超出 60 公里/小时，则显示“超速”，否则显示“正常”。这是经典的双分支流程控制问题，需要使用双分支结构实现该问题的求解。

程序代码如下：

```
#include<iostream>
using namespace std;
int main()
{
    int velocity;
    cout<<"请输入车速：";
    cin>> velocity;
    if(velocity>60)
        cout<<"超速!"<<endl;
    else
        cout<<"正常!"<<endl;
    return 0;
}
```

输入不同车速后的运行结果如图 3.5 所示。

```
请输入车速：65
 超速!
Press any key to continue
```

```
请输入车速：55
 正常!
Press any key to continue
```

图 3.5　输入不同车速后的运行结果

强调： 由上述程序可看到 main()函数体中整个 if-else 语句的结构形式，由于两个分支语句块中只有一条语句，所以两个分支语句块里的语句之前和之后都没有使用“{}”，这是满足 C++语法规则的。当然，使用“{}”将两分支语句括起来也是可以的。

3. 条件运算符

在 C++语法规定的运算符中，条件运算符是唯一的一个三目运算符，即“?:”运算符，其语法格式如下：

```
<表达式 1>?<表达式 2>:<表达式 3>
```

条件运算符执行流程为：先求解表达式 1，若为非 0（即真），则求解并执行表达式 2 中语句，且表达式 2 的值作为整个条件表达式的值。若表达式 1 的值为 0(即假)，则求解并执行表达式 3 中语句，将表达式 3 的值作为整个条件表达式的值。

例如，要将两个数中较大的数找出来，运用条件表达式可写出如下语句：

max=(a>b) ? a : b;

强调： 由运算符优先级规则得到，条件运算符（?:）的优先级比赋值运算符高。则上面语句执行过程是先做条件表达式（?:），然后将条件表达式的结果赋给变量 max。效果是将 a、b 中值较大的那个变量的值赋给变量 max。

3.1.3　多分支结构语句

1. 语法格式

多分支结构中使用关键字有 if 和 else 两种。多分支结构亦称为 if-else if-else 结构，其语法格式如下：

```
if（表达式 1）{
分支语句块 1;
}
else if(表达式 2){
分支语句块 2;
}
…
else if(表达式 n−1){
分支语句块 n−1;
}
else{
    分支语句块 n;
}
```

上面 if-else if-else 多分支结构的语法含义如图 3.6 所示。

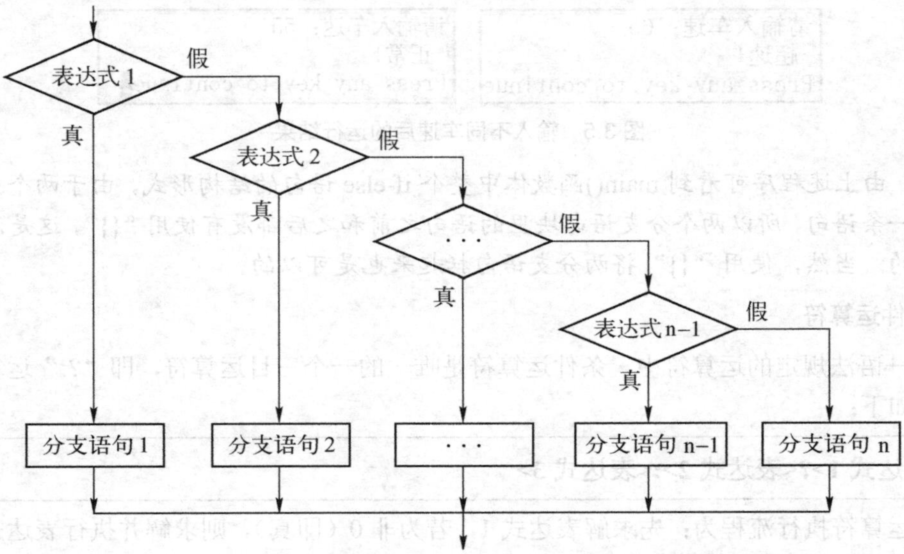

图 3.6　多分支结构（if-else if-else）工作流程图

2. 执行流程

多分支结构程序的执行流程为：当表达式 1 成立，执行分支语句 1，然后结束整个多分支结构语句；如果表达式 1 不成立时，程序去判断分支中表达式 2 的值，如果其值为“真”，就执行分支语句 2 中的语句，并结束整个多分支结构，以此类推。当所有表达式的值为“假”时，程序执行“分支语句 n”中的所有语句，并结束整个多分支结构。

注意：

1）多分支结构中只有一个分支中的语句会执行，该分支语句块执行后将结束整个多分支结构。

2）每一分支语句块中多于一条语句时，必须在语句块的前后加上一对“{}”，否则将会报编译错误。

3. 多分支结构应用程序举例

【例 3.5】 有三个乒乓球，其中两个球的重量相同，要求使用最少的天平称球次数，找到那个重量不一样的球。

分析：天平每次称两个球，即可给两边球的重量做一次判断。对于三个球，任意取两个球，如果天平两边平衡的话，表示两球重量一样，则说明剩下的那个球就是要找的球。如果天平两边不平衡，则需要将第三个球换掉天平上任意一边的球，进行第二次称重工作。如果天平是平衡的，则换下去的那只球就是要找的球，否则，没有换下去的那只球就是要找的球。由此可知，为保证最少的天平称重次数，即要求程序条件判断的分支数最少就行。

程序代码如下：

```
#include<iostream>
using namespace std;
int main()
{
    int a,b, c;
```

```
    cin>>a>>b>>c;
    if(a==b)    //如果条件成立，说明c球就是要找的球
        cout<<"c 球就是要找的球!\n";
    else if(a= =c) //如果条件成立，说明b球就是要找的球
        cout<<" b 球就是要找的球!\n";
    else
        cout<<"a 球就是要找的球!\n";
    return 0;
}
```

由例 3.5 可以看出。多分支条件结构的执行顺序是从上到下逐个对每一条件分支中的表达式进行判断，一旦发现条件满足就执行其后面的分支语句块中的语句，并结束该多分支结构；若没有一个表达式为真，则执行关键字 else 后面的分支语句块中所有语句。最后这个 else 常起着默认条件的作用。

强调： 如果每一个条件分支语句块中有多于一条语句要执行时，必须使用"{}"把这些语句块中的语句括起来。

【例 3.6】 编写程序判断输入字符是数字字符、大写字符、小写字符还是其他字符。

```
#include <iostream>
using namespace std;
int main()
{
    char c;
    cout<<"请输入一个字符: ";
    cin>>c;
    if(c>='0'&&c<='9')
        cout<<"这是一个数字字符！ \n";
    else if(c>='A'&&c<='Z')
        cout<<"这是一个大写字符！ \n";
    else if(c>='a'&&c<='z')
        cout<<"这是一个小写字符！ \n";
    else
        cout<<"这是一个其他字符！ \n";
    return 0;
}
```

强调： 程序中数字字符的表示形式为：'0'～'9'，由于数字字符在 ASCII 表中是连续的（即从 0～9 的 ASCII 码值是连续的），所以判断数字字符范围的表达式可写成由一个逻辑"与"（&&）运算符连接的两个关系表达式，即 c>='0'&&c<='9'（其中 c 为字符类型的变量）。同样，程序中表达式判断大小写字母范围的表示形式为 c>='a'&&c<='z' || c>='A'&&c<='Z'。

思考： 如何检测输入字符为空白字符呢？

3.1.4 分支结构中的 if 嵌套问题

在程序设计过程中，经常碰到分支结构需要嵌套的情况。但分支结构相互嵌套时容易出错，其原因主要是在读写程序时，初学者不知道哪个 if 匹配哪个 else，即某一 if 与哪个 else 配对使用。请看下面的条件分支结构嵌套的片段程序。

```
if(x>=0&&x<=100)
if(x<=100&&x>=60)
cout<<"成绩合格！"<<endl;
else
cout<<"成绩不合格！"<<endl;
else
cout<<"输入数据错误"<<endl;
```

有不少程序员经常将程序写成如上所示的样式。

注意：这样很不容易读懂程序，看不清楚哪个 if 是和哪个 else 配对的，尤其是上面程序中有两个 if 和两个 else 组成的分支语句。

强调：依据 C++的语法规定，else 语句与其上面最近的一个未有配对的 if 语句匹配。

若将上述程序写成如下所示形式，就方便阅读了。

```
if(x>=0&&x<=100)
    if(x>=60)
        cout<<"成绩合格！"<<endl;
    else
        cout<<"成绩不合格！"<<endl;
else
        cout<<"输入数据错误"<<endl;
```

从上面的缩进书写形式可以看出，以对齐缩进书写形式的那一对 if-else 结构可看成一个整体，即程序段中第一个 else 是与条件 if(x>=60)语句配对的，它们可以被看成是包含它的双分支结构中嵌套的一个双分支结构，即此配对的 if-else 结构从属于外面条件分支语句 if(x>=0&&x<=100)。为了更明显的使第二个 else 与 if(x>=0&&x<=100)相匹配，还可以使用“{}”将内嵌的 if-else 结构包括起来。程序可改成如下形式。

```
if(x>=0&&x<=100)
{    //使用“{}”将程序段包括起来，使 if(x>=0&&x>=60)与“}”后面的 else 建立配对关系
    if(x>=60)
        cout<<"合格"<<endl;//使用缩进书写格式将从属关系显示出来
    else
        cout<<"成绩不合格！"<<endl;
}
else     //此处 else 与程序段中 if(x>=0&&x<=100)构成配对关系
    cout<<"输入数据错误"<<endl;
```

注意：上述“{}”内书写形式向内缩进的双分支选择结构构成了外面 if-else 结构中的语句块 1 的部分，这样就构成了条件分支结构的嵌套形式。

书写程序代码时，程序段之间的从属关系应表示清楚，推荐方法就是采用分级缩进书写方式。从程序语句间的层次关系就可以看出哪些语句或语句块是从属于哪一个分支条件结构或哪一个流程控制语句的。

【例 3.7】 根据输入 x 的值，输出 y。x 和 y 满足数学分段函数关系如下：

$$\begin{cases} y = x & (x < -5) \\ y = 2 \times x + 5 & (-5 \leqslant x < 1) \\ y = x + 6 & (1 \leqslant x < 4) \\ y = 3 \times x - 2 & (x \geqslant 4) \end{cases}$$

分析：该例为数学中标准的分段函数的例子。其中有 4 个分段区间需要分别按其公式计算函数的值。

程序如下：

```
#include<iostream>
using namespace std;
int main()
{
    double x,y;
    cout<<"请输入 x 的值："<<endl;
    cin>>x;
    if(x<-5)
        y=x;
    else if(x<1)
        y=2*x+5;
    else if(x<4)
        y=x+6;
    else
        y=3*x-2;
    cout<<"计算结果为："<<y;
    return 0;
}
```

注意：

1）分支结构中 else if(x<1)表达的语义是：当前面条件表达式不满足（即 x<-5 不成立），且在 x<1（即条件为 x>=-5 且 x<1）的范围里，亦可写成 else if(-5<=x&&x<1)。但条件不能写成-5<=x<1。在 C++程序设计语言中，编译器不能识别连续不等式，如果在一个复杂关系表达式中有多于一个关系运算符，则必须使用逻辑运算符连接两个或以上的关系表达式。

2）y=2*x+5 不能写成 y=2x+5，同样 y=3*x-2 也不能写成 y=3x-2；这与我们平时所书写的数学公式的式子是不一样的，在书写计算机 C++语言程序中的表达式时，必须写成这样的形式，即表达式是由运算符连接变量、常量等元素构成的式子。

3.2 switch 开关语句

在 C++语言程序中，运用多级 if-else 是为了那些可能需要进行多级判断才能做出选择的情况。如前面 3.1.4 节中例 3.7 所讲的例子，如果正好 x 的值是大于且等于 4 时，程序照样还得从最开始的分支语句 if（表达式）开始进行判断，一直要做到最后的 else 分支结构才会结束整个的分支结构中所有条件判断的过程。为了简化这种多级判断的过程，C++语言又提供了另一种多分支结构形式的语句，称作 switch 开关语句。

3.2.1 switch 开关语句

1. switch 语句的语法格式及执行流程

C++语言语法规定，switch 开关语句中可供使用的关键字有：switch、case、break、default 等几种。switch 开关语句的格式如下：

```
switch(整型或字符型表达式)
{
    case 常量表达式 1:    //常量表达式的值只能是整型常量或字符型常量
        语句序列 1; break;
    case 常量表达式 2:
        语句序列 2; break;
        …
    case 常量表达式 n:
        语句序列 n; break;
    default :语句序列;
} //此“{}”为 switch-case 结构的结束符
```

关键字 switch 是开关语句的特征标志，在 switch（整型或字符型表达式）这一行里，表达式的数据类型只能是整型、字符类型。switch 开关语句的执行流程是程序先计算 switch 后面括号中这个表达式的值，然后在各个 case 里查找哪个值和这个表达式的值相等，如果相等，程序就执行该 case 后面相应的语句序列，直到碰上 break 或者 switch 语句结构的结束符，即遇到该 switch 结构的“}”时，就结束 switch-case 结构。当表达式的值没有匹配到 case 之后的值时，程序将转到 default 标签，并执行该标签之后的语句序列，当碰上 break 或者 switch 语句结构的结束符（即“}”）时，程序就结束并跳出 switch-case 结构。

说明:

1）switch-case 结构中每个 case 关键字与其后面紧跟的常量表达式之间需要用空格隔开。

2）任意两个 case 子句中的整型或字符类型常量表达式的值不能相等，否则程序在 switch 中不知道选择哪个 case 作为匹配的情况去执行相关语句。

3）通常关键字 default 和其后面的语句块是安排在 switch 结构的最后，这样 default 后面的语句块中不需要使用 break 语句即可跳出 switch 结构。当将其写在 switch 结构中间任意两个 case 语句之间或是整个结构中所有 case 语句的前面时，在 default 语句块中，需要运用 break 语句跳出 switch 结构。

下面使用 switch-case 结构编写了一个网站访问方式调查程序的案例。

【例 3.8】 编写一个模拟网上调查程序。要求网友输入数字以选择自己是如何知道当前访问的网页的。程序根据网友输入，打出相应结果。

分析: 模拟网络调查，要求输出不同的选项，供网友选择（用户通过简单地输入数字），程序根据网友的选择，输出相应不同的结果。

程序代码如下：

```
#include <iostream>
using namespace std;
int main()
{
    int whatWay;
    cout << "请输入序号，选择您如何来到本网站。" << endl;
    cout << "1) ----  通过百度搜索引擎" << endl;
    cout << "2) ----  通过网友微博" << endl;
    cout << "3) ----  通过网友微信" << endl;
```

```
        cout << "4) ----  通过报刊、杂志" << endl;
        cout << "5) ----  通过其他方法" << endl;
        cin >> whatWay;
        switch(whatWay)
        {
            case 1 :
                cout << "您是通过百度搜索引擎来到本网站的。" << endl;
                break;
            case 2 :
                cout << "您是通过网友微博来到本网站的。" << endl;
                break;
            case 3 :
                cout << "您是通过网友微信来到本网站的。" << endl;
                break;
            case 4 :
                cout << "您是通过报刊、杂志来到本网站的。" << endl;
                break;
            case 5 :
                cout << "您是通过其他方法来到本网站的。" << endl;
                break;
            default :
                cout <<"错误的选择！请输入 1 ~ 5 的数字做出选择。"<< endl;
        }
        return 0;
    }
```

上述程序中，先定义了一个整型变量 whatWay，它的作用是用来存储用户输入的数据。当程序执行到 switch 语句时，程序将根据变量 whatWay 的值，在 switch 结构内的各个 case 中寻找匹配的值。而 switch 结构里面所有 case 子句后面的表达式的数据类型是整型，其值为 1、2、3、4、5。如果调查者输入的是 2，则程序直接进入 case 2，并执行后面的语句。程序段如下：

```
case 2 :
    cout <<"您是通过网友微博来到本网站的。"<<endl;
    break;
```

程序输出“您是通过网友微博来到本网站的。”，然后程序执行 break 语句并跳出整个 switch-case 结构。同样，如果受访者输入的是其他的数字，如 1 或 3，则会进入相应的 case 1 或 case 3 分支。

如果受访者输入的数字键是 1 或 2，程序输出结果如图 3.7 所示。

如果受访者不按所列的情况输入，如用户输入 6，程序在所有的 case 里都找不到匹配的值时，则程序转去执行 default 后面的语句序列。然后，遇到结束符跳出 switch-case 结构。

```
请输入序号，选择您如何来到本网站。
1) ----  通过百度搜索引擎
2) ----  通过网友微博
3) ----  通过网友微信
4) ----  通过报刊、杂志
5) ----  通过其他方法
1
您是通过百度搜索引擎来到本网站的。
Press any key to continue
```

```
请输入序号，选择您如何来到本网站
1) ----  通过百度搜索引擎
2) ----  通过网友微博
3) ----  通过网友微信
4) ----  通过报刊、杂志
5) ----  通过其他方法
2
您是通过网友微博来到本网站的。
Press any key to continue
```

图 3.7　例 3.8 程序运行结果图

2. switch 语句的特点

1）在 switch(表达式)中，表达式最终的数据类型只能是整型或字符类型，这也就可以看出 switch 语句的局限性，如实型（浮点型）数就不能在其中使用。

```
double whatWay =0.123;
switch(whatWay)   //错误！变量 whatWay 是 double 数据类型，不满足 switch 的要求
{
    ...
}
```

2）switch 结构中 case 之后可以是直接的常量数值，如例 3.8 中的 1,2,3,4,5，也可以使用常量表达式，如 2+2 等。但不能是变量或带有变量的表达式，如 a*2 等。当然，case 之后的常量表达式不能使用实数类型的数或带有实数构成的常量表达式，如 4.1 或 2.0/2 等。

```
switch(whatWay)
{
    case 2-1:                //正确
    case a-2:                //错误必须是常量表达式，而 a-2 是表达式
    case 2.0:                //错误必须是 int 或 char 字符常量
    ...
}
```

在写程序代码时，在 switch 语句中的每个 case 与常量值之间不仅需要有空格，而且常量之后需要加上冒号，请注意不要疏忽。

3）break 的使用。在每个 case 的执行语句的最后通常都默认加上 break 语句。程序在 switch-case 结构中执行遇到 break 语句，就跳出整个 switch-case 结构（即跳到 switch-case 结构的“}”之后）。如果没有这个 break，程序将继续执行后面 case 子句中的语句序列，直到遇到 break 或者 switch 结构结束符（即整个 switch-case 结构的“}”，就离开整个 switch-case 结构）。

当执行到 switch 结构中的 case 1 子句时，如果 case 1 后面语句块中没有加上 break 语句，如下：

```
case 1 :
    cout << "您是通过百度搜索引擎来到本网站的。" << endl;
case 2 :
    cout << "您是通过网友微博来到本网站的。" << endl;
```

那么，程序在输出“您是通过百度搜索引擎来到本网站的。”之后，会继续输出 case 2 中的“您是通过网友微博来到本网站的。”，以此类推。

4）default 的使用。在 switch 结构中，default 子句是可选的。switch 结构中如果没有 default 子句，那么，程序在找不到匹配的 case 子句后，在 switch 语句范围内不做任何事，直接跳过 switch 结构。

强调： 通常情况，default 是放在整个 switch 开关结构中的最后面，其中分支语句块中就不需要 break 语句来结束 switch 结构。default 及其后的语句块一起是可以随意放在 switch 结构中任意两个 case 之间或整个开关结构最前面位置上的。当 switch 变量的值在所有 case 中都找不到匹配的时候，就会去执行没有放在 switch 结构中，最后的 default 语句后面的语句块，若 default 语句块中没有 break 语句，则会出现前面讲到的继续执行后续 case 语句块中的语句。

5）必要时，可在各个 case 中使用“{}”来表明组成独立的复合语句。如同前面讲到的 if 分支结构中使用“{}”来表明分支语句块范围一样。

强调： 在 switch 的各个 case 语句里，其语法格式上就没有标出要使用“{}”，即在通常情

况下 case 分支可以不使用“{}”，但并不是任何情况下 case 分支都可以不加“{}”，如想在某个 case 里定义一个变量时，下面程序段所示就是错误的用法。

```
switch(whatWay)
{
    case 1 :
        int a=20;    //错误。由于 case 内部不明确范围，编译器无法在此处使用变量声明
        ...
    case 2 :
    ...
}
```

在这种情况下，使用“{}”将 case 的执行语句块包括起来，就没有语法错误了。程序如下所示：

```
switch (whatWay)
{
    case 1 :
    {
        int a=2;    //正确，变量 a 被明确限定在当前{}范围内
        ...
    }
    case 2 :
    ...
}
```

6）在程序设计过程中，switch 分支结构是不能完全替代 if-else 分支结构的。因为 switch (表达式)结构中的表达式与 case 子句中的常量表达式做比对时，限定了其数据类型只能是整型或字符型。

强调： case 之后的常量只能与变量做“值是否相等”的判断，不能在 case 里写条件（即做一个范围的条件限制），如下面程序段所示：

```
switch(i)
{
    case (i >= 32 && i<=48) //错误！case 后只能跟变量 i 的可能值（整形或字符型常量）
}
```

遇到上面这种情况，只能用 if-else 分支结构来实现。

3.2.2 switch 应用实例

这里我们通过实例介绍本节的多分支结构（switch-case 结构）知识在实现问题求解过程中一些编程技巧的内容。

【例 3.9】 输入一个完整的四则运算的表达式并计算出结果，然后以整个表达式等于计算结果的形式输出。

```
#include<iostream>
using namespace std;
int main()
{
    double a,b;
    char oper;
    cout <<"请输入一个表达式（例如：1+2）："<<endl;
```

```
        cin>>a>>oper>>b;
        switch (oper)
        {
            case '+':
                cout <<a<<oper<<b<<'='<<a+b<<endl;
                break;
            case '-':
                cout <<a<<oper<<b<<'='<<a-b<<endl;
                break;
            case '*':
                cout <<a<<oper<<b<<'='<<a*b<<endl;
                break;
            case '/':
                {  //此处的“{}”的使用，实现了 switch 结构内嵌套使用 if 分支结构的形式
                    if(b!=0) cout <<a<<oper<<b<<'='<<a/b<<endl;
                    else cout <<"出错啦！ "<<endl;
                }
                break;
            default:
                cout <<"输入内容格式错误！ "<<endl;
        }
        return 0;
    }
```

注意：在程序设计中，运用 switch 语句特点编写程序实现例 3.9 问题的求解，代码的平均缩进程度有所减少，阅读代码的时候更简洁易懂。所以，使用 switch 语句来描述这种多分支情况是很合适的。

例 3.9 程序也是一个多分支结构，但 switch 语句只能判断表达式是否等于某个值，而不能判断它是否处于某个范围，而要求程序把处于某个范围作为某一 case 之后的常量，显然是不行的。如果需要这样，则必须使用 if 分支结构来辅助完成。下面使用 switch 语句来解决这种范围类型的多分支结构问题。

【例 3.10】 输入学生考试成绩，要求程序给出对学生的评判。要求输入成绩在大于等于 80 分时，程序输出提示为“优秀!”，输入成绩在高于“60”低于“80”时，程序输出提示为“良好!”，若输入成绩为 60 分以下时，则程序输出提示为“请努力学习!”。

分析：在百分制成绩中主要起区分等级作用的并不是个位上的数，而是十位或百位上的数。如果我们能把输入成绩的十位及以上的数取出来，那么最多也就只有 10 个分支的情况。下面我们就来看一下用 switch 开关语句实现多分支情况的程序。

```
#include<iostream>
using namespace std;
int main()
{
    int mark;
    cout <<"请输入成绩（0～100）： ";
    cin>>mark;
    if (mark>100||mark<0)       //用 if 语句过滤掉不满足条件的输入数据
        cout <<"成绩输入错误!" <<endl;
```

```
else
{
    switch(mark/20)
    {
   case 5: //如果 case 没有对应的 break，会运行到下一个 case 中
   case 4:
       cout <<"优秀!" <<endl;
       break;
   case 3:
       cout <<"良好！ " <<endl;
       break;
       default:
       cout <<"请努力学习!" <<endl;
    }
  }
return 0;
}
```

强调：在程序设计过程中，switch 结构和 if 分支结构的代码可以嵌套写，但是注意不要交叉着写。

3.3 综 合 应 用

由前面内容的介绍，认识到 if-else 结构可以用来描述“二岔路口”问题，程序只能选择其中一条路继续走。在处理一些“多岔路口”的情况时，可运用多分支选择结构（if-else if-else 结构）来完成代码的编写，可以较完美的完成任务。下面通过改造例 3.10，运用 if-else if-else 多分支结构求解问题。

【例 3.11】 运用多分支结构（if-else if-else 形式）修改例 3.10 程序。

```
#include<iostream>
using namespace std;
int main()
{
    int mark,flag;
    cout <<"请输入成绩（0 ~ 100）: ";
    cin>>mark;
    flag=mark/20;
    if (mark>100||mark<0)       //用 if 语句过滤掉不满足条件的输入数据
        cout <<"成绩输入错误!" <<endl;
    else if(flag==5)
        cout <<"优秀!" <<endl;
    else if(flag==4)
        cout <<"优秀!" <<endl;
    else if(flag==3)
        cout <<"良好!" <<endl;
    else
        cout <<"请努力学习!" <<endl;
    return 0;
```

}

由例 3.11 可以看出，一般在出现条件表达式中针对整数或字符常量比较的情况下，或者说能转化成跟整数或字符常量比较的情况下，通常使用 switch 开关语句编写多分支条件选择类程序。

强调：如果接收输入数值的变量 mark 和 flag 的数据类型改为实数类型（如 double），而且，输入的数值也为实数，这种情况就不能使用 switch 开关语句来实现，必须运用 if 分支语句来实现。

由上所述可见，用 switch 开关语句编写的程序一定可以用 if 条件分支结构来实现。

【例 3.12】 一元二次方程的根求解问题的程序设计。

分析：一元二次方程中，若系数 a 为零，则说明该方程是一元一次方程，若一元一次方程的系数 b 不为零，则一元一次方程的根只有一个根，若 b 为零，则不能构成方程，输入数据有误；若系数 a 不为零，那么，一元二次方程根计算公式中 delta 的值是判断方程根特性的重要依据。若 delta 的值大于 0，则方程有两个不同的实根，若 delta 的值等于 0，则方程有两个相等的实根，若 delta 的值小于零，则该一元二次方程有两个虚根（即无实根）。

程序代码如下：

```
#include<iostream>
#include<cmath>
using namespace std;
int main()
{
    double a,b,c;
    cout<<"请输入一元二次方程 ax^2+bx+c=0 的系数 a b c"<<endl;
    cin>>a>>b>>c;
    double delta=b*b-4*a*c;
    if(a==0)
    {
        if(b==0)
        {
            if(c==0)   cout<<"方程的解集为 R"<<endl;
            else   cout<<"方程无解"<<endl;
        }
        else   cout<<"方程的解 x="<<-c/b<<endl;
    }
    else
    {
        if(delta>0)
            cout<<"方程的解 x1="<<(-b+sqrt(delta))/2/a<<'\t'<<"x2="
                               <<(-b-sqrt(delta))/2/a<<endl;
        else if(delta==0)   cout<<"方程的解 x1=x2="<<-b/2/a<<endl;
        else   cout<<"方程无实数根"<<endl;
    }
    return 0;
}
```

【例 3.13】 中国有句俗语叫“三天打鱼两天晒网”。某人从某年 1 月 1 日起开始“三天打鱼两天晒网”，请推算出在当年中的某一天这个人是“打鱼”还是“晒网”？

分析：顾名思义，“三天打鱼，两天晒网”共有五天时间。只要算出输入日期到起始日期之间的总天数后，用总天数模5就可以算出余数，再由余数大小可以判断出是打鱼（余数为1～3），还是晒网（余数为0或4）。此例题程序设计中需要考虑以下几方面的问题，首先必须判断输入数据是否为合法有效数据；其次，本例中计算输入日期到当年的第一天之间的天数为本题的关键，其程序算法设计中判断当年是否为闰年的算法也是本例程序设计的难点；最后还有累计天数的程序设计思路也需要合理考虑。计算总天数的算法设计时，我们必须考虑到一个关键时间节点问题，即本例中的起始时间为当年1月1日，如果输入的日期中月份数据大于2月份时，就需要判断输入数据中的年份是否为闰年问题，即程序在计算总天数时必须考虑闰年（2月份）多一天的问题。

程序代码如下：

```
#include<iostream>
using namespace std;
int main()
{
    int day_num[12]={31,28,31,30,31,30,31,31,30,31,30,31};
    int year,month,day;
    int days=0;
    cout<<"输入年月日(yyyymmdd): "<<endl;
    cin>>year>>month>>day;
    bool leap=0;
    if(year%4==0&&year%100!=0||year%400==0) leap=1; //设置是否为润年的标志
    if(leap) day_num[1]=29;
    if(year<1||month<1||month>12||day<1||day>day_num[month-1])
        cout<<"输入日期数据错误"<<endl;
    else
    {
        switch(month-1)
        {
         case 11:days+=day_num[10];
         case 10:days+=day_num[9];
         case 9:days+=day_num[8];
         case 8:days+=day_num[7];
         case 7:days+=day_num[6];
         case 6:days+=day_num[5];
         case 5:days+=day_num[4];
         case 4:days+=day_num[3];
         case 3:days+=day_num[2];
         case 2:days+=day_num[1];
         case 1:days+=day_num[0];
        }
        days+=day;      //把输入日期中当月的天数计入总天数中
        cout<<year<<"年"<<month<<"月"<<day<<"日是当年的第"<<days<<"天"<<endl;
    }
    int today=days%5;
    if(today>0&&today<4)
       cout<<year<<"年"<<month<<"月"<<day<<"日打渔"<<endl;
```

```
    else
        cout<<year<<"年"<<month<<"月"<<day<<"日晒网"<<endl;
    return 0;
}
```

强调： 上面程序里的条件语句 if(year<1||month<1||month>12||day<1||day>day_num[month-1])中关系表达式 day>day_num[month-1]是此条件判断语句设计中的一大技巧，其作用是判断当前输入日期数据中的天数（day 变量）不能大于当月（month 变量）规定的天数。

思考： 如果将【例 3.13】的题目要求改为从任意起始时间开始“三天打鱼两天晒网”的情况，程序代码该如何编写？

3.4 本章小结

本章主要介绍选择结构程序的基本设计思想和实现方法，重点介绍了 if 语句、switch 语句的特点及如何利用这两类语句实现分支程序编写的方法。本章要求重点掌握内容有如何利用选择结构来描述分支问题；掌握如何用算术表达式、关系表达式和逻辑表达式等表示选择条件的方法；掌握依据分析结果选用适当的分支流程控制语句（if 语句或 switch 语句）去实现问题求解的编程方法。

程序设计工作主要包括数据结构和算法的设计。算法要由一系列控制结构组成，选择结构是程序设计中最基本的控制结构，也是构成复杂算法实现的基础。

3.5 习题

1．编写程序实现输入平面直角坐标系中一点的坐标值（x,y），判断该点是在哪一个象限中或哪一条坐标轴上。

2．编写程序实现简单计算器功能。设计程序实现计算表达式 data_1 op data_2 的值，其中 data_1、data_2 为两个实数，op 为运算符（+、−、*、/），并且都由键盘输入。

3．编写程序实现税率计算。输入一个奖金数，求税率、应交税款及实得奖金数。奖金税率如下（a 代表奖金，r 代表税率）：

$a<500$	$r=0\%$
$500\leqslant a<1000$	$r=3\%$
$1000\leqslant a<2000$	$r=5\%$
$2000\leqslant a<5000$	$r=8\%$
$a\geqslant 5000$	$r=12\%$

4．编写程序实现输入一个字符，判别它是否为大写字母，如果是，将它转换成小写字母；如果不是，不转换。然后输出最后得到的字符。

5．编写程序实现输入一行字符，统计输入字符中大写字母、小写字母、数字和空白字符的个数。

6．C++语言的 if 嵌套中 if 与 else 配对规则是怎样的？

7．switch 语句结构中，每一个 case 后面跟着的匹配数据是何种数据类型？

8．以下程序段运行后变量 a 的值为多少？

```
int x=6,y=5;
int a;
```

```
a=(--x==y++)?x:y+1;
```

9．写出以下程序的运行结果。

```
void main()
{
  int n='e';
  switch(n--)
  {
    default: cout<<"error ";
    case 'a':
    case 'b': cout<<"good "; break;//break 跳出
    case 'c': cout<<"pass";
    case 'd': cout<<"warn";
  }
}
```

10．写出以下程序的运行结果。

```
#include <iostream>
using namespace std;
int main(void)
{    int a=2,b=-1,c=2;
     if (a<b)
     if (b<0) c=0;
     else c=c+1;
     cout<<c<<endl;
     return 0;
}
```

第 4 章

循环控制结构

人们在实际生活中经常会碰到需要反复执行同一操作的问题，这种反复操作在 C++程序设计中是通过循环控制来实现的。通过本章的学习，学会对一个现实的问题进行分析，找出需要用到循环的部分，使用 C++的三种循环语句写出相应的算法，并编写程序。

4.1 循 环 语 句

在奥运会中的跳水冠军是通过评委评分产生的，评委评分的规则是：有 *n* 个评委，每个评委根据自己的判断给出一个分值，去掉最高分和最低分，对剩下的分数取平均值。现在把问题简化为不去掉最高分和最低分，直接取平均值作为选手的最终得分。

这是一个累加的问题，当评委人数较少时（n<=3），则可以直接求和得到 sum=x1+x2+x3；但是当 n 增大时，需要很多变量来存储，程序的通用性和扩展性不好。因此，这种问题必须用循环结构来解决。要解决这个问题，需要以下三个步骤：

1）输入 1 个评委的评分；

2）将该评委的评分累加到总和 sum 中；

3）用总和 sum 除以 n 得到平均分 avg。

在这三个步骤中，步骤 1 和步骤 2 需要反复执行 n 次，n 次执行完毕后，所有评委评分的总和 sum 就求出来了，然后才执行第三步，第三步只需要执行一次。

在 C++语言程序设计中，通过循环控制来解决反复执行的问题。循环程序的实现要点是：

1）归纳出哪些操作需要反复执行，即 C++中的循环体；

2）这些操作在什么情况下重复执行，即 C++中的循环控制条件；

3）随着循环不断地执行，必须有一种方法使得循环控制条件最终不成立，循环可以退出，否则，就构成无限循环，程序永远无法终止。

在上述问题中，循环体应该包括两个操作：输入评委评分，将评分累加到总和变量 sum 上。循环次数应该为 n 次。该算法流程图如图 4.1 所示。

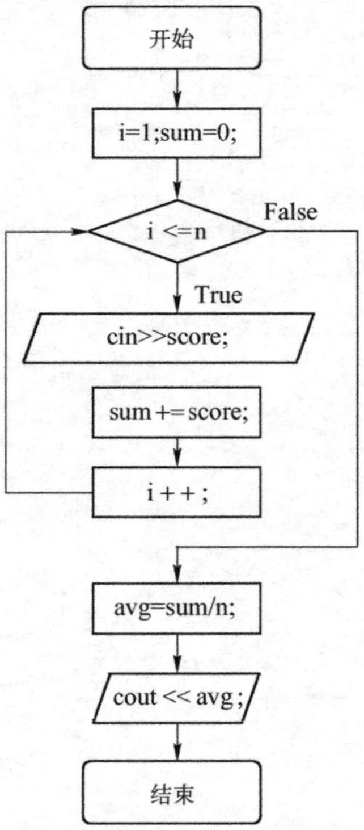

图 4.1 评委评分算法流程图

在 C++语言中，有三种语句可以实现循环结构，分别是 for 语句、while 语句和 do-while 语句。

4.1.1 for 语句

for 语句的格式：

```
for(表达式 1;表达式 2;表达式 3)
{ 循环体 }
```

说明：

1）循环体可以包含多条语句，也可以只有一条语句，当只有一条语句时，“{}”可以省略。

2）表达式 1 用于赋初值，包括给循环变量赋初值，只执行一次；表达式 2 是循环控制条件，当表达式 2 为真时，执行循环体语句，为假时，整个循环结束，程序流程跳转到循环体后的顺序执行语句；表达式 3 用来修改循环变量的值，使得表达式 2 最终不成立，循环能够正常结束。

for 的执行流程如图 4.2 所示。

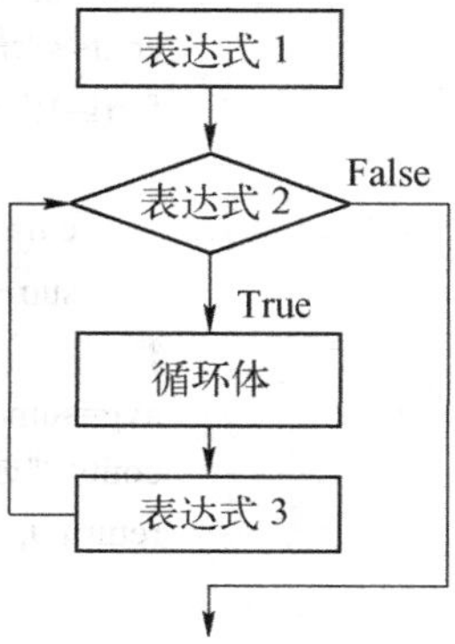

图 4.2　for 循环流程图

用 for 循环计算 1～100 的和，代码如下：

```
int i,sum=0;
for(i=1;i<=100;i++)
   sum+=i;
cout<<sum;
```

注意：

1）for 循环语句是通过分号来区分表达式 1、表达式 2 和表达式 3，第 1 个分号之前为表达式 1，两个分号之间是表达式 2，第二个分号之后是表达式 3。for 语句中必须有两个分号，否则编译会出错。

2）随着循环的进行，最终表达式 2 要能够不成立，否则，for 循环就构成了无限循环，程序永远无法走出 for 循环，执行 for 循环之后的语句，因此程序永远不能结束，只能通过 Ctrl+Break 组合键强行终止。

【例 4.1】 使用 for 循环实现评委评分。

分析： 对于 n 个评委评分问题，循环次数为 n，循环体是以下两条语句：

```
cin>>score;          //score 代表评委的评分
sum+=score;          //sum 代表所有评委的总分，求和前 sum 变量应赋初始值 0
```

如何使用 for 语句控制 n 次循环呢？可以设置一个循环变量 i，使用表达式 1 让它的初值为 1，表达式 2 设置成 i<=n，作为循环控制条件，表达式 3 则让 i 每次自增 1，这样的话，i 从 1 每次加 1 变到 n 刚好是 n 次。当 i 加到 n+1 时，表达式 2（循环控制条件）不成立，循环结束。

用 for 循环语句表示如下：

```
for(i=1;i<=n;i++)
{
    cin>>score;
    sum+=score;
}
```

循环结束后循环变量 i 的值为第一个不满足 i<=n 的值，由于 i++每次是 i 自增 1，因此该循环结束后循环变量 i 的值为 n+1。

如果要将程序写完整，在 for 循环执行之前，要做一些准备工作，包括：定义代表评分的变量 score，求总分用的变量 sum，求平均分的变量 avg，循环变量 i 和评委人数 n，并且输入 n 的值，给 sum 赋初始值 0。在 for 循环执行完之后，要做的是，求平均分并输出结果。

程序代码如下：

```
//4_1.cpp,for 循环实现评委评分
#include<iostream>
using namespace std;
int main()
{
    int i,n;                        //n 为评委个数
    double score;                   //score 为评委评分值
    double sum;                     //sum 为总分
    double avg;                     //avg 为选手最终得分
    sum=0;                          //累加和变量赋初始值 0
    cout<<"请输入评委个数"<<endl;
    cin>>n;
    cout<<"请输入评委的打分"<<endl;
    for(i=1;i<=n;i++)
    {
        cin>>score;                 //循环输入评委的评分
        sum+=score;
    }
    avg=sum/n;
    cout<<"选手最终得分为"<<avg<<endl;
    return 0;
}
```

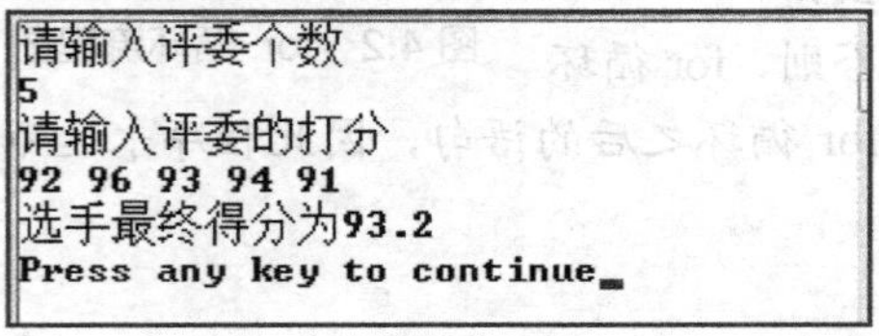
请输入评委个数
5
请输入评委的打分
92 96 93 94 91
选手最终得分为93.2
Press any key to continue

图 4.3　例 4.1 运行结果图

程序的运行结果如图 4.3 所示。

强调：

1）在该例中，评委的分数是读一个处理一个，因此 cin 语句也是要反复执行的，要放在循环体里。

2）for 循环的变化形式 1：for(i=1;;i++)

表达式 2 为空，相当于表达式 2 永远为真，但两个分号不能少，分号用来区分 3 个表达式。这样写就是一个无限循环，需要用后面讲到的 break 语句结合 if 条件终止循环。

3）for 循环的变化形式 2：for(i=1,s=0;i<10;i++)

表达式 1 “i=1,s=0” 为逗号表达式，即可以把赋初值的多个操作以逗号表达式的形式放在表达式 1 中。

4）for 循环的变化形式 3：for(;i<10;i++)

表达式 1 为空，赋初值的操作可以放在循环语句之前。

4.1.2　while 语句

while 循环的格式：

```
while ( 表达式 )
  {循环体}
```

说明：

1）while 循环是先判断表达式是否成立，如果成立，则执行循环体，否则执行循环体之后

的顺序执行部分。

2）循环体可以包含多条语句，也可以只有一条语句，当只有一条语句时，“{}”可以省略。

while 循环的流程图如图 4.4 所示。

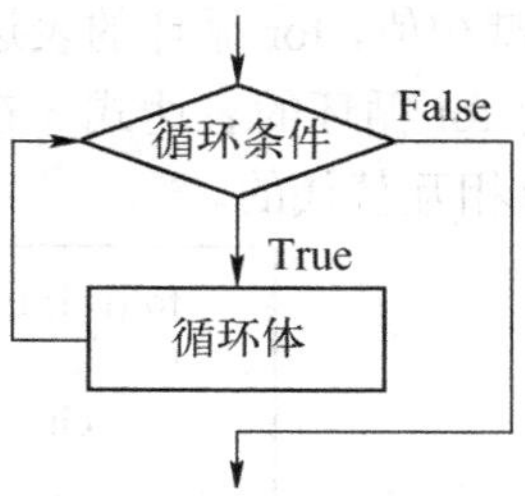

图 4.4　while 循环流程图

用 while 循环求 1～100 的和。

```
int i,sum=0;
while(i<=100)
{
    sum+=i;
    i++;
}
```

注意：

1）while(表达式)后没有分号，如果加上，编译不会出错，但分号这条空语句作为循环体，而“{}”里的语句则成为循环体后的顺序执行语句，改变了原有的语义。

2）在 while 循环语句中，使 while 后面的循环控制条件表达式不成立的语句一般放在循环体里，如上例的 i++。

【例 4.2】 使用 while 语句实现评委评分，程序代码如下：

```
//4_2.cpp,while 循环实现评委评分
#include<iostream>
using namespace std;
int main()
{
    int i,n;                              //n 为评委个数
    double score,sum,avg;                 //score 为评委评分值
                                          //sum 为总分，avg 为选手最终得分
    sum=0;                                //累加变量要赋初始值 0
    cout<<"请输入评委个数"<<endl;
    cin>>n;
    cout<<"请输入 n 个评委的评分"<<endl;
    i=1;
    while(i<=n)
    {
        cin>>score;                       //循环输入评委的评分
        sum+=score;
        i++;
    }
    avg=sum/n;
    cout<<"选手最终得分为"<<avg<<endl;
    return 0;                   //返回给操作系统，程序执行结束
}
```

强调： 在本例中，while 后的表达式为 i<=n，因此当 i<=n 成立时“{}”以内的循环体要一直执行，直到 i>n 时终止，转去执行 while 循环之后的下一条语句：

```
avg=sum/n;
```

比较 4_1.cpp 和 4_2.cpp 后发现，除了阴影部分不同外，其他部分完全相同。两个程序的阴影部分程序对比如图 4.5 所示。

对比发现，for 循环的表达式 1 在 while 循环中置于 while 循环语句之前，用来给循环变量 i 赋初值，for 循环的表达式 2 循环控制条件作为 while 后面的表达式，依然作为循环控制条件，而 for 循环的表达式 3 在 while 循环中作为循环体的一部分。因此，for 循环和 while 循环是可以相互替代的。

```
for(i=1; i<=n;i ++)
{
    cin >> score;
    sum +=score;
}
```

```
i=1;
while(i<= n)
{
    cin>> score;
    sum +=score;
    i ++ ;
}
```

图 4.5　for 循环与 while 循环对比

4.1.3　do-while 语句

do-while 格式：

```
do
{
    循环体
} while(表达式);
```

说明：

1）do-while 循环先执行一次循环体，再判断 while 后面的表达式是否成立，如果成立，继续执行循环体，否则执行循环体之后的顺序执行部分。

2）循环体可以包含多条语句，也可以只有一条语句，当只有一条语句时，“{}”可以省略。

图 4.6 为 do-while 循环的执行流程图。

用 do-while 语句求 1～100 的和的程序如下：

```
int i=1,sum=0;
do{
    sum+=i;
    i++;
}while(i<=100);
```

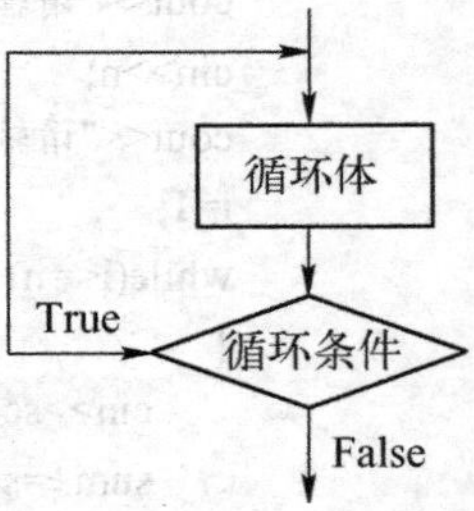

图 4.6　do-while 循环流程图

注意：

1）在 do-while 语句中，while(表达式)后面有一个分号。

2）虽然 do-while 是先执行后判断，但当循环体执行一次后，也是通过判断 while 后面的表达式是否为真，来决定是否需要继续执行循环体。这一点与 while 循环相同。

【例 4.3】　使用 do-while 循环实现评委评分，程序代码如下。

```
//4_3.cpp,do-while 循环实现评委评分
#include<iostream>
using namespace std;
int main()
{
    int i,n;                        //n 为评委个数
    double score,sum,avg;           //score 为评委评分值
```

```
                                         //sum 为总分，avg 为选手最终得分
    sum=0;                               //累加变量要清零
    cout<<"请输入评委个数"<<endl;
    cin>>n;
    cout<<"请输入 n 个评委的评分"<<endl;
    i=1;
    do
    {
        cin>>score;                      //循环输入其他评委的评分
        sum+=score;
        i++;
    }while(i<=n);
    avg=sum/n;
    cout<<"选手最终得分为"<<avg<<endl;
    return 0;
}
```

强调： 在本例中，先执行“{}”循环体中的代码一次，再判断 while 后面的表达式 i<=n 是否成立，如果成立，则一直执行循环体“{}”中的语句，直到 i>n，循环条件不成立，从 false 出口转去执行循环体后顺序执行的语句“avg=sum/n;”。

比较 4_2.cpp 和 4_3.cpp 后发现，除了阴影部分有区别外，其他部分完全相同。将两个程序的阴影部分程序对比如图 4.7 所示。

```
i=1;
while(i<=n)
{
    cin>>score;
    sum +=score;
    i ++ ;
}
```

```
i=1;
do
{
    cin>>score;
    sum +=score;
    i ++ ;
} while(i<=n)
```

图 4.7　while 循环与 do-while 循环对比图 1

do-while 循环与 while 循环的区别在于，do-while 语句将 while 条件放在了循环体语句之后。因此，无论 while 条件是否成立，循环体都会被执行一次。从执行结果上看，除非 while 条件一开始就不成立，否则两种语句的结果完全相同，代码也极为相似。图 4.8 中的两个程序段，左边 while 循环输出的结果是 0，而右边 do-while 循环输出的结果是 1。

```
int i=1, s=0;
while(i>10)
s+=i;
cout<< "s=" <<s<<endl;
```

```
int i=1, s=0;
do
{s+=i;}
while(i>10);
cout<< "s=" <<s<< endl;
```

图 4.8　while 循环与 do-while 循环对比图 2

4.1.4　三种语句的共性和区别

前面讲的三种循环语句，for 语句、while 语句和 do-while 语句都能实现循环结构，是可以

相互替换的，但是在实际的应用上还是有所区别。

一般情况下，如果循环次数已知或者能用表达式确定，则选择 for 循环；当循环次数未知时，一般选择 while 或者 do-while 循环；而在有些情况下，循环条件中的变量是在循环体中计算出来的，适合用 do-while 循环。请看下面两个例子。

【例 4.4】 设小张现在有 10 万元储蓄，将这笔钱存在银行，年利率为 5%，并且利滚利，多少年后，小张的积蓄能够翻一番？

分析： 在这个例子中，我们只知道循环终极目标是 m>=20，循环次数 i 是未知的，这种情况用 while 循环更好一些。

程序代码如下，运行结果如图 4.9 所示。

```
//4_4.cpp，多少年后小张的积蓄能够翻一番
#include<iostream>
using namespace std;
int main()
{
    double m=10;
    int i=0;
    while(m<20)
    {
        m=m*1.05;
        i++;
    }
    cout<<"i="<<i<<endl;
    return 0;
}
```

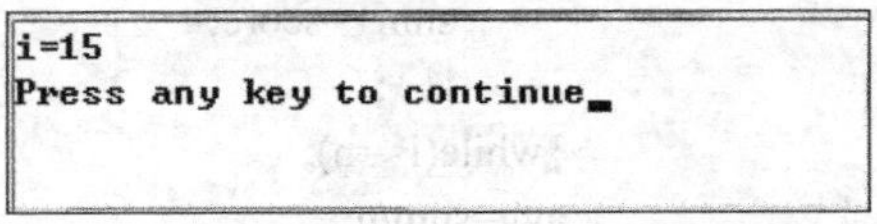
i=15
Press any key to continue

图 4.9　例 4.4 运行结果图

如果将程序的循环部分改成 for 循环，代码如下：

```
for( i=0;m<20;i++)
m=m*1.05;
```

注意： 循环条件是由 m 确定的，并不是由 i 确定的。

【例 4.5】 本例适合使用 do-while 循环。迭代法求 a 的平方根的近似值，a 的平方根的计算公式如下：

$$x_{n+1}=(x_n+a/x_n)/2$$

分析： 计算的方法是先给一个假设的平方根值，比如 $a/2$ 作为 x_0，然后利用该公式求 x_1，x_2，…直到两个相邻值的差小于误差值，就是 n 的平方根的近似值。

算法如下：

1）输入 a（a>0）及较小正数 delta（也可用常变量）。

2）$x_0=a/2$（$a/2$ 是一个比较合适的初始值，取其他的值也可以），用迭代公式算 $x_1=(x_0+a/x_0)/2$。

3）循环体如下：

```
{
    x0 = x1 ;                    //把最近的值给 x0
    x1=(x0+a/x0)/2;              //迭代
}
```

4）循环控制条件为(|x1 –x0|>=delta)，在 C++程序中，用库函数 fabs 来求表达式的绝对值，|x1 –x0|可以表示成 fabs(x1−x0)。

5）取 x1 的值为 a 的平方根近似值，输出。

程序代码如下:

```
//4_5.cpp，迭代法求 a 的平方根的近似值
#include<iostream>
#include<cmath>
using namespace std;
int main()
{
        double x0,x1,a;
        cout<<"输入一个正数: ";
        cin>>a;
        if (a<0)
        cout<<a<<"不能开平方!"<<endl;
        else
          {
        x1=a/2;     //x1 用于保存结果
        do
        {
            x0=x1;
            x1=(x0+a/x0)/2;
        } while (fabs(x1-x0)>=1e-5);
        cout<< a<<"的平方根为: "<<x1<<endl;
        } //有实数解的情况
        return 0;
}
```

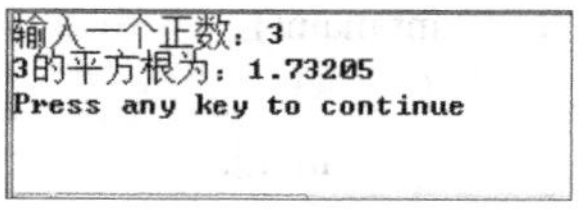
输入一个正数：3
3的平方根为：1.73205
Press any key to continue

图 4.10　例 4.5 的运行结果图

运行结果如图 4.10 所示。

在该例中，循环条件为 fabs(x1−x0)>=1e−5，而 x1 和 x0 都是在循环体中被赋值，这种情况用 do-while 循环更好。如果要改成 while 循环，会更复杂些。

强调： 虽然该例用的是 do-while 循环，但循环执行的条件是 fabs(x1−x0)>=1e−5，而不是 fabs(x1−x0)<=1e−5，fabs(x1−x0)<=1e−5 是循环结束的条件，不是循环执行的条件。

4.1.5　多重循环

在以上三种语句实现的循环结构中，循环体是一条语句或者是用“{}”括起来的复合语句。如果把一个循环结构看成一个整体，它相当于一条语句，也可以出现在 for、while、do-while 之下作为循环体，或者与其他语句一起构成外层循环的循环体，这样就构成了多重循环。请看下面两个例子。

【例 4.6】 打印九九乘法表，格式如图 4.11 所示，第 1 行为表头，每行前面 2 个空格，行号后面 6 个空格，后面的数字占 4 个字符宽度，右对齐。

分析： 把第 1 行称之为表头，其他行称之为表体，可以得出下面的算法。

1）使用一重循环输出表头。

2）输出表体。输出 1 行，然后反复执行，用两重循环输出，外循环控制行数，外循环 9 次。

3）外循环要做如下事情。

① 输出行号。

*	1	2	3	4	5	6	7	8	9
1	1								
2	2	4							
3	3	6	9						
4	4	8	12	16					
5	5	10	15	20	25				
6	6	12	18	24	30	36			
7	7	14	21	28	35	42	49		
8	8	16	24	32	40	48	56	64	
9	9	18	27	36	45	54	63	72	81

行号

表头

每列 4 个字符宽度，右对齐

图 4.11　九九乘法表

② 输出第 i 行数据。(内循环，循环次数 i 次，输出 i 个乘积。)

③ 输出换行符。

输出表体部分流程如图 4.12 所示。

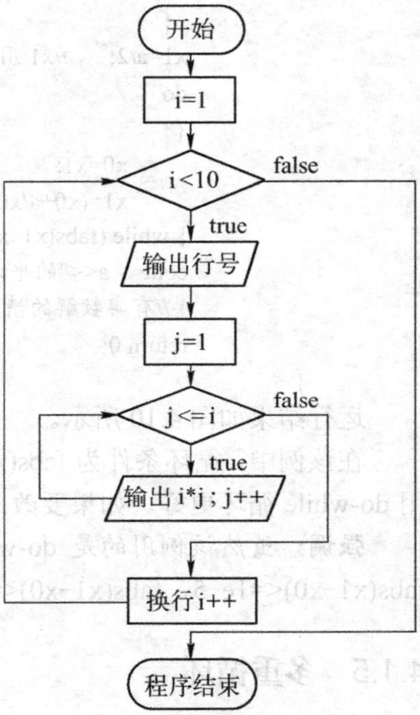

图 4.12　输出表体部分流程图

完整程序代码如下：

```
//4_6.cpp，打印九九乘法表
#include<iostream>
#include<iomanip>
using namespace std;
int main()
{
    int i,j;
    cout<<setw(3)<<'*'<<setw(4)<<' ';
    for(i=1;i<10;i++)
        cout<<setw(4)<<i;
    cout<<endl;
    for(i=1;i<10;i++)
    {
        cout<<setw(3)<<i<<setw(4)<<' ';//(1)
        for(j=1;j<=i;j++)
            cout<<setw(4)<<i*j;//(2)
        cout<<endl;   //(3)
    }
    return 0;
}
```

在这个例子中 i 循环是外循环，它的循环体由 3 条语句构成，如程序代码所示，j 循环相当于一条语句即图中的语句（2），它与代码中的语句（1）和语句（3）是顺序关系，与外面的 *i* 循环是嵌套关系。

在多重循环中内循环变化快，外循环变化慢。在上述程序中，当 i 的值为 5 时，j 要从 1 取到 5 全部循环一次。

语句（1）和语句（3）执行 9 次（外循环的次数），而语句（2）需要执行共（1+2+3+…9）=45 次。

【例 4.7】 用大写字母 A 打印 *m* 行 *n* 列的矩形，*m* 和 *n* 由键盘输入，图 4.13 显示的是 5 行 4 列的矩形。

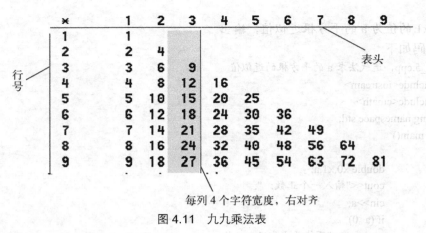

分析： 外循环控制行数，循环 *m* 次，内循环控制列数，循环次数 *n*，内循环打印字母 A

并控制格式。

程序代码如下，运行结果如图 4.14 所示。

```
 A  A  A  A
 A  A  A  A
 A  A  A  A
 A  A  A  A
 A  A  A  A
```

图 4.13　用大写字母 A 打印五行四列的矩形

```
请输入行数m和列数n:5 4
  A  A  A  A
  A  A  A  A
  A  A  A  A
  A  A  A  A
  A  A  A  A
Press any key to continue
```

图 4.14　例 4.7 运行结果图

```
//4_7.cpp，用大写字母 A 打印 m 行 n 列的矩形
#include<iostream>
#include<iomanip>
using namespace std;
int main()
{
    int i,j,m,n;
    cout<<"请输入行数 m 和列数 n:";
    cin>>m>>n;
   for(i=1;i<=m;i++)
    {
        for(j=1;j<=n;j++)
            cout<<setw(3)<<'A';
        cout<<endl;
    }
    return 0;
}
```

【例 4.8】用*字符打印边长为 *n* 的菱形，当 *n*=4 时，如图 4.15 所示。

分析：像这一类的题目很多，要解决这一类问题，主要有以下几个要点。

1）当边长为 *n* 时共需要打印多少行。

2）每一行第一个*前有多少个空格，与 *n* 和行数是什么关系。

3）每行的*个数及*后的空格数，与 *n* 和行数是什么关系。

我们以边长为 4 的菱形为例，将其用方格画出，如图 4.16 所示。

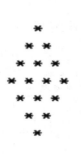

```
   *
  * *
 * * *
* * * *
 * * *
  * *
   *
```

图 4.15　边长为 4 的菱形

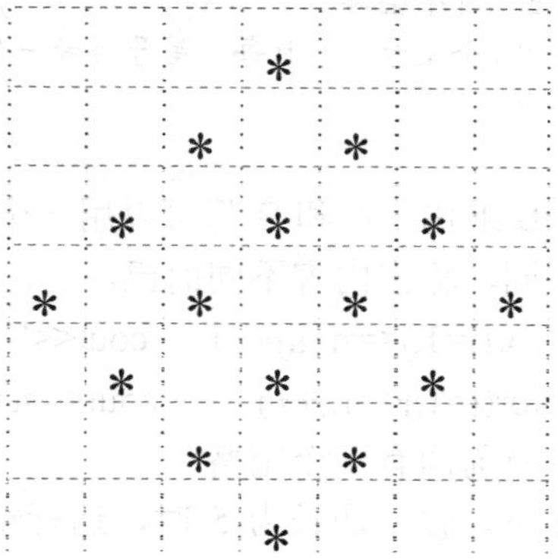

图 4.16　添加方格的菱形图

当边长为 4 时，共 7 行，即 2×n−1 行，如果我们把这个菱形分成上面 4 行和下面倒置的 3 行，可以发现以下规律。

1）边长为 n，共 2×n−1 行，上三角 n 行和倒置 n−1 行。

2）假设 n=4，上三角包括 4 行，上三角每行前的空格数及星号数与行数 i 及 n 的关系如下表所示。

表 4.1　例 4.7 上三角每行前的空格数及星号数与行数 *i* 及 *n* 的关系

i	空　格　数	空格数与 n、i 的关系	星　号　数	星号数与 n，i 的关系
1	3	$n-i$	1	i
2	2	$n-i$	2	i
3	1	$n-i$	3	i
4	0	$n-i$	4	i

把此表格写成如下算法：

```
for(i=1;i<=n;i++)              //i 从 1 到 n 代表输出上三角 n 行
{
    输出 n-i 个空格
    输出 i 个星号，并且每个星号后带一个空格
    换行
}
```

3）假设 n=4，下三角（包括 3 行），设下三角第一行 i 的值为 3，第二行 i 的值为 2，第 3 行 i 的值为 3，每行前的空格数及星号数与行数 i 及 n 的关系如下表所示。

表 4.2　例 4.7 下三角每行前的空格数及星号数与行数 *i* 及 *n* 的关系（倒过来）

i	空　格　数	空格数与 n、i 的关系	星　号　数	星号数与 n、i 的关系
3	1	$n-i$	3	i
2	2	$n-i$	2	i
1	3	$n-i$	1	i

把此表格写成如下算法，可以看出 for 循环体内与上三角完全相同。

```
for(i=n-1;i>=1;i--)            //i 从 n-1 到 1 代表输出下三角 n-1 行
{
    输出 n-i 个空格          //A
    输出 i 个星号，并且每个星号后带一个空格//B
    换行
}
```

4）对 A 和 B 细化，A 和 B 都可以用一个 for 循环实现，只是循环次数不同，输出内容不同而已。

A 的细化：for(j=1;j<=n-i;j++)　　cout<<' ';

B 的细化：for(j=1;j<=i;j++)　　　cout<<setw(2)<<'*';//　输出*，setw(2)保证*前面有一个空格

程序代码如下，输入边长为 5 时，运行结果如图 4.17 所示。

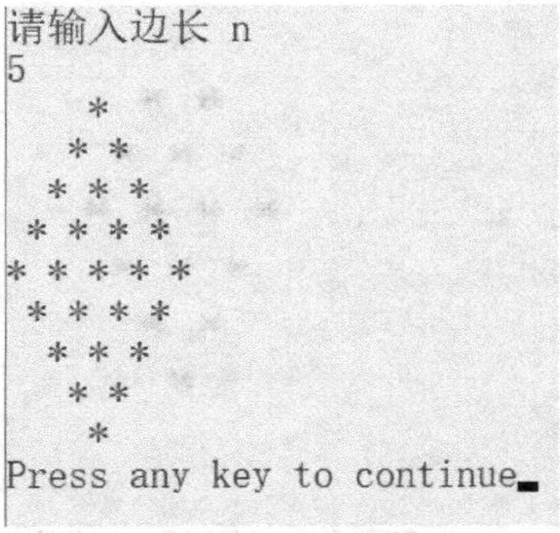
请输入边长 n
5
*
* *
* * *
* * * *
* * * * *
* * * *
* * *
* *
*
Press any key to continue
图 4.17　例 4.8 运行结果图

```
//4_8.cpp，用*打印边长为 n 的菱形
```

```
#include<iostream>
#include<iomanip>
using namespace std;
int main()
{
    int n,i,j;
    cout<<"请输入边长 n"<<endl;
    cin>>n;
    //输出上三角 n 行
    for(i=1;i<=n;i++)                    //i 循环 n 次，代表 n 行
    {
        for(j=1;j<=n-i;j++)              //j 循环 n-i 次，输出 n-i 个空格
            cout<<' ';
        for(j=1;j<=i;j++)                //j 循环 i 次，输出 i 个星号及空格
            cout<< '* ';                 //setw(2)保证星号后面有一个空格
        cout<<endl;
    }
    //输出下三角 n-1 行
    for(i=n-1;i>=1;i- -)
    {
        for(j=1;j<=n-i;j++)
            cout<<' ';
        for(j=1;j<=i;j++)
            cout<< '* ';
        cout<<endl;
    }
  return 0;
}
```

思考： 本例是将上三角和下三角分开，然后循环变量 i 在上三角中递增，在下三角中递减来完成的，如果让上三角和下三角统一，让外循环变量 i 从 1 递增到 2*n-1，这个循环体该怎么写？

4.2 break 语句与 continue 语句

有时候需要提前退出循环，就要用到 break 语句和 continue 语句。

4.2.1 break 语句

break 语句用于结束整个循环，一般和 if 语句结合使用，出现在循环体中。break 语句格式：

```
if(表达式)
break;
```

说明： 当表达式的值为“真”时，跳出 break 语句所在的循环。

【例 4.9】 输入一个数，判断这个数是否为素数。

素数的定义是，只能被 1 和它本身整除的数。对于某个数 m，在 2 至 m-1 之间，只要有一个数能被 m 整除，就说明 m 不是素数，只有 m 不能被所有的数整除，才能说明 m 是素数。

分析：

1）设置一个标志变量 flag 来表示 m 是不是素数，初值为 1。

2）通过循环判断 m 能否被 i 整除，能整除则：

a）设置标志变量 flag=0;

b）已经知道 m 不是素数，提前退出循环。

3）如果标志变量的值为 1，则 m 是素数，否则不是素数。

程序代码如下：

```
//4_9.cpp，输入一个数，判断这个数是否为素数。
#include<iostream>
using namespace std;
int main()
{
    int m,i,flag=1;
    cout<<"请输入一个正整数"<<endl;
    cin>>m;
    for(i=2;i<m;i++)
        if(m%i==0)
        {
            flag=0;            // m 被某个 i 整除了，改变标志变量的值
            break;             //提前退出循环
        }
    if(flag==1)                //在 i 从 2 变到 m-1 中，m%i==0 始终不成立
        cout<<m<<"是素数"<<endl;
    else
        cout<<m<<"不是素数"<<endl;
    return 0;
}
```

程序运行结果如图 4.18 所示。

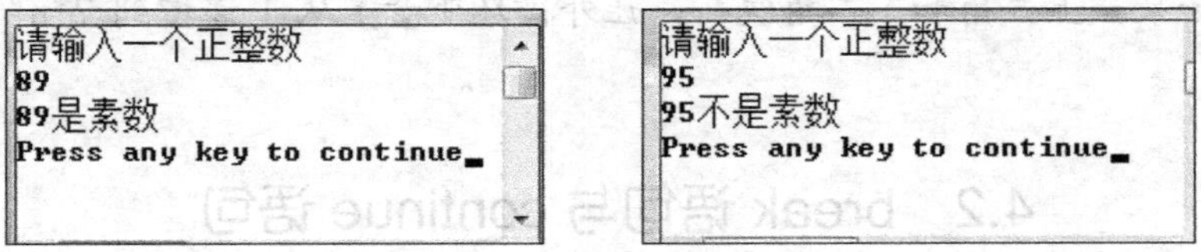
请输入一个正整数
89
89是素数
Press any key to continue_
请输入一个正整数
95
95不是素数
Press any key to continue_

图 4.18　例 4.9 运行结果图

其实还可以对程序中的循环部分进行优化，假设 int n=sqrt(m)，for 循环可以改成：

```
for(i=2;i<=n;i++)
if(m%i==0)
{
    flag=0;      //m 被某个 i 整除了，改变标志变量的值
    break;       //提前退出循环
}
```

总结：在该程序代码中，flag 是一个标志变量，它在程序中的作用是标志 m 是否被某个 i 整除。一开始它的初值设置为 1，在循环体中使用 if(m%i==0) 来判断 m 是否被整除，如果表

达式为真，则 m 被 i 整除，将 flag 的值置为 0。因此，只要有一个 i 使 m 被 i 整除，则 flag 的值为 0。除非所有的 i 都不能满足 m 被 i 整除，flag 的值才为 1；这刚好为循环体外通过 flag 的值判断 m 是否为素数提供了条件。

除了使用标志变量外，还可以利用循环变量的终值来判断有没有提前退出循环，对以上程序进行修改，代码如下：

```
//4_9_2.cpp，输入一个数，判断这个数是否为素数。
#include<iostream>
#include<cmath>
using namespace std;
int main()
{
    int m,i,n;
    cout<<"请输入一个正整数"<<endl;
    cin>>m;
    n=sqrt(m);
    for(i=2;i<=n;i++)
        if(m%i==0)
        {
            break;                    //提前退出循环
        }
    if(i>n)                           //在 i 从 2 变到 m-1 中，m%i==0 始终不成立
        cout<<m<<"是素数"<<endl;
    else
        cout<<m<<"不是素数"<<endl;
    return 0;
}
```

强调：当标志变量有三种可能的取值时，用循环变量的终值无法替代标志变量的作用，此时必须使用标志变量。

4.2.2 continue 语句

continue 语句用于提前结束本次循环，即跳过循环体中下面尚未执行的语句。一般都和 if 语句结合使用，continue 语句的格式：

```
if(表达式)
    continue;
```

说明：当表达式为“真”时，结束本轮循环，跳过 continue 之后的循环体语句，继续下一轮循环。

【例 4.10】 求 100 以内非 5 的倍数的数列之和。

分析：该题循环从 1～100，累加过程中跳过 5 的倍数。

程序代码如下，程序运行结果如图 4.19 所示。

```
1+2+3+4+6+7+ · · · +97+98+99=4000
Press any key to continue_
```

图 4.19　例 4.10 运行结果图

```
//4_10.cpp,continue 的使用
#include<iostream>
using namespace std;
int main()
```

```
{
    int i,sum=0;
    for(i=1;i<=100;i++)
    {
        if(i%5==0)
            continue;
        sum+=i;
    }
    cout<<"1+2+3+4+6+7+…+97+98+99="<<sum<<endl;
    return 0;
}
```

【例 4.11】 由 0～3 共 4 个数字，组成 4 位数，每个数字用 1 次，且十位和百位不能为 3，输出所有可能的 4 位数。

分析： 用四重循环的 4 个循环变量分别代表千位、百位、十位和个位，只要各个位数上的数不相等，并且十位和百位不为 3，就是满足题目要求的数。

程序代码如下，程序运行结果如图 4.20 所示。

```
//4_11.cpp，continue 的应用
#include<iostream>
using namespace std;
int main()
{
    int i,j,k,m,count=0;
    for(i=1;i<=3;i++)
    {
        for(j=0;j<3;j++)                    //百位不能为 3
        {
            if(j==i)continue;               //百位不能和千位相等
        for(k=0;k<3;k++)                    //十位不能为 3

            {
                if(k==j||k==i)              //十位不能和百位、千位相等
                continue;
            for(m=0;m<=3;m++)
                {
            if(m==k||m==i||m==j)            //个位不能和十位、百位、千位相等
            continue;
            cout<<i<<j<<k<<m<<'\t';
            count++;
            if(count%5==0)cout<<endl;
                } //end for m
            } //end for k
        } //end for j
    } //end for i
    return 0;
}
```

```
1023    1203    2013    2103    3012
3021    3102    3120    3201    3210
Press any key to continue
```

图 4.20　例 4.11 运行结果图

4.3 常用算法应用举例

4.3.1 穷举法

穷举法基本思想是，在有限范围内列举所有可能的结果，找出其中符合要求的解。

穷举法适合求解的问题是：可能的答案是有限个且答案是可知的，但又难以用解析法描述。这种算法通常用循环结构来完成。

【例 4.12】 中国古代数学史上著名的“百鸡问题”：鸡翁一，值钱五，鸡母一，值钱三，鸡雏三，值钱一。百钱买百鸡，问鸡翁、母、雏各几何？

分析： 设鸡翁、母、雏分别为 i，j，k，根据题意可得：

$$\begin{cases} i\times5+j\times3+k\div3=100 \\ i+j+k=100 \end{cases}$$

两个方程无法解出三个变量，只能将各种可能的取值代入，其中能满足两个方程的就是所需的解，因此这是穷举算法（也叫枚举法）的应用。

i，j，k 可能的取值有哪些？分析可知，百钱最多可买鸡翁 20，鸡母 33，鸡雏 300。

```
for (i=0; i<=20;i++)
    for (j=0; j<=33;j++)
        for (k=0; k<=300;k++)
            if ((i+j+k==100)&&(5*i+3*j+k/3==100))
                cout<<i<<j<<k;
```

这个算法使用三重循环，执行时间函数是立方阶，循环体将执行 20×33×300=198000 次。

我们希望在算法上改进一下，如能减少一重循环，将大大缩短运行时间。

实际上，当 i，j 确定时，k 就可由题目要求确定为 $100-i-j$，因此实际上只要用 i，j 去测试，用一百元钱检测就可以了。循环体将执行 20×33=660 次。

算法改进为：

```
for (i=0; i++<=20;)
for (j=0; j++<=33;)
        if ( 5*i+3*j+(100-i-j)/3==100 )
            cout<<i<<j<<k;
```

程序代码如下：

```
//4_12.cpp，百钱买百鸡问题
#include <iostream>
#include <iomanip>
using namespace std;
int main()
{
    int i,j,k;
    cout<<"    公鸡母鸡小鸡"<<endl;
    for(i=0;i<=20;i++)
        for(j=0;j<=33;j++)
        {
            k=100-i-j;
            if((5*i+3*j+k/3==100)&&(k%3==0))
                cout<<setw(6)<<i<<setw(10)<<j<<setw(10)<<k<<endl;
```

```
    }
    return 0;
}
```

运行结果如图 4.21 所示。

```
  公鸡      母鸡      小鸡
   0        25        75
   4        18        78
   8        11        81
  12         4        84
Press any key to continue_
```

图 4.21 例 4.12 运行结果图

思考：在该程序里，(k%3==0)非常重要，想一想为什么。试着去掉这一条件，看看结果会有什么不同。

4.3.2 迭代法

迭代是数值分析中通过从一个初始估计出发寻找一系列近似解来解决问题的过程，为实现这一过程所使用的方法统称为迭代法。

【例 4.13】 输入一个小于 1 的数 x，求 $\sin x$ 的近似值，要求误差小于 0.0001。近似计算公式如下：

$$\sin(x)=x-\frac{x^3}{3!}+\frac{x^5}{5!}-\frac{x^7}{7!}+\cdots$$

分析：这个展开式实际上是一个累加的过程，如果给定 x，要用这样的展开式求 $\sin(x)$的近似值，需要解决以下几个问题。

1）累加项的初值，在本例中为 x。

2）累加项的相邻两项之间的关系。

在本例中，假设 i=1 时，第一项为 x，i=2 时第二项为 $-\frac{x^3}{3!}$，假设此时 i=1，如何由第一项 item=x 推出第二项的值？$-\frac{x^3}{3!}$可以表示为 $x\times(-x\times x/((2\times i)\times(2\times i+1)))$，写成通式就是

$$\text{Item}\rightarrow -1\times\text{item}\times x\times x/((2\times n)\times(2\times n+1))$$

3）累加到何时结束？由误差 0.0001 确定，误差由相邻两项值之差的绝对值确定。

程序代码如下：

```
//4_13.cpp，输入一个小于 1 的数 x，求 sinx 的近似值，要求误差小于 0.0001
#include<iostream>
using namespace std;
int main()
{
    const double epsilon=0.0001;                //用 epsilon 保存误差
    double x,sinx,item;
    int n=2,sign=-1;                            //sign 保存符号
    cout<<"input x:";
    cin>>x;
    sinx=x;item=x*x*x/6;                        //第一项作为初值，第二项为误差项
    while(item>epsilon)
    {
        sinx=sinx+item*sign;                    //将当前项累加进结果，注意符号作为因子
        item=item*x*x/((2*n)*(2*n+1));  //推算新的误差项
        sign=-sign;                             //注意符号的变换
        n++;
    }
    cout<<"sin("<<x<<")="<<sinx<<endl;
```

```
    return 0;
}
```

程序运行结果如图 4.22 所示。

```
input x:0.5
sin(0.5)=0.479427
Press any key to continue
```

图 4.22　例 4.13 运行结果图

4.3.3　递推法

递推算法是通过问题的一个或多个已知解，用同样的方法逐个推算出其他解，如数列问题，近似计算问题等，通常也要借助于循环结构完成。

【例 4.14】一对兔子，从出生后第 3 个月起每个月都生一对兔子。小兔子长到第 3 个月后每个月又生一对兔子，假设兔子不存在死亡问题，请问从第 1 个月到第 20 个月，每个月有多少对兔子？

这个问题的答案是 Fibonacci 数列，有如图 4.23 所示的规律。

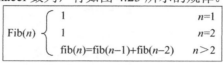

$$
\text{Fib}(n)\begin{cases}1 & n=1\\ 1 & n=2\\ \text{fib}(n)=\text{fib}(n-1)+\text{fib}(n-2) & n>2\end{cases}
$$

图 4.23　Fibonacci 数列

除了第 1 项和第 2 项外，每一项都是由类似方法产生，即前两项之和；所以，求当前项时，只需要记住前两项；程序不需要为每一项设置专用变量；属递推算法。

分析:

1）设置变量 n 表示第几项，变量 fib1 和 fib2 用来记住当前项 fib 3 之前的两项；变量初始化 n=1;

2）第 1 项 fib1=1，第 2 项 fib2=1，输出第 1 项和第 2 项；

```
while （当前项不到第 20 项）
{
    当前项等于前两项之和：fib3=fib1+fib2;
    按要求输出当前项 fib3；
    修改最前两项：fib1=fib2;   fib2=fib3;
}
```

程序代码如下，运行结果如图 4.24 所示。

```
    1    1    2    3    5
    8   13   21   34   55
   89  144  233  377  610
  987 1597 2584 4181 6765
Press any key to continue
```

图 4.24　例 4.14 运行结果图

```
//4_14.cpp，兔子繁衍问题
#include<iostream>
#include<iomanip>
using namespace std;
int main()
{
    int fib1=1,fib2=1,fib3,n;
    cout<<setw(5)<<fib1<<setw(5)<<fib2;
    for(n=3;n<=20;n++)
    {
        fib3=fib1+fib2;
```

```
            cout<<setw(5)<<fib3;
            if(n%5==0)   cout<<endl;     //控制每行 5 个数据
            fib1=fib2;
            fib2=fib3;
        }
        return 0;
    }
```

【例 4.15】 用欧基里德算法（也称辗转法）求两个整数的最大公约数。

分析：假定两个整数分别为 num1 和 num2，最大公约数应当是不超过其中较小数的一个整数。

输入两个整数：
36 48
36和48的最大公约数为：12
Press any key to continue

图 4.25　例 4.15 运行结果图

辗转相除法：用 num1 除以 num2，求出余数 resd，如果 resd==0，则当前 num2 就是最大公约数，如果 resd!=0，令 num1=num2，num2=resd，重复以上过程，直到 resd==0 为止。

程序代码如下，程序运行结果如图 4.25 所示。

```
//4_15.cpp，辗转相除法求两个数的最大公约数
#include<iostream>
using namespace std;
int main()
{
        int num1,num2,resd;
        cout<<"输入两个整数："<<endl;
        cin>>num1>>num2;
        cout<<num1<<"和"<<num2<<"的最大公约数为：";
        do
        {
                resd=num1%num2;
                if(resd==0)   break;
                num1=num2;   num2=resd;
        }while(resd!=0);
        cout<<num2<<endl;
       return 0;
}
```

4.4　输入/输出文件简介

到目前为止，我们所编写的程序都是从键盘输入，输出结果显示在屏幕上的。有的时候，数据量比较大，希望从文件中读取或者想将输出结果以文件的形式保存起来，这就要用到文件流。

在 C++中，文件流 ifstream 用于处理从文件读内容，ofstream 用于将程序结果写入文件。如图 4.26 所示。图中 fin 和 fout 是类对象名，相当于我们现在所讲的变量名，只要按照标识符的命名规则来命名就可以。要使用这些文件流类，必须在程序的开头加上一条预处理命令 #include <fstream>。

文件操作可以分为以下几个步骤。

1）说明一个文件流对象（内部文件）

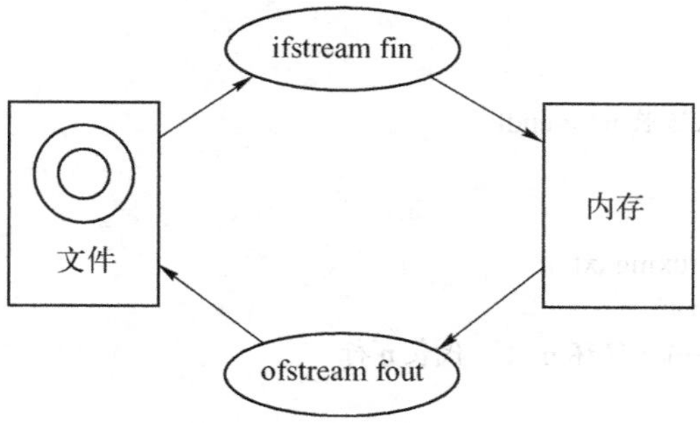

图 4.26　文件流

① 文件流类型 ifstream 支持从输入文件提取数据的操作。

② 文件流类型 ofstream 完成数据写入输出文件的各种操作。

```
ifstream fin;                //定义输入流对象，fin 为对象名，可用任意标识符
ofstream fout;               //定义输出流对象，fout 为对象名，可用任意标识符
```

2）打开文件

```
fin.open("d:\\inputfile.txt");
fout.open("d:\\outputfile.txt");
```

引号中的 d:\\inputfile.txt 和 d:\\outputfile.txt 为磁盘文件路径名，这样在文件流对象和磁盘文件名之间建立了联系。

需要注意的是，如果是从文件读入数据到程序中，d:\inputfile.txt 路径和文件必须事先创建好。如果是输出结果到文件，文件事先不建立，只要路径在就可以，程序运行后，自动在所在目录按 open()函数后面的参数给定的文件名建立文件，并将结果存储在所建立的文件中。

3）对文件进行读写操作

最常见的文件读写是顺序的，所谓“顺序”指的是从文件头开始进行读写。

顺序读写可用 C++的提取运算符（>>）和插入运算符（<<）进行，也可以用读字符的 get()和读字符串的 getline()等函数。

读写是在文件缓冲区中进行，读文件是将文件的内容读入内存，供程序使用，写文件是将程序的结果输出到文件。

比如有两个整型变量 a 和 b，以前从键盘输入是写成“cin>>a>>b;”输出到屏幕是写成“cout<<a<<b;”现在从文件输入和输出到文件应该这样写：

```
fin >>a>>b;
fout <<a<<b;
```

4）关闭文件

当打开一个文件读写完毕后，应该显式地关闭该文件。

```
fin.close();
fout.close();
```

【例 4.16】 将例 4.8 的图形输出到文件中。

分析： 原来的图形用循环输出到屏幕，现在要输出到文件，则只需要更改相应的输出即可。

完整程序代码如下：

```
//4_16.cpp，输出到文件
#include<iostream>
#include<fstream>
using namespace std;
int main()
```

```
{
    int n,i,j;
    cout<<"请输入边长 n"<<endl;
    cin>>n;
    ofstream ofile;
    ofile.open("d:\\tuxing.txt");
    //输出上三角 n 行
    for(i=1;i<=n;i++)//i 循环 n 次，代表 n 行
    {
        for(j=1;j<=n-i;j++)             //j 循环 n-i 次，输出 n-i 个空格
            ofile <<' ';
        for(j=1;j<=i;j++)               //j 循环 i 次，输出 i 个星号及空格
            ofile <<'* ';               //setw(2)保证星号后面有一个空格
        ofile <<endl;
    }
    //输出下三角 n-1 行
    for(i=n-1;i>=1;i- -)
    {
        for(j=1;j<=n-i;j++)
            ofile <<' ';
        for(j=1;j<=i;j++)
            ofile << '* ';
        ofile <<endl;
    }
    ofile.close();
    return 0;
}
```

程序执行时输入图 4.27 中数据，运行时计算结果不会输出到屏幕上，而是写入文件 d:\tuxing.txt，内容如图 4.28 所示。

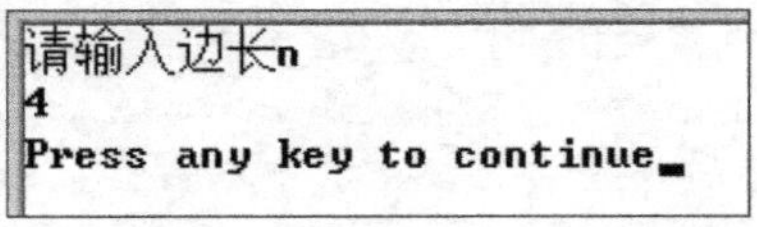

图 4.27　例 4.16 输入数据

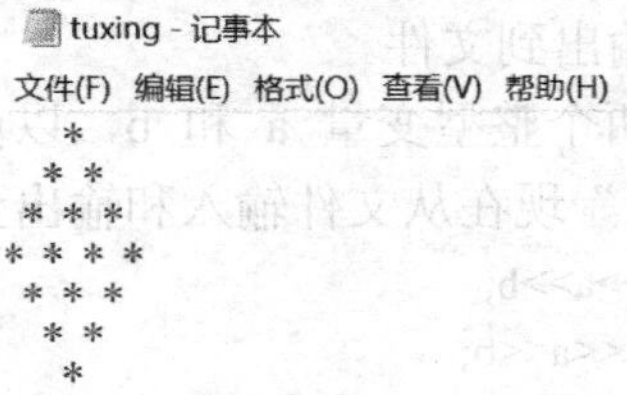

图 4.28　例 4.16 运行结果图

思考：改变输入值，将程序再运行一遍，第二次运行的结果会覆盖上一次的内容，文件里只能看到最后一次输出结果，如果想在文件的结尾追加文件该怎么做呢？

只需要将语句 ofile.open("d:\\jiandtu.txt"); //作为输出文件打开

改成 ofile.open("d:\\jiandtu.txt",ios::app|ios::out); //作为输出文件打开

其中 ios::out 表示输出，ios::app 表示追加。

【例 4.17】 读出评委评分文件并求出选手得分。已知分数存放在文件 d:\score.txt 中，文件 d:\score.txt 的内容如图 4.29 所示，每行 5 个数据，数据与数据之间用空格分隔。程序运行时从文件 score.txt 中读取选手分数，计算结果如图 4.30 所示。

```
95 96 97 92 93
94 96 91 89 96
```

图 4.29　文件 score.txt 的内容和格式

```
选手最终得分为93.9
Press any key to continue
```

图 4.30　例 4.17 运行结果

程序代码如下：

```
//4_17.cpp，将评委评分文件读出，并求出选手最终得分
#include<iostream>
#include<fstream>
using namespace std;
int main()
{
    double avg,x,sum=0;
    int n=0;
    ifstream ifile;
    ifile.open("d:\\score.txt");
    while(1)
    {
        ifile>>x;
        n++;
        sum+=x;
        if(ifile.eof()!=0) break;
    }
    avg=sum/n;
    cout<<"选手最终得分为"<<avg<<endl;
    ifile.close();
    return 0;
}
```

强调：eof()函数是 ifstream 类的成员函数，可以供该类的对象 ifile 使用。函数的作用是测试文件是否结束，如果文件结束，函数返回非 0 值，否则返回 0。

4.5 综合应用

1. 划拳

【例 4.18】 两个小孩用石头剪刀布划拳，游戏规则：每个人有 5 滴血，如果两人出的拳相同，则重新来，否则，石头胜剪刀，剪刀胜布，布胜石头。划拳输一次，血滴数减 1，血滴数先减到 0 者输。

分析：

1）首先要有两个变量分别代表两个小孩的 5 滴血，int c1=5，c2=5。

2）然后定义两个整型变量表示小孩的出拳：

int n1,n2;//n1,n2 代表两个人的出拳，值为 1 时代表石头，2 代表剪刀，3 代表布

3）循环执行以下操作：

① 输入两个小孩的划拳值，并将整数转换为字符输出；

② 如果两个划拳值相等，则跳过本轮循环；

③ 不等，按规则判断输赢，哪个小孩输，就将其对应的血滴数-1；

④ 如果某个小孩的血滴数为 0，则循环结束。

4）血滴数不为 0 者胜。

程序代码如下，程序运行结果如图 4.31 所示。

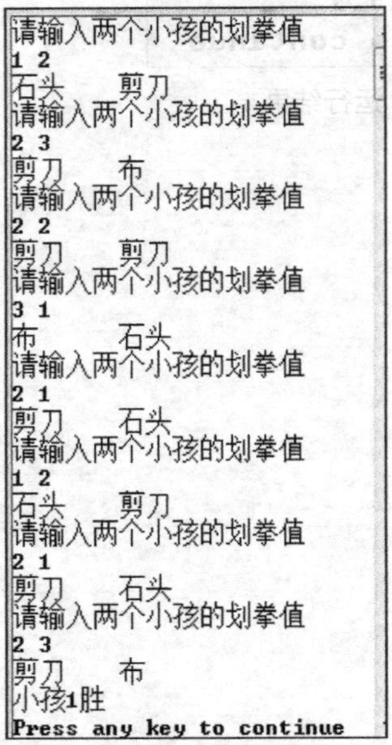

图 4.31　例 4.18 运行结果图

```
/*4_18.cpp，两个小孩用石头剪刀布划拳，每个人有 5 滴
血，划拳输一次血滴数减 1，谁的血滴数先减到 0 者输*/
#include<iostream>
#include<cmath>
using namespace std;2
int main()
{
    int c1=5,c2=5,i;
    int p1,p2;  //p1,p2 代表两个人的划拳值，值为 1 代表
                //石头，2 代表剪刀，3 代表布
    while(c1>0&&c2>0)
    {
        cout<<"请输入两个小孩的划拳值"<<endl;
        cin>>p1>>p2;
        switch(p1)
        {
            case 1:cout<<"石头";break;
            case 2:cout<<"剪刀";break;
            case 3:cout<<"布";break;
        }//end switch(p1)
        cout<<'\t';
        switch(p2)
        {
            case 1:cout<<"石头";break;
            case 2:cout<<"剪刀";break;
            case 3:cout<<"布";break;
        }//end switch(p2)
        cout<<endl;
        if(p1==p2)continue;
        if(p1==1&&p2==2||p1==2&&p2==3||p1==3&&p2==1)   c2--;
        else  c1--;
        if(c1==0||c2==0) break;
    }//end while
    if(c1>0)   cout<<"小孩 1 胜"<<endl;
    else  cout<<"小孩 2 胜"<<endl;
    return 0;
}
```

思考：程序中语句 if(p1==1&&p2==2||p1==2&&p2==3||p1==3&&p2==1)是否还可以写成其他形式？

2. 改进的评委评分

大家知道，很多评分规则需要去掉一个最低分和一个最高分，如果要达到这样一个目标，需要对 4_1.cpp 做什么样的改动呢？

分析：

1）首先求出最低分 min 和最高分 max；

2）在总和 sum 中去掉最高分 max 和最低分 min；

3）然后用去掉后的总和除以 n−2。

如何求最低分和最高分？

求最低分的方法是先假设第一次输入的评分是最小的，并将其值保存在 min 中，然后拿后面的评分与之比较，有更小的就替换掉原来的 min。求最大值的方法是雷同的。

程序代码如下：

```
//4_1_1.cpp，去掉最高分和最低分的评委评分
#include<iostream>
using namespace std;
int main()
{
    int i,n;//n 为评委个数
    double x,min,max,sum=0,avg;//x 为评委评分值，min 为最低分，max 为最高分
    cout<<"请输入评委个数"<<endl;
    cin>>n;
    cout<<"请输入第一个评委的评分"<<endl;
    cin>>x;//首先输入第一个评委的评分
        min=max=sum=x;
    cout<<"请输入其他评委的评分"<<endl;
    for(i=2;i<=n;i++)
    {
        cin>>x;//循环输入其他评委的评分
        if(x<min)    min=x;//循环结束后 min 的值为最低分
        if(x>max)    max=x;//循环结束后 max 的值为最高分
       sum+=x;
    }
    sum-=min+max;//去掉最低分和最高分
   avg=sum/(n-2);
    cout<<"选手最终得分为"<<avg<<endl;
    return 0;
}
```

程序运行结果如图 4.32 所示。

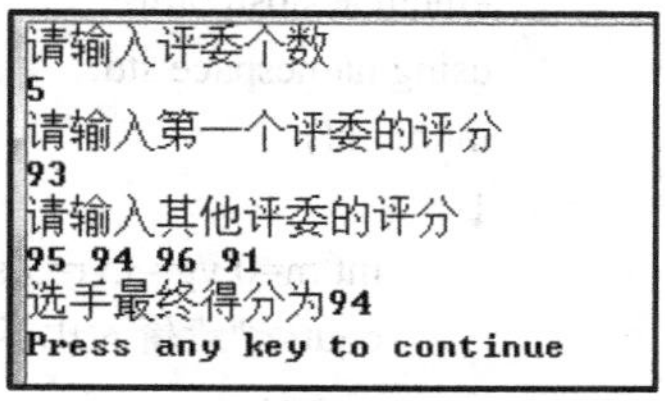
请输入评委个数
5
请输入第一个评委的评分
93
请输入其他评委的评分
95 94 96 91
选手最终得分为94
Press any key to continue

图 4.32　去掉最高分和最低分的评委评分运行结果图

3. 龟兔赛跑

龟兔赛跑是大家都很熟悉的故事，本节通过给定赛跑规则及时间，确定在一个给定的时间点是乌龟胜还是兔子胜。

【例 4.19】 乌龟与兔子进行赛跑，跑场是一个矩形跑道，跑道边可以进行休息。乌龟每分钟前进 3 米，兔子每分钟前进 9 米；兔子嫌乌龟跑得慢，觉得肯定能跑赢乌龟，于是每跑 10 分钟回头看一下乌龟，若发现自己超过乌龟，就在路边休息，每次休息 30 分钟，否则继续跑 10 分钟；而乌龟非常努力，一直跑而从不休息。假定乌龟与兔子在同一起点同一时刻开始起跑，请问 t 分钟后乌龟和兔子谁跑得快，即最后的比赛结果是谁胜或者平局。

分析：

问题的关键点是要判断 t 时刻乌龟与兔子所行进的总路程大小。要理解乌龟与兔子的行进

特点，分别计算出在给定时间内乌龟与兔子分别跑的路程，最后根据比较路程值的大小来确定比赛的结果。

行进特点：乌龟保持相同的速度一直向前行进，而骄傲的兔子是跑跑停停。因此，在特定情况下，乌龟跑的路程很可能会超过兔子。比赛的结果有三种情况：兔子胜、乌龟胜和两者平局。

问题有如下几个要点。

1）循环控制，以时间（分）为参考来循环累计兔子与乌龟前进的路程值，由于开始是同时跑的，所以十分钟以内兔子胜，主要是对 t>10 时的情况，每分钟循环 1 次，并计算兔子与乌龟行进的总路程。

2）乌龟与兔子行程累计。乌龟路程的累计：整个规定 t 分钟内，每过 1 分钟，乌龟路程都要累加 3 米；兔子路程的累计：整个规定 t 分钟内，兔子是否要增加路程，要根据兔子所处的状态来确定，如果兔子在休息，每分钟增加 0 米，若是在前进，每分钟增加 9 米。

3）分支判断，包括对兔子状态的判断与对兔子和乌龟的总路程大小的判断。判断兔子行进是否已经到 10 分钟，如果已经到 10 分钟，比较兔子与乌龟总路程，若兔子路程大于乌龟路程，则改变兔子状态为休息，判断兔子休息是否已经达到 30 分钟，如果已经达到 30 分钟，则改变兔子状态为前进。

程序可以定义一个整型变量 station 表示兔子的状态，初始状态值为 0，表示兔子在前进，满足给定条件需要休息时，将其值改变为 1。然后定义一个休息时间 sleep 和行进时间 run，初值均为 0，当兔子需要休息时 sleep++，只累加乌龟的行进路程，sleep 加到 30 时，重新清零，下一次休息时使用，同时将 station 重新置 0。当兔子处于前进状态时，run++，同时计算乌龟和兔子的行进路程。run 加到 10 时，比较乌龟和兔子的行进路程，决定下一步是休息还是继续前进。

程序代码如下：

```
//4_19.cpp，龟兔赛跑
#include<iostream>
using namespace std;
int main()
{
    int m=0,vg=3,vr=9,sg=0,sr=0,t,station=0,sleep=0,run=0;//station=0，兔子状态为前进
    cout<<"请输入比赛时间"<<endl;
    cin>>t;
    while(m<t)                    //m 以 1 分钟为单位累加，加到 t 循环终止
    {
      if(station==1)              //兔子状态为休息
      {
          sleep++;                //休息时间累计
          m++;                    //m 以 1 分钟为单位累加
          sg+=vg;                 //乌龟每分钟增加的行程
          if(sleep==30)           //休息达到 30 分钟
          {
              station=0;          //兔子状态改为前进
              sleep=0;            //休息时间清零，为下一次休息作准备
          }
      }
```

```
        else                        //兔子状态为前进
        {
            m++;
            run++;                  //累计兔子前进的时间
            sg+=vg;
            sr+=vr;
          if(run==10)               //兔子前进达到 10 分钟
            {
                run=0;              //前进时间清零，为下一次前进作准备
                if(sr>sg)           //如果兔子比乌龟跑得快
                {
                    station=1;      //兔子开始休息
                }
            }
        }
    }
    if(sr>sg)
        cout<<"兔子胜"<<endl;
    else if(sr<sg)
        cout<<"乌龟胜"<<endl;
    else
        cout<<"平局"<<endl;
    return 0;
}
```

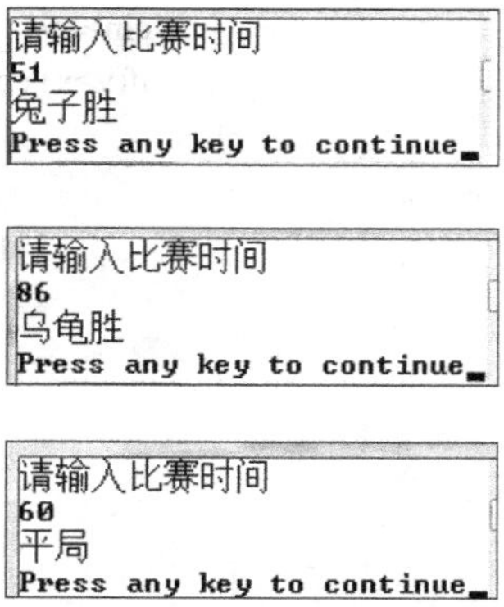
请输入比赛时间
51
兔子胜
Press any key to continue
请输入比赛时间
86
乌龟胜
Press any key to continue
请输入比赛时间
60
平局
Press any key to continue
图 4.33　例 4.19 运行结果图

程序运行结果如图 4.33 所示。

思考： 如果要打印每分钟兔子和乌龟的状态，并注明谁赢，如表 4.3 所示，程序该怎么改？

表 4.3　龟兔赛跑兔子和乌龟每分钟状态记录

第几分钟	兔子状态	输　赢	第几分钟	兔子状态	输　赢
1	前进	兔子赢	60	休息	平局
…	…	…	61	休息	乌龟赢
59	休息	兔子赢	…	…	…

4. 猜数游戏

【例 4.20】 两个小孩玩猜数游戏，一个在心里默念一个数（1～100 以内），一个猜。如果猜的偏大，则提示偏大；如果猜的过小，则提示偏小；如果猜到 n 次还猜不着，则提示本次猜数失败，换一个数再猜。最多可以猜 m 个数，如果猜数成功率能达到 60%，输出成功信息；否则，输出失败信息。

分析： 该程序用随机数产生小孩心里默念的数，通过循环不停地猜，用输入代替猜的过程。总共有 m 个数可以猜，每次可以猜 n 次，m 和 n 由键盘输入。

程序代码如下：

```
//4_20.cpp，猜数游戏
#include<iostream>
using namespace std;
```

```
int main()
{
    int m,n,i,j,x,y,right=0;//m 为猜数个数，n 为每个数最多能猜的次数
    double per;
    cout<<"请输入猜数个数 m 和每次可以猜的次数 n:";
    cin>>m>>n;
    for(i=1;i<=m;i++)
    {
        x=rand()%100;                //m 个数通过随机数函数生成
        for(j=1;j<n;j++)             //先猜 n-1 次
        {
            cout<<"请输入你要猜的数:";
            cin>>y;
            if(y>x) cout<<"猜得偏大，请重新猜"<<'\t';
        else
                    if(y<x) cout<<"猜得偏小，请重新猜"<<'\t';
                    else
                    {
                        cout<<"恭喜你，猜对了"<<endl;
                        right++;         //猜对了，要统计
                        break;           //不需要再猜了，跳出 j 循环
                    }
        }
        if(j==n)                     //前面 n-1 次都没有猜中
        {
            cout<<"还有最后一次猜的机会"<<endl;
            cout<<"请输入你要猜的数";
            cin>>y;
            if(y==x)
            {
                cout<<"恭喜你，猜对了"<<endl;
                right++;             //猜对了，要统计
            }
            else
            {
                if(i<m)              //m 个数还没有猜完
                    cout<<"很遗憾，次数到了，再猜下一个数！"<<endl;
                else                 //m 个数猜完了
                {
                    cout<<"很遗憾，最后一个数猜错了"<<endl;
                    break;           //直接跳出 i 循环，不需要跳到 i++
                }
            }
        }
    }
    per=(1.0*right)/m;               //计算成功率
    if(per<0.6)
        cout<<"你失败了"<<endl;
```

```
        else
            cout<<"你成功了，猜对了 60%以上"<<endl;
        return 0;
    }
```

程序运行结果如图 4.34 所示。

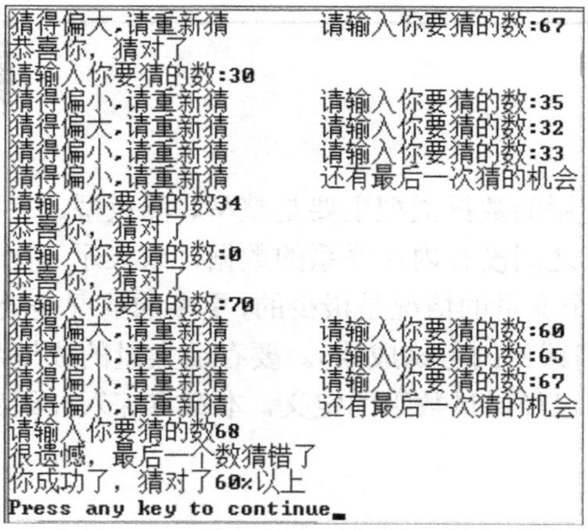

图 4.34　例 4.20 运行结果图

4.6 本章小结

本章主要介绍循环结构程序的基本思想和实现方法，重点介绍了 while 语句、for 语句、do-while 语句和三种语句之间的相互嵌套，以及用三种语句解决有规律的重复操作的问题。本章的关键在于学会分析具体问题，找出循环结构的组成要素，然后用循环语句实现。

三种循环都可以用来处理同一问题，一般情况下它们可以互相代替。while 和 do-while 循环是在 while 后面指定循环条件的，在循环体中应包含使循环趋于结束的语句（如 i++，或 i=i+1 等）。for 循环可以在表达式 3 中包含使循环趋于结束的操作，甚至可以将循环体中的操作全部放到表达式 3 中。用 while 和 do-while 循环时，循环变量初始化的操作应在 while 和 do-while 语句之前完成。而 for 语句可以在表达式 1 中实现循环变量的初始化。while 循环、for 循环和 do-while 循环，可以用 break 语句跳出循环，用 continue 结束本次循环。

通常情况下，while 语句适合描述循环次数事先不确定但已知循环结束条件的问题；for 语句通常用于编写循环次数确定的问题；do-while 语句更适合编写先处理再判断条件的问题。

4.7 习　　题

1．连续输入 n 个整数（n 由键盘输入），统计其中正数、负数和零的个数。

2．求 $n!$，n 由键盘输入。

3．将一个 3 位数反序输出。例如，输入 247 则输出 742。

4．输出所有的水仙花数，水仙花数是指一个三位数，并且这个数等于个位、十位和百位的立方和。例如，$153=1^3+5^3+3^3$。

5．使用泰勒展开式求 e^x。

$$e^x = 1 + x + \frac{x^2}{2!} + \frac{x^3}{3!} + \cdots + \frac{x^n}{n!}$$

第 5 章

数组与指针

在前面的程序设计中使用的数据类型主要是整型、浮点型、字符型等简单类型。这种类型的数据多用来表示少量相互之间没有内在联系的数据，或表示一个单独的数据项。

在实际应用中，只用几个变量的情况是极少的，更多的情况是处理大量相同类型的数据（例如，要处理 100 个学生某门课程的考试成绩）。要存放大量的成批数据就需要采用更为复杂的数据类型——数组。在前面已经讲过数组的定义，本章将深入介绍数组的知识和应用及数组与指针的关系。

5.1 一维数组

数组是由若干个同类数据顺序排列而成的集合体，属于结构类型数据，组成数组的每个数据称为该数组的元素。一个数组在计算机内存中占据一片连续的存储单元区域，数组名就是这片连续存储区域的首地址，数组元素在这片存储区域顺序连续存储，逻辑上相邻的元素在物理地址上也是相邻的。因此，数组的每个元素都可用下标变量标识和访问。数组有一维数组、二维数组及多维数组。一维数组对应数学中的向量，二维数组则可对应矩阵。数组要求先定义后使用。

5.1.1 一维数组的定义与初始化

问题的提出：本学期王明选修了 10 门课程，请编写程序帮助王明计算本学期 10 门课程的平均成绩，并显示高于或等于平均成绩的课程数和低于平均成绩的课程数。

分析：解决本问题算法思路是，先计算出 10 门课程的平均成绩，并定义两个变量 countH 和 countL 分别存储高于或等于平均成绩的课程数和低于平均成绩的课程数。然后将每门课程的成绩与平均成绩逐一比较，如果高于或等于平均成绩，countH 加 1，否则 countL 加 1。

为了计算平均成绩需要先计算总成绩，利用第 4 章的知识不难解决，关键问题是**数据的存储**，10 门课程的成绩如果只定义一个变量存储，计算出平均成绩后就无法再与各科成绩作比较。因此，需要 10 个变量存储 10 门课程的成绩，但如果继续像前面所学内容那样定义 10 个独立的简单变量，那么在计算总成绩时又无法利用循环语句来完成，利用**数组**可以很好解决这个问题。完整的程序代码如下：

```
#include<iostream>
using namespace std;
int main()
{
    int i,countH=0,countL=0;
    double   score[10], scoreSum=0, scoreAvg;
```

```
    for(i=0;i<10;i++)
    {
        cout<<"请输入第"<<i+1<<"门课程的成绩";
        cin>>score[i];        //循环输入各门课程的成绩
    }
    for(i=0;i<10;i++)
    {
    scoreSum += score[i];
    }
    scoreAvg = scoreSum /10;
    cout<<"王明所有课程的平均成绩为: "<< scoreAvg <<endl;
    for(i=0;i<10;i++)
    {
        if(score[i]>= scoreAvg)   countH++;
        else   countL++;
    }
    cout<<"王明所选课程中高于或等于平均成绩的课程数是:"<<countH<<endl;
    cout<<"王明所选课程中低于平均成绩的课程数是:"<<countL<<endl;
    return 0;
}
```

阅读上述程序，发现整个程序并不难读懂，因为整个算法处理过程并不复杂，主要使用的还是我们熟悉的循环语句和选择语句，其不同主要体现在变量的定义与使用。

1．一维数组的定义

一维数组的定义格式： **数据类型 数组名[常量表达式]；**

说明：

1）数组中元素的类型由“数据类型”指定，数据类型是 C++所有合法的数据类型，比如整型、浮点型、字符型等。

2）数组名必须符合 C++标识符的命名规则。

3）“常量表达式”确定数组元素的个数。

例如有以下定义：

```
const  int  Size=5;
int  a[10];                 //有 10 个元素的整型数组
double  b[Size];            //有 5 个元素的双精度型数组
char  str[15];              //有 15 个元素的字符型数组
char  s['a'];               //有 97 个元素的字符型数组
```

下面的数组定义是非法的：

```
int  count;
float  a[count];            //数组元素的个数不能是变量
const  float  Num=3;
int  n[Num];                //数组元素个数不能是实数
```

注意：

1）数组定义的作用是在程序运行前分配内存空间。编译程序要确定分配给数组的存储空间大小，所以类型符必须已经定义，常量表达式也必须有确定值，不能为变量名，也不能为浮点型表达式。

2）其中“[]”不能省略，用于说明该类型是数组类型。

3）数组名是一个常量，是数组元素在内存中所占连续存储空间的首地址。

2．一维数组的初始化

定义一个数组后，数组元素的值是内存的随机状态值。数组可以在定义的同时进行初始化。形式为，用“{}”列出常量值表，系统按下标顺序（存储顺序）对数组元素进行初始化。给定常数的个数不能超过数组定义的长度。如果给定常数的个数不足，则系统对其余元素初始化为0值。例如：

```
int     score[5]={88, 92, 90, 90, 78};
double  x[5]={3.4, 4.2, 7};      //5个元素的取值分别为3.4, 4.2, 7, 0, 0
int     y[5]={7};                //5个元素的取值分别为7, 0, 0, 0, 0
char    s[5]={'a', 'b'};         //5个元素的取值分别是字符'a', 'b', '\0', '\0', '\0'
```

根据上述规则如果定义“int y[5]={0};”，则5个元素的取值均为0。

对于在定义时初始化的情况，可以不指明元素个数，编译器会按照初始化值的个数确定数组元素的个数。例如：

```
int  m[ ]={1, 2, 3, 4};          //数组m有4个元素
int  mm[ ];                      //非法定义，必须指明数组元素的个数
```

3．一维数组的使用

数组元素在存储单元中是按下标的顺序连续存放，任何一个元素都可以当做一个同类型的变量单独访问。

> 访问数组元素的一般格式：
>
> **数组名[下标表达式]**
>
> 其中，下标表达式用于计算下标值，必须是值为正的整型变量、常量或结果为正的整型表达式。

例如，定义数组m[5]，其5个元素分别是m[0], m[1], m[2], m[3], m[4]。可以这样用一个通式m[i]表示，其中i的取值是0, 1, 2, 3, 4。实际应用中，为了访问数组的每个元素，必须配合循环语句使用。

【例5.1】 数组初始化测试。

```
//5_1.cpp 数组初始化测试
#include<iostream>
using namespace std;
int main()
{
      int a[5]={1,3,5,7,9};
      int b[5]={1,2,3};
      int i;
      for(i=0; i<5;i++)
```

```
			cout<<a[i]<<"      ";
		cout<<endl;
		for(i=0; i<5;i++)
			cout<<b[i]<<"      ";
		cout<<endl;
		return 0;
	}
```

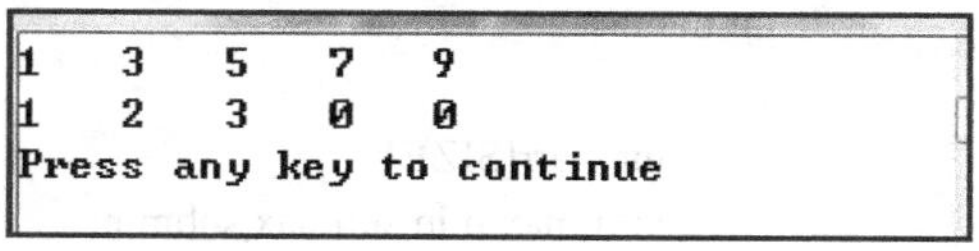
1 3 5 7 9
1 2 3 0 0
Press any key to continue

图 5.1　例 5.1 运行结果图

程序运行结果如图 5.1 所示。

强调:

1）数组是一种组合类型，它不能作为整体进行访问和处理（字符数组除外），只能逐个对元素进行访问和处理。

2）C++中数组的第一个元素的下标为 0，不是 1。

3）数组各元素在内存中是从低地址开始顺序排列的，各元素的存储单元大小相同，各元素之间没有空隙，可以通过数组起始地址计算任意一个元素存储单元的起始地址。所以，各元素可以用统一的下标变量标识——数组名[下标表达式]，其中下标表达式的取值范围是 0～数组元素个数-1。

4）C++不对数组的边界进行检测，定义数组 int a[10]，则只为 a[0]、a[1]、…、a[9]这 10 个数组元素分配了存储空间，如果访问 a[10]、a[11]…等时会越界，编译系统不会发现错误，但程序运行会出现异常。因此，数组使用过程中是否出界完全是由程序员来控制的，a[10]不能表示整个数组。

5）定义一个 10 个元素的数组就相当于定义了同类型的 10 个变量。只不过这 10 个变量在内存中时连续存放的，但如果定义 10 个单独的变量则不一定连续存放，所以这 10 个变量只能用各自的变量名访问，而没有统一的表达方式来访问。

对数组的访问指的是对数组元素的访问，给数组赋值也是给每个元素逐一赋值。下面通过例子说明数组的使用。

【例 5.2】 编程将任意 10 个 0～100 之间的整数存储在一维数组中，输出这 10 个数，然后找出最大数和最小数及其下标，任意 10 个整数由随机数生成函数 rand()产生。

分析: 解决本问题主要包含以下三个环节。

1）数组的定义与赋值

程序涉及 10 个相同类型的数据需要处理，符合数组的要求。因此，可以定义数组 int arr[10]存储这 10 个数。给数组元素赋值，这个过程可使用循环语句，关键代码是“arr[i]=表达式;”，右边“表达式”的值根据题意可以调用库函数 rand()获得。

2）数组元素的输出

用循环语句输出数组中每个元素的值，显示使用 rand()函数获得的值的情况。

3）求极值的算法思路

通过逐一比较找出最大值、最小值存放在相应的变量 max、min 中。

具体思路是：可以先假设 arr[0]是最大值、最小值，然后将 arr[1]、…、arr[9]逐一与 max 和 min 比较，如果前者大则替换 max；如果前者小则替换 min。所有比较结束后，变量 max 存放的是最大值，变量 min 存放的是最小值。

程序代码如下：

```
	//5_2.cpp 求 10 个 0 ~ 100 之间随机数中的最大数和最小数及下标。
	#include <iostream>
```

```
#include<cstdlib>
using namespace std;
const   int SIZE=10;
int main()
{
        int   arr[SIZE];
        int i,max,min,submax,submin;         //max 用于存储最大数，min 用于存储最小数
        for (i=0; i<SIZE; i++)
              arr[i]=rand()%101;             // rand()%101 得到 0 ~ 100 之间的随机整数
        cout<<"以下是 "<<SIZE<<" 个随机数:"<<endl;
        for (i=0; i<SIZE; i++)
              cout<<arr[i]<<' ';
        cout<<endl;
        max=min=arr[0];                  //开始时假定最大数和最小数均为数组的第 0 个元素
        submax=submin=0;                 //开始时假定最大数和最小数的下标均为 0
        for (i=0; i<SIZE; i++)
        {
              if(arr[i]>max)
                 {        max=arr[i];     submax=i; }
              if(arr[i]<min)
                 {        min =arr[i];    submin=i; }
        }
        cout<<"最大数是:"<<max<<","<<"下标是:  "<<submax<<endl;
        cout<<"最小数是:"<<min<<", "<<"下标是:  "<<submin<<endl;
        return 0;
}
```

程序运行结果如图 5.2 所示。

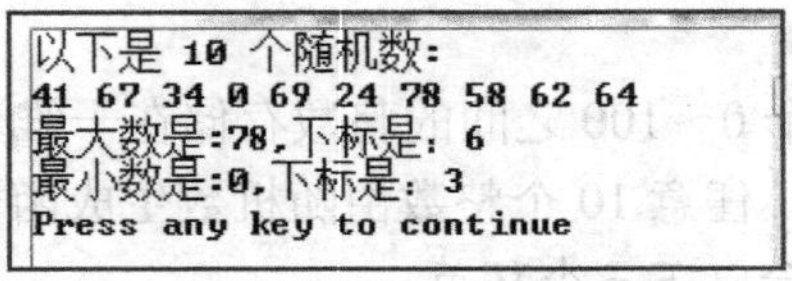
以下是 10 个随机数:
41 67 34 0 69 24 78 58 62 64
最大数是:78,下标是: 6
最小数是:0,下标是: 3
Press any key to continue

图 5.2 例 5.2 运行结果图

提示:

本程序中使用的随机数产生函数 rand()可产生 0～32767 之间的任意整数，且每个数出现的概率是相等的。由此可见，随机数产生函数所产生的数值区间与特定应用中所要求的数值区间有可能不同。本题所需要的仅仅是 0～100 之间的随机数，此时往往采用求模运算符%和随机数产生函数相结合的方法实现。

每次执行程序时，虽然可以产生 10 个随机数，但结果总是相同的。这主要是因为函数 rand()产生的实际上是一种伪随机数，只要产生随机数的随机数种子固定，则 rand()函数所产生的这组数值序列就是重复的。要解决这个问题，可以使用语句 srand(time(0))来为 rand()提供一个随机数种子。srand()函数的用法可参见附录。

5.1.2 一维数组的应用

【例 5.3】 判断一个整数是否为回文数。所谓回文数是指左右对称的序列，如 121,353 等

就是回文数。

分析： 定义一个变量存储要判断的数，可以定义为 int 或 long，如 121，该数倒序得到的数也是 121，只要将它们比较就知道 121 是回文数，所以还需定义一个变量存放倒序数。在此过程中需解决的问题主要包括以下四个方面。

1）拆数。为了得到倒序数，需要将原数据各位剥离，分别得到 1,2,1，可以考虑用循环求余和取整的方法得到。

2）保存数据。怎样存储剥离开来的各位数字？由于原数据由多位组成，所以，需要多个相同类型的变量来存储，而具体个数又不确定。因此，可以考虑使用整型数组 digit[10]来存储剥离的各位数字，实际定义时可“大开小用”，用可能的最大位数作为数组元素的个数。

3）组合成新数。将存储在数组 digit[10]中的各位数值重新组合形成倒序数，其中 digit[0]中存储的是新数的最高位。

4）比较原数和新数，并得出结论。

完整程序代码如下：

```
//5_3.cpp,判断回文数
#include <iostream>
using namespace std;
int main()
{
    int digit[10];                    //定义 int 数组用于存储原数据的各位数字
    int   num, reverseNum=0;
    int i=0,j,n;
    cout<<"请输入判断的数值：";
    cin>>num;
    n=num;                            //循环会改变原数据，所以将其先保存一份
    do
    {
        digit[i]=n%10;                //原数据各位数字剥离，先剥离的是个位存储在 digit[0]中
        n/=10;
        i++;
    }while(n>0);
    for(j=0; j<i; j++)
        reverseNum=reverseNum*10+digit[j];        //反向组合形成倒序数
    if(num==reverseNum)
        cout<<num<<"是回文数!"<<endl;
    else
        cout<<num<<"不是回文数!"<<endl;
    return 0;
}
```

程序运行结果如图 5.3 所示。

```
请输入判断的数值：12345
12345不是回文数!
Press any key to continue
```

```
请输入判断的数值：51615
51615是回文数!
Press any key to continue
```

图 5.3　例 5.3 运行结果图

强调： 通过本例要求大家掌握将一个整型数据 n 各位数字剥离的方法。使用循环反复做

digit[i]=n%10;n/=10; 直到 n=0 为止。这个过程是典型的先计算后判断，符合 do-while 循环的特点，所以程序中使用 do-while 循环。另外，还需注意的是，由于事先不知要判断整数的位数，定义数组时元素个数无法确定，本程序中采用了“大开小用”的方法，定义数组 digit[10]，这样程序中要判断的整数位数不能超过 10，而且在 digit[0]中存储的是原数据的个位，重新组合时必须是最高位。

【例 5.4】 编写程序，输入一个日期，计算该日期是该年的第几天。

分析：假如输入的日期是 2013/6/28，我们需要将 1～5 月的天数 31,28/29,31,30,31 累加求和。那么本题的关键是：

1）是否为闰年？因为如果是闰年则被加的第二个数是 29。这个问题在第 3 章已解决。

2）如何将这 5 个数累加求和。

累加求和用循环控制结构不难实现。主要问题是输入的日期数据及每月的天数的存储。

C++中没有日期数据类型，我们可以考虑将日期的年、月、日分别用整型类型变量存储；因为数组的使用离不开循环，而本例的求和首先也会考虑到循环的运用，并且每月的天数最多有 12 个整数，数据类型相同，所以可以考虑用包含 12 个元素的整型数组来存储 1 年中每月的天数。如 monthDay[12]={31,28,31,30,31,30,31,31,30,31,30,31}，如果该年是闰年则 monthDay[1]=29。

剩下的问题就是累加求和，如果输入的月份不一样，累加求和的次数就不相同，所以可以使用表示月份的变量控制循环的次数。

程序代码如下，程序运行结果如图 5.4 所示。

```
//5_4.cpp,计算某一天是一年中的第几天
#include <iostream>
using namespace std;
int main()
{
    int year,month ,day;
    int monthDay[12]={31,28,31,30,31,30,31,31,30,31,30,31},daySum=0;
    cout<<"请输入待计算的年月日："<<endl;
    cin>>year;
    cin>>month;
    cin>>day;
    if(year%4==0&&year%100!=0||year%400==0)
        monthDay[1]=29;
    for(int i=0;i<month-1;i++)
        daySum=daySum+monthDay[i];
    daySum=daySum+day;
    cout<<year<<"年"<<month<<"月"<<day<<"日是"
                        <<year<<"年的第"<<daySum<<"天"<<endl;
    return 0;
}
```

```
请输入待计算的年月日：
2014 10 1
2014年10月1日是2014年的第274天
Press any key to continue
```

图 5.4　例 5.4 运行结果图

强调：由于在 C++中没有提供日期数据类型，本程序是分别使用三个整型变量 year、month、day 分别存储年、月、日三个数值以此来达到处理日期数据的目的。由于数组的下标是从 0 开始的，所以实际上 1 月的天数是存储在 monthDay[0]中的，为了使其保持一致，实际定义数组时可以定义 monthDay[13]={0,31,28,31,30,31,30,31,31,30,31,30,31}。

思考： 若题目改为先判断输入的日期是否合法，再计算合法日期是当年的第几天，该如何处理？

5.2　字符数组与字符串

字符是计算机程序经常处理的数据。字符在计算机中一般以 ASCII 的形式存放，每个字符占 1 字节。对于一个语言系统，字符串是指若干有效字符的序列。C++的“有效字符”是在第 1 章中介绍的字符集。字符串常量由双引号相括的字符序列组成。例如：

"china"， "student"， "x+y=100"，"李明"，" "，""

这些都是合法的字符串，在实际应用中需要特别注意的是每个字符串都在末尾添加'\0'作为结尾标记，转义符'\0'是 ASCII 值为 0 的字符。所以，每个字符串常量在内存中所占用的字节数是它的有效字符的个数加 1。以空格组成的字符串不是空串，因为**空格也是字符，与字符 a、b、c 等一样**，其 ASCII 码值为 32。

1．字符数组的初始化

```
char   name1[4]={'h','u','s','t'};
char   name2[5]={'h','u','s','t', '\0'};
char   name3[ ]="hust";
```

说明：

name1 只是字符数组，不能算作字符串，因为没有以'\0'结尾。字符数组 name2 和 name3 完全等价，可以当做字符串，但 name3 的定义更简单。所以说字符串可以用字符数组来存储，但并不是所有的字符数组都能表示字符串。

下面通过完整的程序来说明。

【例 5.5】 编写程序，要求在屏幕上输出“hust”。

分析： 在程序中需要定义一个变量来存储“hust”这样的字符串，那么在现有的数据类型中显然只有字符数组可以解决这类问题。当然在处理字符数组时可以类似其他类型数组一样用循环来处理。

程序代码如下，程序运行结果如图 5.5 所示。

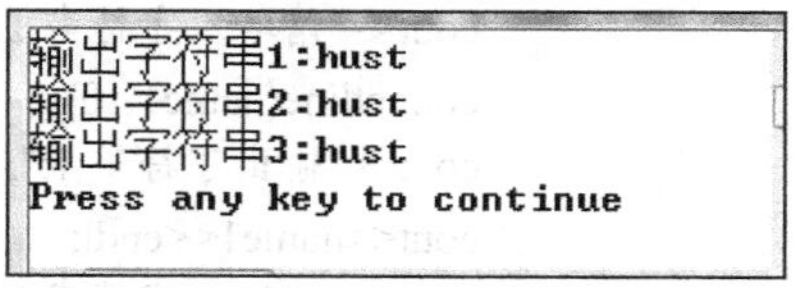
输出字符串1:hust
输出字符串2:hust
输出字符串3:hust
Press any key to continue

图 5.5　例 5.5 运行结果图

```
//5_5.cpp,输出"hust"
#include <iostream>
using namespace std;
int main()
{
    char   name1[4]={'h','u','s','t'};   //也可以用循环语句 cin>>name[i]逐个输入字符。
    char   name2[5]={'h','u','s','t', '\0'};
    char   name3[ ]="hust";
    int i;
    cout<<"输出字符串 1:";
    for(i=0;i<4;i++)
        cout<<name1[i];
    cout<<endl;
```

```
        cout<<"输出字符串 2:";
        cout<<name2<<endl;
        cout<<"输出字符串 3:";
        cout<<name3<<endl;
        return 0;
    }
```

思考:

在例 5.5 中虽然三个字符数组输出结果一样，但我们仍需注意它们输出方式上的差别。对于字符数组 name1 的处理与数值型数组没有差异，且只能用循环逐一输出每个字符元素，达到输出整个字符序列的目的，而不能使用语句“cout<<name1;”输出。因为结尾没有'\0'，没有构成 C++的字符串，不能当做一个字符串变量整体输出。

数组 name2 初始化赋值时，在末尾放置一个'\0'字符，便构成了 C++字符串，这样在处理时便可以把数组名当做字符串变量，通过操作数组名来处理。

数组 name3 与 name2 完全等价，只是初始化时直接用字符串常量赋值，更简单直接，也是推荐使用的方式。

2. 字符数组的输入

如果程序中声明字符数组时没有初始化，则可以使用语句“cin>>字符数组名;”或系统提供的库函数 **getline(char [] ,int)**给字符数组赋值。但需要注意两者之间的区别：前者输入的字符串中不能含有空格，因为 cin 语句遇到空格表示当前的输入结束；而 getline()函数能正常接收空格字符。具体使用参考如下程序。

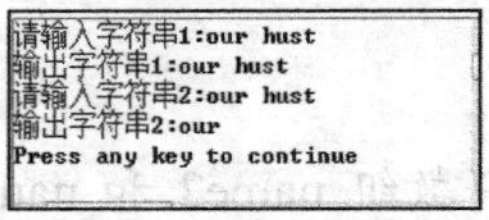

图 5.6 例 5.6 程序运行结果图

【例 5.6】 编写程序，要求能根据实际需要输入和输出字符串，程序运行结果如图 5.6 所示。

```
//5_6.cpp,输入输出字符串
#include <iostream>
using namespace std;
int main()
{
    char   name1[10 ],  name2[10];
    cout<<"请输入字符串 1:";
    cin.getline(name1,10);
    cout<<"输出字符串 1:";
    cout<<name1<<endl;
    cout<<"请输入字符串 2:";
    cin>>name2;
    cout<<"输出字符串 2:";
    cout<<name2<<endl;
    return 0;
}
```

字符串整体输入和输出时，需注意:

1）输出字符不包括'\0';

2）输入时直接使用数组名作为输入对象;

3）输出字符串时，输出项是字符数组名，输出时遇到'\0'结束；如果字符数组中不是以'\0'结尾，则程序运行会出现异常，但编译不报语法错误;

4）字符串中若含有空格，只能使用系统提供的函数 cin.getline()给字符数组赋值。

cin.getline (字符数组名,接收字符的最多数目)以回车作为结束，在此之前输入的所有字符都会放入字符数组中。

【例 5.7】 字符串的连接，程序运行结果如图 5.7 所示。

```
//5_7 字符串的连接
#include <iostream>
using namespace std;
int main()
{
    char   rstr1[10 ],rstr2[10],dstr[20];
    int i, j;
    cout<<"请输入字符串 1:";
    cin.getline(rstr1,10);
    cout<<"输出字符串 1:"<<rstr1<<endl;
    cout<<"请输入字符串 2:";
    cin>>rstr2;
    cout<<"输出字符串 2:"<<rstr2<<endl;
    for(i=0; rstr1[i]!='\0'; i++)   //循环条件可以写成 rstr1[i]!=0; 或 rstr[i]
        dstr[i]=rstr1[i];
    for(j=0; rstr2[j]!='\0'; j++)
    {
        dstr[i]=rstr2[j];
        i++ ;
    }
    dstr[i]='\0';                   //此语句必须在循环体外
    cout<<"输出连接之后的字符串:"<<dstr<<endl;
    return 0;
}
```

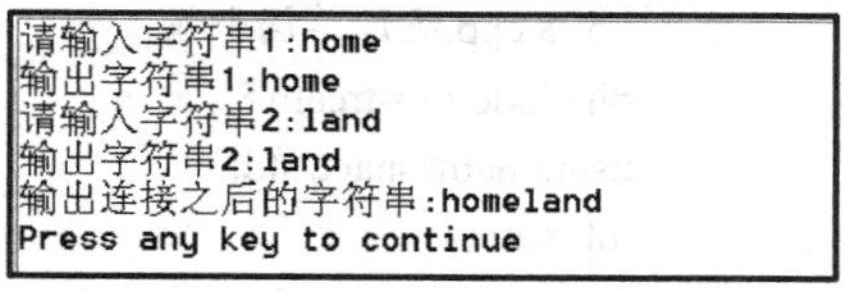
请输入字符串1:home
输出字符串1:home
请输入字符串2:land
输出字符串2:land
输出连接之后的字符串:homeland
Press any key to continue

图 5.7　例 5.7 程序运行结果图

注意:

1）字符数组的赋值不能使用语句“dstr=rstr1;”整体处理，而是利用循环语句对字符数组的元素逐一赋值，而且使用的循环控制条件不是 i<10，而是 rstr1[i]!= '\0' 。因为，定义字符数组时虽然是 10 个元素，但实际输入字符时可能小于 10，而实际赋值时只需将已输入的有效字符赋值，所以，循环控制条件应该是实际输入字符的结束。

2）因为赋值时原串的'\0'并没有赋值给目标串，所以循环结束后一定要加上语句“dstr[i]='\0';”，否则程序运行会出现异常，得到不正确结果。

对字符串进行处理，可以使用系统的字符串处理函数 strcat（字符串连接）、strcpy（字符串复制）、strcmp（字符串比较）、strlen（求字符串长度）、strlwr（转换为小写）、strupr（转换为大写）。使用这些函数之前，首先要将头文件 cstring 包含到源程序中。这些函数的详细说明，可以查阅附录。

【例 5.8】 输入一行字符，统计其中有多少个单词。（单词间以空格分隔，例如，输入"I am a student"，有 4 个单词。）

分析: 单词的数目由空格出现的次数决定，但连续出现的空格记为出现一次；一行开头的空格不算。因此，应逐个检测每一个字符是否为空格。但单词数是否加 1，必须判断前后两个字符。判断每一字符时，通过状态变量（word）记录是否空格，那么在判断下一字符时，可通过状态变量的值知道前一字符的情况。

如用 num 表示单词数（初值为 0）。word=0 表示前一字符为空格，word=1 表示前一字符不是空格，word 初值为 0。如果前一字符是空格，当前字符不是空格，说明出现新单词，num 加 1。

```
请输入待统计字符串：I am a student
单词数为：4
Press any key to continue
```

图 5.8　例 5.8 运行结果图

程序代码如下，程序运行结果如图 5.8 所示。

```
//5_8.cpp,统计单词个数
#include <iostream>
using namespace std;
int main()
{
    char string[100];
    int i,num=0, word=0;
    cout<<"请输入待统计字符串：";
    cin.getline(string,100);
    for(i=0; string[i]!='\0'; i++)
        if(string[i]==' ')    word=0;
        else  if(word==0)
            {
                word=1;
                num++;
            }
    cout<<"单词数为："<<num<<endl;
    return 0;
}
```

提示：

本程序的难点是，单词间可能存在多个空格，因此不能简单的判断每个字符是否为空格而决定 num++。本例的处理技巧是状态变量 word 的使用，通过状态变量 word 的值判断前一字符是否为空格。

另外，需要注意处理字符数组时循环条件的控制。因为，字符数组定义的长度虽然是 100，但实际输入的字符数是 100 以内的任意字符，所以循环次数按实际字符数决定，控制条件是 string[i] !='\0'。

5.3 二维数组

前面已经用一维数组解决了 10 门课程平均成绩的计算问题，现在把这个问题进一步深化。实际上需要完成这种计算的学生不止一人，而该程序只能保存一个学生的成绩。现在要求程序能保存所有学生的 10 门课程成绩。假设某小组有 5 人，则一共有 50 个数据需要存储。那么这个问题又如何处理呢？数据如表 5.1 所示。

表 5.1　所有学生的 10 门课程成绩

	课程 1	课程 2	课程 3	课程 4	课程 5	课程 6	课程 7	课程 8	课程 9	课程 10
学生 1	89	88	88	97	98	96	95	90	98	96
学生 2	97	89	90	98	96	95	98	91	94	97
学生 3	96	90	96	97	86	94	88	93	96	95
学生 4	94	96	97	95	89	95	96	98	95	98
学生 5	93	97	98	97	98	96	95	94	91	90

分析： 因为每位同学的计算方法都一样，所以只需将 1 名同学平均成绩及高于或等于平均成绩的课程数、低于平均成绩的课程数重复计算 5 次即可。关键问题是用合适的方式存储 5 位同学所选 10 门课程的成绩，在此二维数组的特征正好符合要求。

完整程序代码如下：

```
#include<iostream>
using namespace std;
const N=10,M=5;                              //假定有 5 人，每人选修 10 门课程
int main()
{
    int i, j;
    double  score[M][N],  scoreSum[M], scoreAvg[M], countH[M], countL[M]  ;
    int max, min;
    for(j=0;j<M;j++)
    {
        cout<<"输入第"<<j+1<<"个学生的成绩"<<endl;
        for(i=0;i<N;i++)
        {
            cout<<"请输入第"<<i+1<<"门课程的成绩:";
            cin>>score[j][i];         //循环输入每门课程的成绩
        }
    }
    for(j=0;j<M;j++)
    {
        scoreSum[j]=0 ;  countH[j]=0;  countL[j]=0 ;
        for(i=0;i<N;i++)
        {
        scoreSum[j] += score[j][i];
        }
        scoreAvg[j]=scoreSum[j] /N;
        for (i=0;i<N; i++)
        if(score [j][i]>= scoreAvg[j])    countH[j]++;
        else  countL[j]++;
        cout<<"第"<<j+1<<"个学生的平均成绩"<< scoreAvg[j] <<endl;
        cout<<"第"<<j+1<<"个学生高于平均成绩的课程数: "<< countH[j]<<endl;
        cout<<"第"<<j+1<<"个学生低于平均成绩的课程数: "<< countL[j]<<endl;
    }
    return 0;
}
```

归纳： 阅读上述程序我们不难发现，这里主要是把前面一维数组处理问题的过程再加了一层循环“for(j=0;j<M;j++)”，构成二重循环。而且由于每位同学都有平均成绩、高于或等于平均成绩的课程数、低于平均成绩的课程数需要存储，因此分别定义了 scoreAvg[M], countH[M], countL[M]三个一维数组用于保存。

5.3.1 二维数组的定义与初始化

1. 二维数组的声明格式

> **数据类型　数组名[常量表达式 1] [常量表达式 2] ；**
>
> **说明：**
>
> 其中“常量表达式 1”指定数组第一维的长度；“常量表达式 2”指定数组第二维的长度，即每行的元素个数。

二维数组有两个下标表达式，对应于数学的矩阵，第一维是行，第二维是列。例如，通常可以用二维数组来存储矩阵。如“int matrix[3][4] ;”定义一个 3 行 4 列的整型数组，一共 12 个元素，用于存储下列矩阵。

$$\begin{pmatrix} 1 & 3 & 5 & 7 \\ 2 & 4 & 6 & 8 \\ 3 & 5 & 7 & 9 \end{pmatrix}$$

数组 matrix 可看作是有 3 个元素的一维整型数组：matrix [0], matrix [1], matrix [2]；每个元素都是长度为 4 的一维整型数组，其数组名分别是 matrix [0], matrix [1], matrix [2]。

C++的高维数组在内存中以高维优先的方式存放。例如，上述数组 matrix 的存放次序是：matrix[0][0], matrix[0][1], matrix[0][2], matrix[0][3], matrix[1][0], matrix[1][1] , … , matrix [2][2], matrix [2][3]。具体情况如图 5.9 所示。了解二维数组的存储方式很重要，它是操作 C++数组的关键。这样有了确定关系后，可以算出二维数组的任意元素在内存中的位置。假设有数组 matrix[m][n]，每个元素占内存 *b* 个字节，则元素 matrix[i][j]的首地址为数组 matrix 的首地址+(i*n+j) *b。

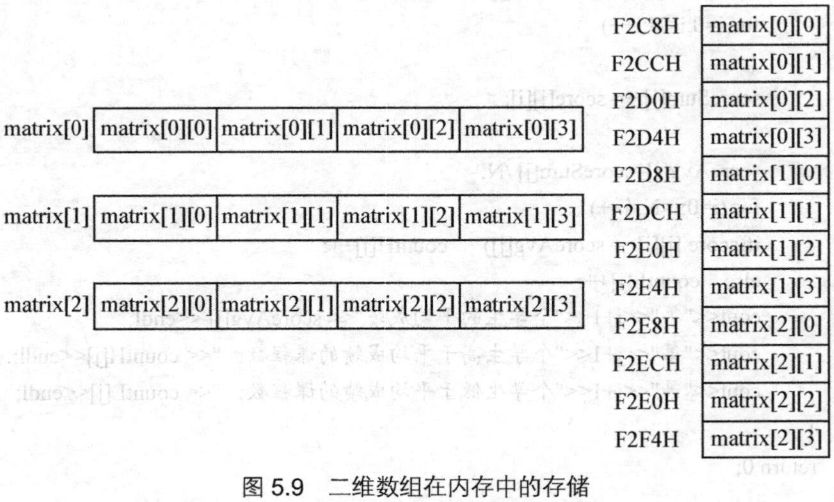

图 5.9　二维数组在内存中的存储

为了存储 20 个学生的姓名，可以定义二维字符数组：

```
char　name[20][11];　//20 行 11 列的字符数组 name,一共 220 个元素
```

数组 name 可以看作是有 20 个元素的一维字符数组，name[0],name[1],…,name[19]，每个一维字符数组可以存储 11 个字符，按照前面字符数组的讲解，我们可以将 name 当成是 20 个字符串，用于存储 20 个学生的姓名。

2. 二维字符数组的初始化

对于二维数组，其初始化可以嵌套一维数组初始化进行：

```
int matrix[3][6] ={{1,3,5,7,9,11},{2,4,6,8,10,12},{3,5,7,9,11,13}};
```

该方法嵌套的第 1 个“{}”内的数据依次赋给数组 matrix 的第 1 行 matrix[0]，第 2 个“{}”内的数据依次赋给数组 matrix 的第 2 行 matrix[1]，以此类推。

也可以按数组元素存储次序列出各元素的值，并只用一个“{}”括起来，如：

```
int matrix[3][6] ={1,3,5,7,9,11,2,4,6,8,10,12,3,5,7,9,11,13};
```

这样做的效果完全等价。

还可以只对部分元素赋初值，没有明确初值的元素清 0，如：

```
int matrix[3][6] ={{1,3},{2,4},{3,5,7}};
```

最后还可由初始化数据来确定数组的最高维，如：

```
int matrix[ ][6] ={{1,3},{2,4},{3,5,7}};   //只能省略最高维，此处省略的是 3
```

5.3.2 二维数组的访问

与一维数组一样，二维数组的访问可以用下标方式表示。

> 二维数组元素带有两个下标表达式，其格式为：
> **数组名[表达式 1][表达式 2];**

例如，定义了二维数组 int matrix[3][4]，其元素可以用通式 matrix[i][j]表示，其中 i 可以取值 0,1,2；j 可以取值 0,1,2,3；为了访问数组的每一个元素，通常需配合使用二重循环。

【例 5.9】 输入和输出二维数组，程序运行结果如图 5.10 所示。

```
//5_9.cpp,输入和输出二维数组
#include <iostream>
#include<iomanip>
using namespace std;
int main()
{
    int   matrix[3][4];
    int   i, j;
    cout<<"请输入二维数组各元素:\n";
    for (i=0;i<3;i++)
        for (j=0;j<4;j++)
            cin>>matrix[i][j];
    cout<<"输出二维数组各元素:\n" ;              //给二维数组各元素赋值
    for (i=0;i<3;i++)
    {
        for (j=0;j<4;j++)                      //此处必须加"{"括号
            cout<<setw(5)<<matrix[i][j];       //输出二维数组各元素
        cout<<endl;
    }
    return   0;
}
```

```
请输入二维数组各元素:
1 2 3 4 5 6 7 8 9 10 11 12
输出二维数组各元素:
    1    2    3    4
    5    6    7    8
    9   10   11   12
Press any key to continue_
```

图 5.10　例 5.9 运行结果图

【例 5.10】 编程输入并显示 5 名学生的姓名，每个学生的姓名不超过 10 个字符。

```
//5_7.cpp,输入和显示学生姓名
#include <iostream>
using namespace std;
int main()
{
    char   name[5][11];
    int i ;
    cout<<"请输入各学生姓名:\n";
    for (i=0; i<5; i++)
        cin.getline(name[i], 11);   //name[i]是一维字符数
                                      组的数组名。
    cout<<endl;
    cout<<"输出各学生姓名:\n";
    for (i=0; i<5; i++)
        cout<<name[i]<<endl;
    return 0;
}
```

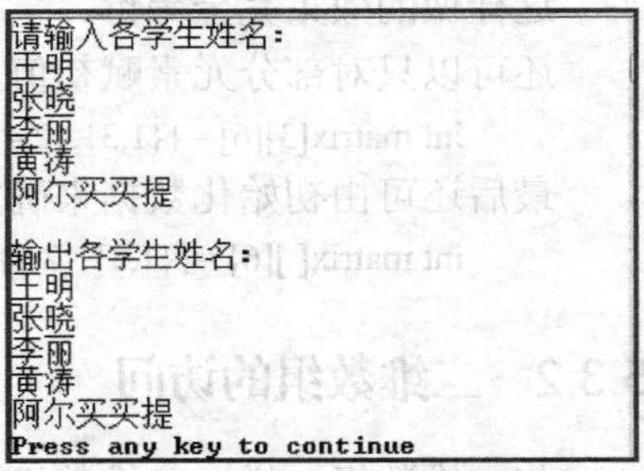

图 5.11　例 5.10 运行结果图

程序执行结果如图 5.11 所示。

注意：阅读程序例 5.9、例 5.10，两程序中都是定义二维数组，但例 5.9 中使用二重循环访问二维数组的元素；而例 5.10 中使用的是一重循环。注意两者的联系及区别，掌握数值型数组和字符型数组的区别。

5.3.3　二维数组的应用

【例 5.11】 矩阵运算：矩阵转置和矩阵相乘。

分析：二维数组有两个下标行和列，刚好与矩阵的行、列对应，所谓矩阵的转置就是将矩阵的行和列互换。如二维数组 matrix1[3][6]，则其转置矩阵应是 6 行 3 列，可以定义数组 reversematrix[6][3]存储，关键赋值语句是 reversematrix[i][j]= matrix1[j][i]。

两矩阵相乘的规则是：假设 $\boldsymbol{A}$、$\boldsymbol{B}$ 分别是 $m\times p$ 和 $p\times n$ 的矩阵，则 $\boldsymbol{C}=\boldsymbol{A}\times\boldsymbol{B}$ 是 $m\times n$ 的矩阵。矩阵乘法的定义有：

$$\boldsymbol{C}_{ij}=\sum_{k=1}^{p}(\boldsymbol{A}_{ik}\times\boldsymbol{B}_{kj})\qquad(i=1,2,3,\cdots,m;\ j=1,2,3,\cdots,n)$$

完整程序代码如下：

```
//5_11.cpp,矩阵转置和矩阵相乘
#include <iostream>
#include<iomanip>
using namespace std;
int main()
{
    int   matrix1[3][6]={8,10,12,23,1,3,5,7,9,2,4,6,34,45,56,2,4,6};
    int   matrix2[3][4]={3,2,1,0,-1,-2,9,8,7,6,5,4};
    int   reversematrix[6][3], mulmatrix[6][4];
    int   i, j, k;
    for (i=0;i<3;i++)
```

```
        for (j=0;j<6;j++)
            reversematrix[j][i]= matrix1[i][j];
    for (i=0;i<6;i++)
    {
    for (j=0;j<4;j++)
    {
        mulmatrix[i][j]=0;
        for(k=0;k<3;k++)
        mulmatrix[i][j]+= reversematrix[i][k]* matrix2[k][j];
    }
    }
    cout<<"转置矩阵为：\n" ;
    for (i=0;i<6;i++)
    {
    for (j=0;j<3;j++)
        cout<<setw(5)<< reversematrix[i][j];
    cout<<endl;
    }
    cout<<"矩阵相乘的结果矩阵为：\n" ;
    for (i=0;i<6;i++)
    {
        for (j=0;j<4;j++)
        cout<<setw(5)<<mulmatrix[i][j];
        cout<<endl;
    }
    return   0;
}
```

```
转置矩阵为：
    8    5   34
   10    7   45
   12    9   56
   23    2    2
    1    4    4
    3    6    6
矩阵相乘的结果矩阵为：
  257  210  223  176
  338  276  298  236
  419  342  373  296
   81   54   51   24
   27   18   57   48
   45   30   87   72
Press any key to continue
```

图 5.12　例 5.11 运行结果图

程序运行结果如图 5.12 所示。

【例 5.12】 要求测量一个湖泊的面积和平均水深，湖泊的水面是不规则的，并且湖中各处的水深也不一样。

分析： 如图 5.13 所示，由于湖面本身是不规则形状，这给测量面积带来了难度，而且湖面的水深也不一样，因此测量只能得到一个近似值。

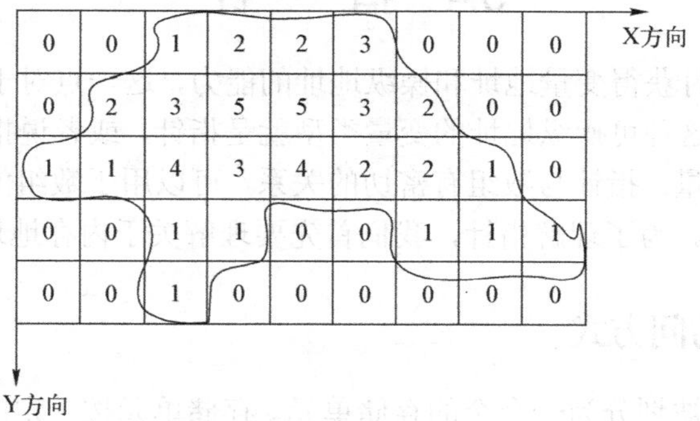

图 5.13　湖泊各处水深描述

一个可行方法是给湖面打上格子，测量每个格子处水深，这样就从整体上描述湖深的情况。图中的 0 表示岸，1,2,3,4,5 表示水深，单位为米，每一格的大小为 5m × 5m。如果要计算湖泊的水面面积，只需要对二维数组的每个元素进行判断，元素值为 0 者是岸，不是湖面，计算数

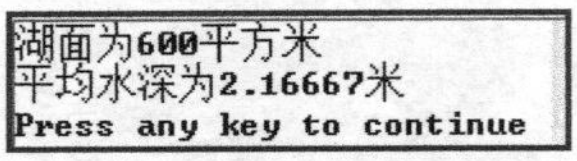
湖面为600平方米
平均水深为2.16667米
Press any key to continue

图 5.14　例 5.12 运行结果图

组中元素值非 0 的元素个数，再乘以每格的面积，即为湖面的面积。计算平均水深只需将非 0 元素值累加到一起，再除以湖面格子数。

完整程序代码如下，程序运行结果如图 5.14 所示。

```
//5_12.cpp,测量一个湖泊的面积和平均水深
#include <iostream>
#include<iomanip>
using namespace std;
int main()
{
    int lake[5][9]={{0,0,1,2,2,3,0,0,0},{0,2,3,5,5,3,2,0,0},
    {1,1,4,3,4,2,2,1,0 },{0,0,1,1,0,0,1,1,1 },{0,0,1,0,0,0,0,0,0 }};
    double depthLake=0.0;
    int sum=0;
    double areaLake=0;
    int i,j;
    for(i=0;i<5;i++)
        for(j=0;j<9;j++)
        if(lake[i][j]!=0)
            {
                sum=sum+1;
                depthLake = depthLake +lake[i][j] ;
            }
    areaLake=sum*25;
    depthLake =depthLake/sum ;
    cout<<"湖面为"<<areaLake<<"平方米"<<endl;
    cout<<"平均水深为"<< depthLake <<"米"<<endl;
    return 0;
}
```

提示： 本例主要目的是提供将一个难以计算的问题通过建模转换为容易被计算机处理的数学问题的过程方法。在利用计算机编程解决问题的过程中必须学会掌握这种方式方法。

5.4 指　针

C++语言具有运行时获得变量地址和操纵地址的能力，这一点对于有关计算机底层的程序设计员是非常重要的，这种可操纵地址的变量类型就是指针，或者说指针变量是专门用来存储内存空间地址的一种变量。指针与数组有密切的关系，可以用于数组的访问。同时动态内存分配和管理也离不开指针。为了理解指针，我们首先要理解关于内存地址的概念。

5.4.1　内存空间的访问方式

计算机的内存储器被划分为一个个的存储单元。存储单元按一定的规则编号，这个编号就是存储单元的地址。地址编码的最基本单位是字节，每个字节由 8 个二进制位组成，计算机就是通过这种地址编码的方式来管理内存数据读写的准确定位的。图 5.15 是内存结构的简化示意图。

在 C++程序中可以通过两种方式访问内存：一是通过变量名，二是通过地址。程序中定义变量其实质就是申请分配内存空间，例如 int 型占 4 个字节。在内存变量获得内存空间的同时，变量名也就成为了相应内存空间的名称，可以用这个名字访问该内存空间，表现在程序语句中就是通过变量名存取变量内容。如果通过地址访问内存，就需要一种变量能够存储内存空间的地址值，这种变量就是指针。毫无疑问前面一直使用的是第一种方式，本节主要介绍使用第二种方式访问内存。

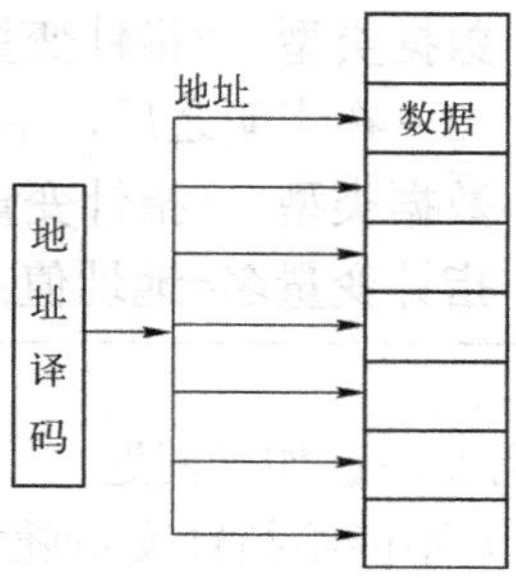

图 5.15　内存结构的简化示意图

因为有时使用变量名不够方便或根本没有变量名可用，这时就需要直接使用地址来访问内存单元。例如，不同函数之间传递大量数据时（第 6 章介绍），如果采用传递变量的地址会方便得多。如果是动态分配的内存单元（第 5.5 节介绍），则根本没有变量名，这时只能通过地址访问。

在 C++中内存的地址是一个十六进制整数，为了保存这种十六进制形式的地址值，必须使用指针变量。

5.4.2　指针变量的声明与运算

指针也是一种数据类型，具有指针类型的变量称为指针变量。指针变量用于存放内存单元地址，指针变量同样需要先声明后使用。

1. 指针类型变量的声明格式

```
数据类型  *指针变量名;
```

说明：

1）“*” 为指针类型说明符，不是指针变量的一部分。

2）“指针变量名” 是标识指针变量的名称，命名规则与一般变量一样。

3）“数据类型” 不是指针自身的类型，而是指针变量的关联类型，即指针变量所指变量的类型，可以是 int、char 等任何类型。

不管指针变量所指变量是什么类型，指针本身都是一样的（即一个十六进制整数）。关联类型的作用是控制和解释所指向的变量的访问。如果一个指针变量关联类型为 int，则通过指针变量访问对象时，读取从指针指示的位置开始的连续 4 个字节，并按整型数据解释。

2. 指针类型变量的赋值

声明了一个指针变量，只是得到了一个用于存储地址的指针变量，但是变量中并没有确定的值，其中的地址值是一个随机数，也就是说不知道这时的指针变量中存放的是哪个内存单元的地址。这时指针所指的内存单元中可能存放着重要的数据或程序代码，如果盲目去访问，可能会破坏数据或造成系统故障。因此，指针声明之后必须先赋值，然后才可以引用。

与其他类型的变量一样，对指针赋值也有两种方法：

（1）在声明指针的同时进行初始化赋值，格式为：

数据类型　*指针变量名=地址值;

（2）在声明之后，单独使用赋值语句赋值，格式为：

数据类型　*指针变量名;

指针变量名=地址值;

需要注意如下问题。

1）不能给指针变量随意赋一个地址值，只能取一个已经分配了内存空间的变量的地址赋给指针变量。而且该变量的类型必须与指针的关联类型一致。

2）也可以使用一个已赋值的指针变量去初始化另一个指针变量，也就是说，可以使多个指针指向同一个变量。

3）数组的起始地址表示数组的名称，所以，数组名可以直接赋给同类型的指针变量。

4）0 是唯一一个特殊的可以赋给指针变量的整型数。

例如：

```
int   a[10];                           //声明 int 数组
int   * i_pointer1=a;                  //声明 int 型指针并初始化为数组的首地址
double   b;                            //声明 double 型变量
double   *i_pointer2=&b;               //声明并初始化 double 型指针
double   *i_pointer3= i_pointer2;      //将已赋值的指针赋给同类型的另一指针
```

指针 i_pointer2 和 i_pointer3 与所指对象的关系如图 5.16 所示。

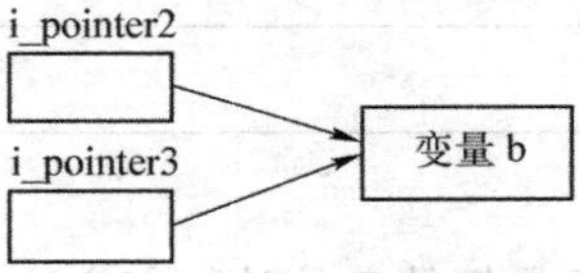

图 5.16　指针与所指对象的关系

```
char ch;
char   * cpointer1=&ch;
char   * cpointer2="hust";   //将字符串常量"hust"的首地址初始化给 cpointer2
```

任何类型的指针都可以赋以 0 值（NULL），称为空指针，表示当前指针不指向任何变量，而不是指向地址为 0 的存储单元。例如：

```
int   * i_pointer=0;
```

当定义了一个指针变量但又没有合适的值初始化时，可以将其初始化为 0。

3．与指针相关的运算符&和*

C++中有两个专门的运算符与指针有关。

“&”取地址运算符，作用于内存中一个可寻址的数据（如变量、对象、数组元素等），操作的结果是获得该数据的地址。运算结果不能作为左值。

“*”间接引用运算符，也称为取值运算符。作用于一个指针类型变量，访问该指针所指向的内存空间的数据。因结果是内存中可寻址的数据，所以结果可以作为赋值运算的左值。

【例 5.13】 指针赋值运算实例，内存示意图如图 5.17 所示。

```
//5_13.cpp 指针赋值
#include <iostream>
```

```
using namespace std;
int main()
{
    int   age=18,   *p_age=&age;    //内存示意如图 5.17 情况 1 所示
    cout<<"age 的地址是: ";
    cout<<&age<<"      "<<p_age<<endl;
    cout<<"age 的值是: ";
    cout<<age<<"      "<<*p_age<<endl;
    *p_age=20;    //内存示意如图 5.17 情况 2 所示
    cout<<"age 的地址是: ";
    cout<<&age<<"      "<<p_age<<endl;
    cout<<"age 的值是: ";
    cout<<age<<"      "<<*p_age<<endl;
    return 0;
}
```

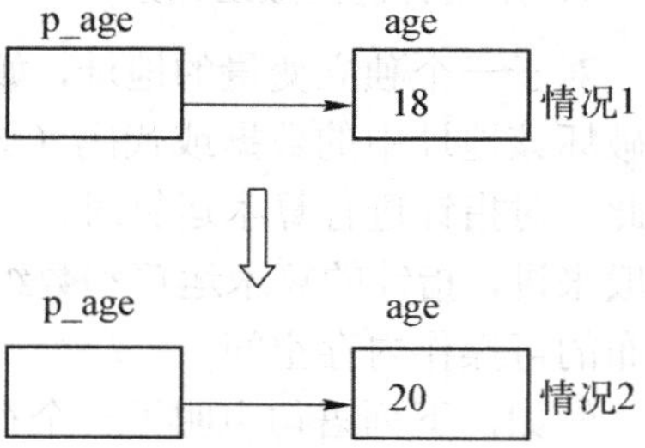

图 5.17　指针赋值

程序运行结果如图 5.18 所示。

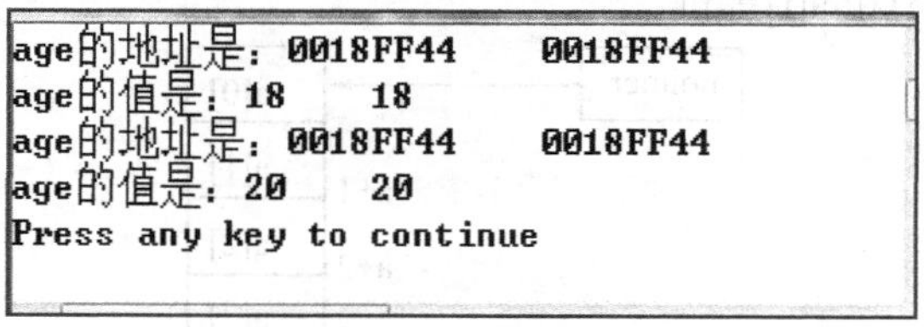

```
age的地址是: 0018FF44     0018FF44
age的值是: 18     18
age的地址是: 0018FF44     0018FF44
age的值是: 20     20
Press any key to continue
```

图 5.18　例 5.13 运行结果

强调:

1）语句“int　age=18, *p_age=&age;”和“cout<<*p_age;”中的*意义完全不一样，前者是指明 p_age 是指针变量，后者是取值运算符。

2）语句“*p_age=20;”中*p_age 就是作为左值出现的，且*的作用仍是取值运算符，其改变的其实是变量 age 的值，因为前面已通过语句“p_age=&age;”使 p_age 指向 age 。若简单完成下面的操作则是错误的。

```
int   * i_pointer;
*i_pointer=50;          //错误，i_pointer 没有赋值，没有指向合法的内存空间
```

指针是一种数据类型，指针变量除了可以做赋值运算外还可以做算术运算、关系运算。

指针可以和整数进行加减运算，但运算规则比较特殊。前面介绍过声明指针变量时必须指明它所指的对象是什么类型。这里我们将看到指针进行加减运算的结果与指针的关联类型密切相关。比如有指针 pa 和整数 n1，pa+n1 表示指针 pa 当前所指位置后方第 n1 个数的地址；pa-n1 表示指针 pa 当前所指位置前方第 n1 个数的地址。“pa++”或“pa--”表示指针当前所指位置下一个或前一个数据的地址。图 5.19 给出了指针加减运算的简单示意图。

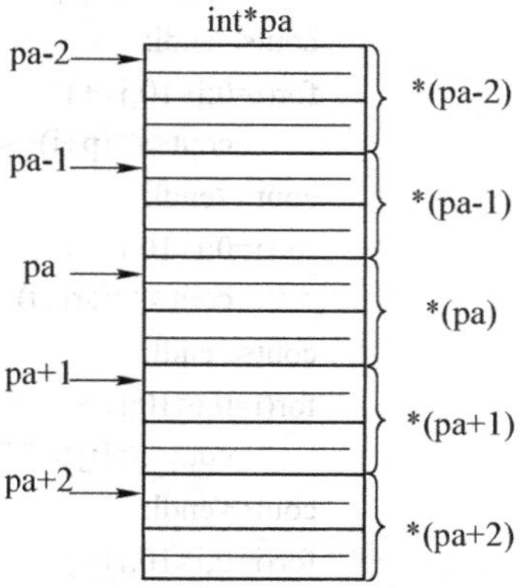

图 5.19　指针变量加减运算的示意图

指针变量的关系运算指的是指向相同类型数据的指针之间进行的关系运算。如果两个相同类型的指针相等，就表示这两个指针是指向同一个地址。不同类型的指针之间或指针与非 0 整数之间的关系运算是毫无意义的。但是指针变量

可以和整数 0 进行比较，这是一个指针运算的特殊标记，在后面的例子中将会使用。

5.4.3　指针与数组的关系

1. 用指针访问数组元素

对于一个独立变量的地址，如果进行算术运算，然后对其所指向的地址进行操作，有可能会破坏该地址中的数据或代码（这与对一个没有初始化的指针进行访问所发生的错误类似）。因此，对指针进行算术运算时，一定要确保运算结果所指向的地址是程序中分配使用的地址。一般来讲，指针的算术运算和数组的使用是相关联的，因为只有在使用数组时，才会得到连续分布的可操作内存空间。

例如，下列语句声明了一个存放 5 个 int 数的一维数组，其示意图如图 5.20 所示。

```
int a[5];
int *pointer=a;     //使指针指向数组
```

数组名 a 就是数组的首地址（第一个元素的地址）所以 a 和&a[0]相等，同理 a+i 和&a[i]相等，由此可以推出*(a+i)和 a[i]等价。

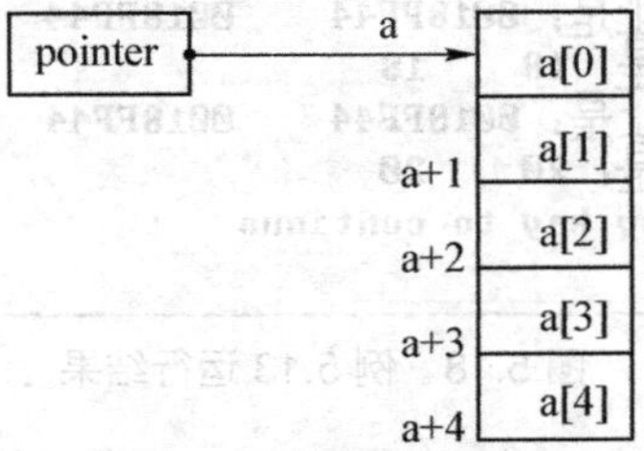

图 5.20　一个存放 5 个 int 数的一维数组

【例 5.14】 定义一个 int 数组 arr，有 10 个元素，用不同的方法输出各元素。

```
//5_14.cpp,访问数组的不同方法
#include <iostream>
using namespace std;
int main()
{
    int arr[10]={1,2,3,4,5,6,7,8,9,10};
    int   i, *p=arr;
    for(i=0;i<10;i++)
        cout<<arr[i]<<" ";          //下标表示法
    cout<<endl;
    for(i=0;i<10;i++)
        cout<<*(p+i)<<" ";      //指针表示法
    cout<<endl;
    for(i=0;i<10;i++)
        cout<<*(arr+i)<<" ";        //下标表示法
    cout<<endl;
    for(i=0;i<10;i++)
        cout<<p[i]<<" ";            //下标表示法
    cout<<endl;
    for(i=0;i<10;i++)
        cout<<*(p++)<<" ";          //通过移动指针 p 指向不同的元素
```

```
        cout<<endl;
        return 0;
}
```

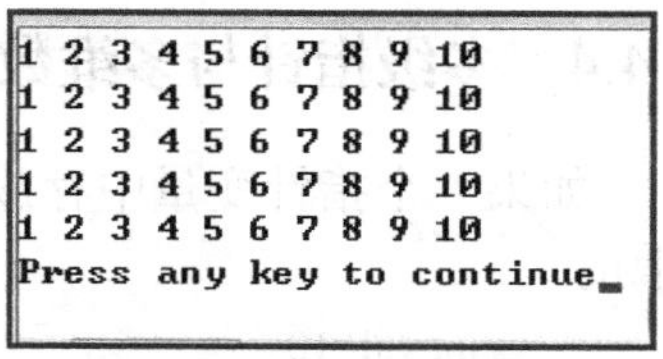

1 2 3 4 5 6 7 8 9 10
1 2 3 4 5 6 7 8 9 10
1 2 3 4 5 6 7 8 9 10
1 2 3 4 5 6 7 8 9 10
1 2 3 4 5 6 7 8 9 10
Press any key to continue

图 5.21　例 5.14 运行结果图

上述方法的输出结果都是一样的，结果如图 5.21 所示。

注意：阅读程序，注意数组元素各种访问方式的表示形式，掌握数组与指针的关系。特别要注意，虽然*(p+i)与*(arr+i)等价，可访问数组的各元素，但指针变量 p 可以做 p++运算，但数组名 arr 是常量，不能作 arr++运算。

2．字符指针与字符串

在实际应用中，字符串的长度变化很大，将字符指针作为串地址，为管理字符串提供了方便。例如：

```
char    *string="student";   //对字符指针用串常量初始化
```

【例 5.15】 利用字符指针访问字符串。

```
//5_15.cpp 利用字符指针访问字符串
#include <iostream>
using namespace std;
int main()
{
        char    name[20];
        char    *str1="hust";  //初始化字符指针 str1,使其指向字符串常量"hust"的首地址
        char    *str2=name ;
        cout<<"输入字符串 2:";
        cin.getline(str2,20);
        cout<<"输出字符串 1:"<<str1<<endl;
        cout<<"输出字符串 2:"<<str2<<endl;
        cout<<"输出字符串 name:  "<<name<<endl;
        str2=str1;    //修改 str2 的值
        cout<<"输出修改后字符串的值。"<<endl;
        cout<<"输出字符串 1:"<<str1<<endl;
        cout<<"输出字符串 2:"<<str2<<endl;
        cout<<"输出字符串 name:"<<name<<endl;
        return 0;
}
```

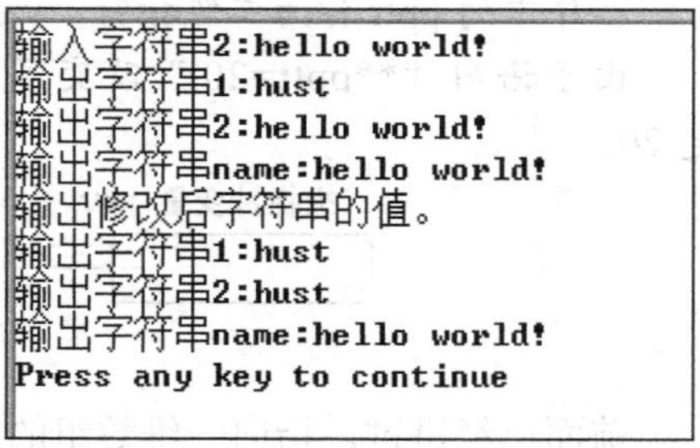

输入字符串2:hello world!
输出字符串1:hust
输出字符串2:hello world!
输出字符串name:hello world!
输出修改后字符串的值。
输出字符串1:hust
输出字符串2:hust
输出字符串name:hello world!
Press any key to continue

图 5.22　例 5.15 运行结果图

程序运行结果如图 5.22 所示。

提示：

1）语句“cin.getline(str2,20);”中 str2 不能写成*str2，因为这里主要是对地址操作，是将输入的字符串存入以 str2 为首地址的连续内存空间，其意义类似于数组名是首地址，但注意事先必须给 str2 赋值，使其指向已分配的内存空间。如：str2=name;

2）在输入/输出语句中，将字符指针看作“串变量”整体操作，类似于字符数组一样操作，由此可以看出字符指针与其他类型指针的区别。例如，若有语句“int *p;”则：

```
cin>>p;            //该语句错误，不能用输入语句给指针赋值
cout<< p;          //输出的是地址值
```

上述程序中若要输出 str1 或 str2 中存储的地址值，则需要使用语句：

```
cout<<(void *)str1;
cout<<(void *)str2;
```

5.4.4 多级指针与多维数组

如果一个指针变量中存放的是另一个指针变量的地址，那么这个指针变量就是**多级指针**。例如：

```
int val=10;
int *ptr=&val;
int **pptr=&ptr;
int ***ppptr=&pptr;   //是多少级指针就有多少个"*"
```

这里 val 的值为 10，*ptr（指针所指变量）的值也为 10，**pptr 的值和***ppptr 的值均为 10。注意此处的“*”为取值运算符，与定义中的“*”意义不同，定义中的“*”是指针说明符。

【例 5.16】 多级指针示例。

```
//5_16.cpp 多级指针
#include <iostream>
using namespace std;
int main()
{
    int val=10;
    int *ptr=&val;
    int **pptr=&ptr;
    cout<<"val="<<val<<'\n'<<"**pptr="<<**pptr<<'\n';
    **pptr=20;
    cout<<"val="<<val<<'\n'<<"**pptr="<<**pptr<<'\n';
    return 0;
}
```

提示:

程序中的 pptr 称为二级指针，val、ptr 和 pptr 之间的关系如图 5.23 所示。

由于语句“**pptr=20;”改变了 val 的值，因此最后无论是 val 还是**pptr 输出的值都是 20。

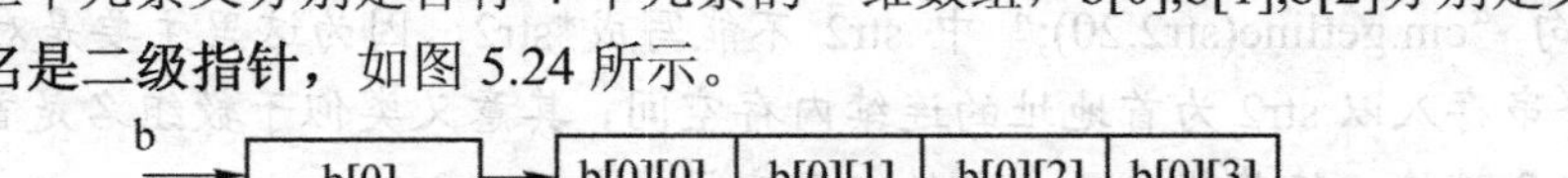

图 5.23 多级指针

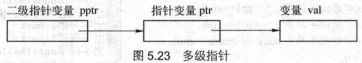

前面已经讲过，指向一维数组的指针与数组名是等效的。例如：int a[10],* pa=a;

但如果定义二维数组“int b[3][4];”，则 b 可以看作是有 3 个元素（b[0],b[1],b[2]）的一维数组，只不过这三个元素又分别是含有 4 个元素的一维数组，b[0],b[1],b[2]分别是其数组名，所以说**二维数组名是二级指针**，如图 5.24 所示。

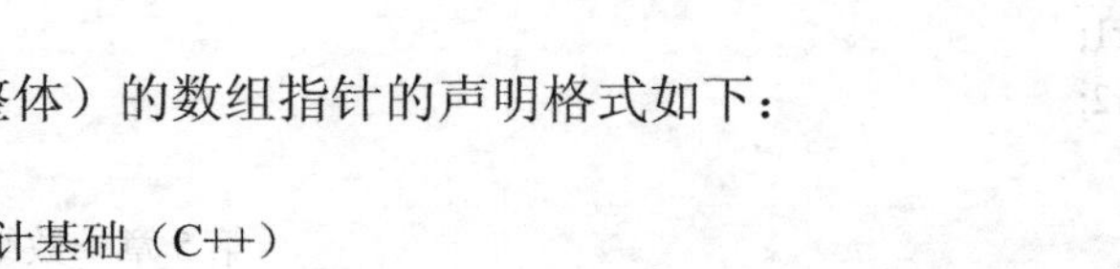

图 5.24 二维数组的表示

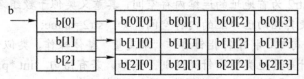

那么为了定义一个指针使它与二维数组等效，这个指针也必须是二级指针，**即指向一维数组的指针**。

指向一维数组（整体）的数组指针的声明格式如下：

> **数据类型（*指针变量名）[n]；**
> **说明:**
> 这里数组元素的个数 n 不可省略，省略后就无法确定指针目标占有多少个字节了。这样指针所指向的是一维数组的数组名，它可以看作是指向指针的指针，称为二级指针。

例如：

```
int   array[3][4]={1,2,3,4,5,6,7,8,9,10,11,12};
int   (*ptr)[4]=array;
```

指针 ptr 和 array 是等效的。它们表示的首地址一样，所指目标类型也一样，ptr 可以代替 array 就像前面的 pa 可以代替 a 一样。它们之间的关系如图 5.25 所示。在这里 ptr 与 array 等效，array 即&array[0]，所以*ptr 等价于 array[0]。其存放的是第 0 行 array[0]的地址，其所指的目标是由 4 个整数组成的一维数组，占内存 16 个字节。array[0]是二维数组中第 0 个一维数组的数组名，因此，其值也是一个地址，即二维数组中第 0 行第 0 个元素的地址，也可以说 array[0]指向第 0 行第 0 个元素。因此，二维数组第 0 行的第 0 个元素可以表示为：array[0][0] 或 *(*(array+0)+0) 或*(*(ptr+0)+0) 或 ptr[0][0]。

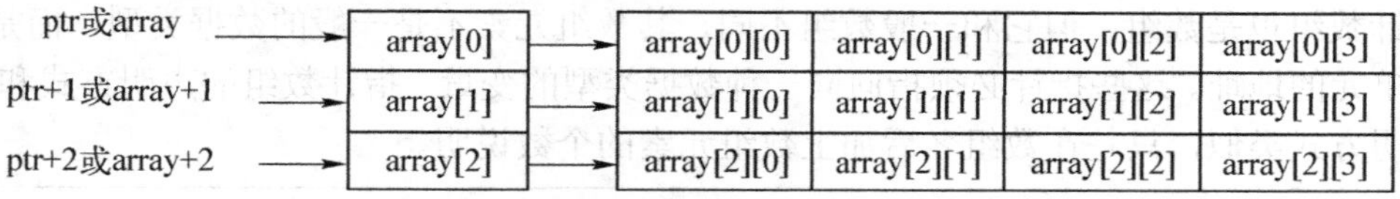

图 5.25　数组指针与二维数组的关系

依此类推二维数组第 m 行的第 n 个元素可以表示为：

array[m][n] 或*(*(array+m)+n) 或 *(*(ptr+m)+n) 或 ptr[m][n]。

【例 5.17】 先用指向二维数组元素的指针变量，再用指向二维数组的一维数组的指针变量输出二维数组的全部元素。

```
//5_17.cpp
#include <iostream>
using namespace std;
int main()
{
    int   array[3][4]={1,2,3,4,5,6,7,8,9,10,11,12};
    int *ptr,i,j;
    ptr=&array[0][0];
    cout<<"第一次输出"<<endl;
    for(i=0;i<12;i++)
    {
        cout<<*(ptr+i)<<'\t';
        if(i%4==3)   cout<<endl;
    }
    cout<<endl;
    int (*pptr)[4];   //pptr 是指向包含 4 个整型元素的一维数组指针
    pptr=array;
    cout<<"第二次输出"<<endl;
    for(i=0;i<3; i++)
    {
        for(j=0; j<4; j++)
```

```
                cout<<*(*(pptr+i)+j)<<'\t';
            cout<<endl;
        }
    return 0;
}
```

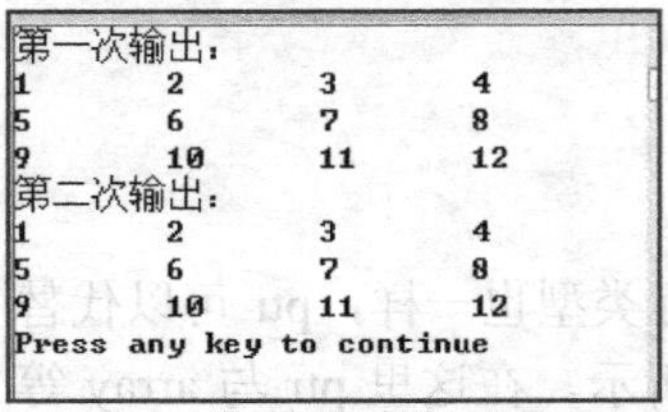
第一次输出:
1 2 3 4
5 6 7 8
9 10 11 12
第二次输出:
1 2 3 4
5 6 7 8
9 10 11 12
Press any key to continue

图 5.26　例 5.17 运行结果图

程序运行结果如图 5.26 所示。

提示：

1）阅读程序，注意 ptr+i 和 pptr+i 的区别。因为 ptr 是整型指针，所以 ptr+i 相当于 ptr+i*4。而 pptr 是数组指针，且该数组是由 4 个整型元素组成的数组，占有 16 个字节的存储空间，所以 pptr+i 相当于 pptr+i*16 。

2）通过第 1 种形式输出二维数组各元素，更进一步帮助我们理解二维数组是以行优先的顺序依次存储各元素的，在计算机内存中并没有行和列的概念。

5.4.5　指针数组

指针数组也是数组，但它和一般数组不同，其数组元素不是一般的数据类型，而是指针，即内存单元的地址。这些指针必须指向同一种数据类型的变量。指针数组的声明方式和普通数组的声明方式类似，只是在数组名后加上数组元素的个数说明。

> 一维指针数组的声明格式如下：
>
> **数据类型　*指针数组名[常量表达式]；**
>
> **说明：**
>
> 其中“常量表达式”指出数组元素的个数；
>
> “数据类型”指定每个指针元素所指向的类型；
>
> “指针数组名”是用于标识数组名称的标识符，取名规则与一般变量相同，同时也是这个数组的首地址；
>
> 声明一个指针数组相当于声明多个指针变量。

例如，声明一个一维指针数组，其中包含 5 个数组元素，均为指向整型类型的指针，其形式为：

```
int * ptr[5];
```

二维数组也可以用一维指针数组处理。

【例 5.18】 用一维指针数组输出二维数组的所有元素。

```
//5_18.cpp 指针数组的使用
#include <iostream>
using namespace std;
int main()
{
    int  array[3][4]={1,2,3,4,5,6,7,8,9,10,11,12};
    int *pptr[3],i,j;          //pptr 是指向包含 3 个元素的一维指针数组
    for(i=0;i<3; i++)
    pptr[i]=array[i];          //给指针数组的每个元素赋值
    for(i=0;i<3; i++)
    {
```

```
            cout<<pptr[i]<<endl;                //输出指针数组元素的值
            cout<<*pptr[i]<<endl;               //输出指针数组元素所指向的对象的值
            for(j=0; j<4; j++)
                  cout<<*(pptr[i]+j)<<'\t';     // *(pptr[i]+j)等价于 pptr[i][j]
            cout<<endl;
        }
        return 0;
    }
```

程序运行结果如图 5.27 所示。

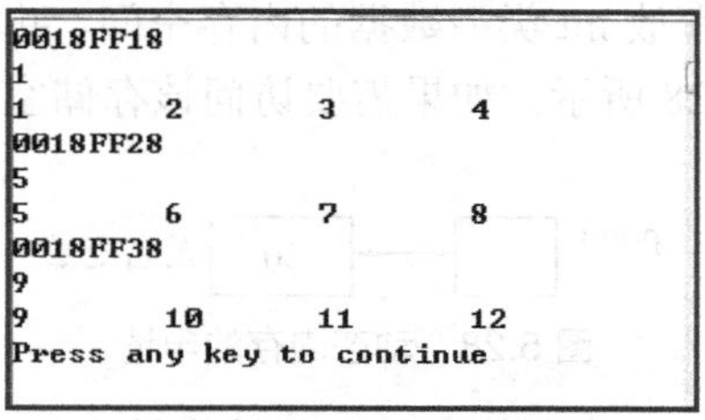

图 5.27　例 5.18 运行结果图

思考： 仔细阅读程序，理解为什么*(pptr[i]+j)可以表示二维数组的第 i 行第 j 列的元素。因为前面已经讲过二维数组可以当做 n 个一维数组对待，而且有多少行就是多少个一维数组。例中 array[3][4]当然可以看作是 3 个一维数组，这 3 个一维数组的数组名分别是 array[0],array[1],array[2]。通过循环语句“for(i=0;i<3; i++)　pptr[i]=array[i];”分别将其赋值给指针数组的各元素，因此，pptr[i]与 array[i]等价，当然可以通过*(pptr[i]+j)或 pptr[i][j]输出各元素的值。

5.5　动态内存分配

一般来说，程序中使用数据的类型、数量是在编写程序时由程序员来确定的，程序在编译时就需分配相应大小的存储空间。因此，程序运行时这些数据所占用的存储空间大小是不变的，这种存储分配方法被称为静态存储分配。但程序设计的要求是千变万化的，例如，有时需要根据程序运行的实际情况来决定分配存储空间的大小。为此，C++提供了程序运行时的动态存储分配机制。

在 C++中，动态内存分配技术可以保证程序在运行过程中按照实际需要申请适量的内存，使用结束后还可以释放，这种在程序运行过程中申请和释放存储单元的过程在自由存储区进行。

5.5.1　动态内存的申请和释放

在 C++中，动态内存的申请和释放分别使用 new 和 delete 这两个运算符来完成。

new 运算符的功能是动态分配内存，或者称为动态创建变量（对象），其使用格式如下：

> **指针变量名=new 类型名（初值列表）;**
>
> **说明：**
>
> 1）“类型名”决定申请存储空间的大小；
>
> 2）“初值列表”用于初始化申请到的存储空间；
>
> 3）“指针变量名”用于存储所申请存储空间的首地址。

new 运算符在程序运行时按指定类型的长度申请存储空间，如果申请成功则返回所分配存储空间的首地址，并用初值列表中的值进行初始化；如果申请失败则返回空指针 0。

通过 new 申请的存储空间是无名的，因此不能通过变量名访问该存储空间，只能将该存储空间的首地址赋给指针变量，然后使用指针变量来间接访问。所以说动态内存的申请必须与指针联系在一起，而且在分配时也不会自动进行初始化（包括清 0），必须用初始化式来显式初始化。例如：

```
int * point ;
point=new int(20);
```

上述语句动态分配了用于存放 int 类型数据的内存空间，并将初值 20 存入该空间，然后将首地址赋给指针 point，如图 5.28 所示。如果需要访问该存储空间的数据 20，则可以使用表达式*point。

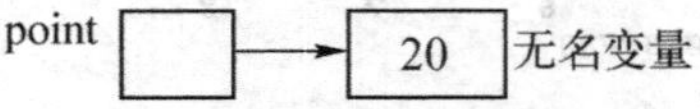

图 5.28　动态内存的申请

运算符 delete 用来删除由 new 建立的变量，释放指针所指向的内存空间。格式为：

delete　指针名；

例如：delete　point;

注意：

delete 释放了 point 所指向的内存空间，即撤销了通过 new 申请的存储空间，这称为动态内存释放。但指针 point 本身并没有撤销，它仍然存在，即指针所占有的内存空间并未释放。所以这时 point 指针没有指向，变成悬空指针，这是程序运行所不允许的，建议这时将 point 置空（NULL）。例如：point=NULL；

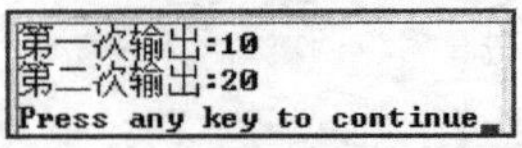

图 5.29　例 5.19 运行结果图

【例 5.19】 下面举例说明动态存储分配的变量通过指针来访问，程序运行结果如图 5.29 所示。

```
//5_19.cpp,动态存储分配
#include <iostream>
using namespace std;
int main()
{
    int * point =new int(10);
    if(point==0)                    //判断动内存分配是否成功
    {
        cout<<"Error!"<<endl;
        return -1;
    }
    cout<<"第一次输出:"<<*point<<endl;     //访问动态分配内存空间的数据
    *point=20;                      //给动态分配内存空间重新赋值
    cout<<"第二次输出:"<<*point<<endl;
    delete point;                   //释放动态分配的内存空间
    point=NULL;                     //给此时悬空的 point 指针赋空指针
    return 0;
}
```

注意：new 的功能是申请内存，只有申请成功才有首地址返回，鉴于计算机的当前状态，申请内存的操作有可能失败，这时整个程序无法继续，程序应该结束运行。因此，程序中使用了条件语句 if(point==0) 判断 new 操作是否成功。

5.5.2 动态数组

虽然通过数组，可以对大量的数据进行有效的管理，但很多情况下，在程序运行之前，并不能确切地知道数组中有多少个元素，所以实际处理往往采取“大开小用”的方式处理。如果数组声明得很大，但实际上处理的数据很少，就造成很大的浪费；如果数组比较小，又影响大量数据的处理。利用动态存储分配机制创建动态数组可方便解决此问题，动态数组可以在程序运行时根据实际需要决定数组的大小。

利用 new 运算符创建动态数组，其格式如下：

指针变量名=new 类型名[下标表达式];

说明：

这里的“下标表达式”是任意合法的表达式，其值为动态数组的长度，可以在运行时确定。

与动态变量的创建类似，这里创建的数组也是无名的，只能通过指针间接访问。但与创建动态变量不同的是，在创建时不能对数组元素进行初始化，格式中无初始值列表。例如：

```
int i=5;
point=new int [i];
```

创建了一个动态数组，数组元素的个数由变量 *i* 确定，当前 *i* 的值是 5，所以该数组当前有 5 个元素。

动态数组存储空间的释放，其格式如下：

delete [ ]指针变量名;

说明：

delete 撤销了指针所指向的动态数组所占的连续存储空间，“[ ]”必须在指针变量名前。

注意：

该语句的“[ ]”非常重要，如果 delete 语句中少了“[ ]”，则因编译器认为该指针是指向数组第一个元素的指针，就会产生回收不彻底的问题（只回收了第一个元素所占空间），加了“[ ]”后就转化为指向数组整体的指针，就会回收整个数组所占全部内存空间。delete 语句的“[ ]”中不需填数组元素个数，系统可自己判断，即使填了，编译器也会忽略。

【例 5.20】 下面举例说明动态存储分配的数组通过指针来访问，程序的执行结果如图 5.30 所示。

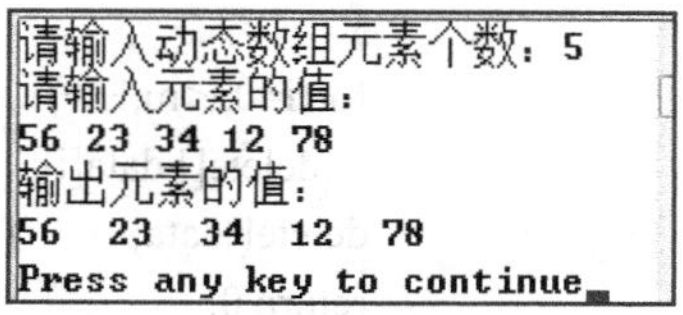
请输入动态数组元素个数：5
请输入元素的值：
56 23 34 12 78
输出元素的值：
56 23 34 12 78
Press any key to continue
图 5.30 例 5.20 运行结果图

```
//5_20.cpp,动态数组
#include <iostream>
using namespace std;
int main()
{
    int *point , n, i;
    cout<<"请输入动态数组元素个数：";
    cin>>n;
```

```
    point=new int[n];              //n 是数组的元素个数
    if(point==0)
    {
        cout<<"Error !"<<endl;
        return -1;
    }
    cout<<"请输入元素的值: \n";
    for( i=0;i<n;i++)
        cin>>*(point+i);           //等价于 cin>> point[i];
    cout<<"输出元素的值: \n" ;
    for( i=0;i<n;i++)
        cout<<point[i]<<"    ";
    cout<<endl;
    delete [ ] point ;             //释放 point 所指向的 n 个数组元素所占的内存空间
    point=NULL;                    //将悬空指针赋值为空指针，保证 point 指针的安全
    return 0;
}
```

提示：本题定义了数组元素个数由变量 n 决定的动态无名数组，为了访问其元素，将动态数组所占存储空间的首地址赋值给指针变量 point，这样就可使用 point 访问数组的各元素。

创建动态二维数组，然后通过数组指针访问其元素。例如：

```
double   (* ptr)[6];
ptr=new double [3][6];
```

【例 5.21】 动态创建和删除一个 *m*×*n* 个元素的数组。

```
#include <iostream>
using namespace std;
int main()
{
    int i,j,m=3,n=4;
    double   **data;
    data= new double *[m];
    for(i=0;i<m;i++)
    data[i]=new double [n];
    for(i=0;i<m;i++)
        for(j=0;j<n;j++)
            data[i][j]=i*n+j;
    for(i=0;i<m;i++)
    {
        for(j=0;j<n;j++)
            cout<<data[i][j]<<'\t';
        cout<<endl;
    }
    for(i=0;i<m;i++)
      delete[] data[i];
    delete[]data;
    return 0;
}
```

0 1 2 3
4 5 6 7
8 9 10 11
Press any key to continue

图 5.31　例 5.21 运行结果图

程序执行结果如图 5.31 所示。

提示：

阅读程序可以发现本例是采用指针数组方式来完成二维数组的动态创建。并没有直接用语句“new double [m][n];”创建，主要原因是没有合适的指针来存储所申请存储空间的首地址。

5.5.3 动态数组应用举例

【例 5.22】 输入一个二进制数，将其转换为十进制数输出。

分析： 二进制数转换为十进制数时只需将每位二进制数乘以该位的权然后相加，即

$$y=a_nx_n+a_{n-1}x_{n-1}+a_{n-2}x_{n-2}+\dots+a_1x_1+a_0$$

将该式变形为：

$$y=(\dots((a_nx+a_{n-1})x+a_{n-2})x+a_{n-3}\dots)x+a_0$$

该式属于多项式求和问题，显然需要用循环做累加。这里要转换的二进制数的位数并不确定，因此，本题关键是要解决二进制数的存储及每位数码的获取。

这里可以考虑用字符数组存储二进制数，但由于位数不确定，因此使用动态数组。动态数组的每个元素就是表达式中的每位二进制数。

完整程序主要由 3 部分组成。

1）确定要转换的二进制数位数，并用键盘输入二进制数，申请相应的动态数组。

2）使用循环累加各位数码与相应位权乘积的和。

3）输出转化之后的十进制数。

程序代码如下：

```
//5_22.cpp,二进制转换为十进制
#include <iostream>
#include <cstring>
using namespace std;
int main()
{
    int n,x=2,decNum,i,a;
    cout<<"请输入要转换的二进制的位数：";
    cin>>n;
    char *p=new char[n+1];      //加 1 是为了多申请一个字节的空间存储'\0'
    if(p==0)
    {
        cout<<"Error!"<<endl;
        return -1;
    }
     cout<<"输入转换的二进制数：";
     cin>>p;
     decNum=0;
     for(i=0;i<n;i++)
     {
         a=p[i]-'0';       //数字字符转换成对应的整数
         decNum=decNum*x+a;
     }
     cout<<"二进制序列（"<<p<<"）的值为："<<decNum<<endl;
     return 0;
}
```

请输入要转换的二进制的位数：5
输入转换的二进制数：11010
二进制序列（11010）的值为：26
Press any key to continue

图 5.32　例 5.22 运行结果图

程序执行结果如图 5.32 所示。

注意:

程序中 p[i]读取的是每位二进制数字，但因其类型是字符型，存储的是其 ASCII 值，例如字符 1 的 ASCII 值是 49，必须将其转换成数字 1 参与运算。

5.6 综合应用

数据的排序和查找是最常见最重要的算法。如查字典时，字典中的词条是按序存放的，这样才能方便按字母顺序找到要查的字。又如去图书馆找书，藏书也是按书的编号有序排列。还有在计算机上查找数据库里的资料，都是有序排列的。在这些日常事务的处理中都用到了排序和查找操作。因此，本节主要介绍常见的查找、排序算法及其他算法。

5.6.1 查找算法

这里介绍的查找方法是基于顺序表的，所谓**顺序表**就是表中各元素在内存中是按序连续存放的。前面介绍的数组就是典型的顺序表。实际应用中一种最简单的查找就是顺序查找，即从数组的第 1 个元素开始，一个一个顺序查找下去，直到找到或查完所有数组元素为止。

【例 5.23】 顺序表中依次存储 10 种不同的书名，请按实际需要查找是否存有某本书？

分析: 此题需要一种能存 10 本书名的数据变量，而实际上每本书的书名均是一个字符串，前面已经讲过可以用字符指针表示字符串，因此，可以定义一个有 10 个元素的字符指针数组来存储 10 本书名，如：char * name[10];

另外，还需定义一个字符数组存储待查找的书名，然后利用循环反复将要查找的书名与数组中的每个元素进行比较。待查找的书名是一维字符数组，被查找对象是字符指针（等价于一维字符数组），可以使用 strcmp()函数进行比较，操作对象是一维字符数组名。

完整程序主要由 3 部分组成。

1）数据的初始化及待查找书名的输入。

2）书名的逐一比较。

3）输出查找结果。

程序代码如下：

```
//5_23.cpp,顺序查找
#include <iostream>
#include <cstring>
using namespace std;
int main()
{
    char *name[10]={"计算机基础","编译原理","算法基础",
            "计算机原理","高等数学","线性代数","离散数学",
            "大学物理","大学英语","大学英语听力"};
    int i, look=0 , position;
    char   searchname[21];
    cout<<"请输入要查找的书名:";
    cin.getline(searchname,21);                    //输入要查找的书名
    for (i=0; i<10; i++)
    if(strcmp(name[i],searchname)==0)              //两个一维字符数组的比较不能用"=="运算符
    {
```

```
            look=1;
            position=i+1;
        }
    if (look==1) cout<< searchname <<"存在，其位置是："<<position<<endl;
    else    cout<<"对不起，"<<searchname<<"不存在！"<<endl;
    return 0;
}
```

程序运行结果如图 5.33 所示。

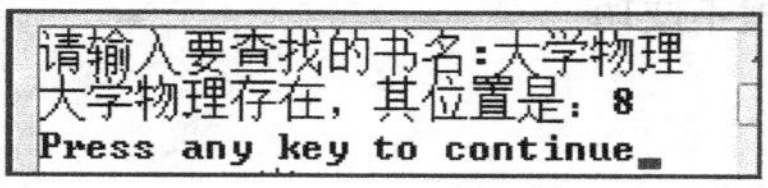

（a）查找成功

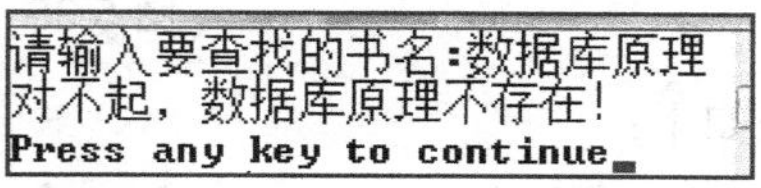

（b）查找不成功

图 5.33　例 5.23 运行结果图

注意：

题中两本书名的比较其实质是两个字符串的比较，不能直接使用语句“name[i]== searchname;”，只能使用 strcmp(字符数组名 1，字符数组名 2) 函数。

拓展：

认真阅读本程序，可以发现本程序适用于只有一种符合要求的情况。如果有多种满足要求的情况该如何处理呢？例如在顺序表“{"计算机基础","编译原理","算法基础","计算机原理","高等数学","线性代数","计算机原理","大学物理","大学英语","大学英语听力"}”中查找“计算机原理”，请自行考虑。

上述查找虽然能顺利完成，但却是一件非常费时的事。设想一下，如果不是 10 本书，而是 10 万本书，要一本一本地从中找出所要的书，平均要找 5 万本书才能找到，若一秒钟翻一本书，则要翻将近 14 小时。幸运的是，实际上书是按书号有序排列的，这时则可以采用折半查找（Binary Search）的方法进行查找，10 万本书最多只需 20 次，效率可大大提高。为了便于描述，特将上述字符串改为数值。

图 5.34 和图 5.35 描述了折半查找的过程，这里使用的是升序有序表，首先安排两个指针 low 和 high 指向首、尾两个元素，取 mid=(low+high)/2，如果 mid 指向的元素是所要查找的，则结束；如果该元素的关键字大了，则取 low=mid+1，high 不变，继续查找；如果该元素的关键字小了，则取 high=mid-1，low 不变，继续查找，如果找到 low>high 时，仍未找到，则失败，停止查找。

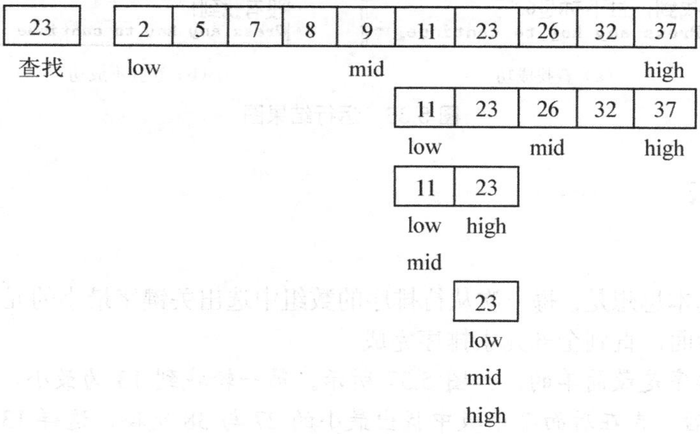

图 5.34　查找成功

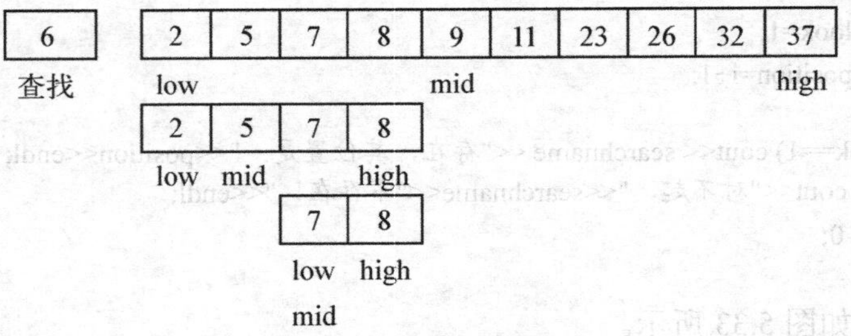

图 5.35　查找不成功

程序代码如下：

```
#include <iostream>
using namespace std;
int main()
{
    int    array[ ]={2,5,7,8,9,11,23,26,32,37};
    int high, low ,mid, a ;        //a 存储待查找的数
    low=0;
    high=9;
    cout<<"请输入要查找的数:";
    cin>>a;
    mid=(low+high)/2;
    while(array[mid]!=a && low<=high)
    {
        if(a>array[mid])    low=mid+1;
        else    high=mid-1;
        mid=(low+high)/2;
    }
    if(array[mid]==a) cout<<"找到,且下标是"<<mid+1<<endl;
    else cout<<"没有找到！ "<<endl;
    return 0;
}
```

程序运行结果如图 5.36 所示。

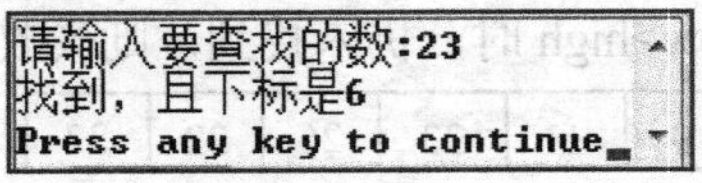

（a）查找成功

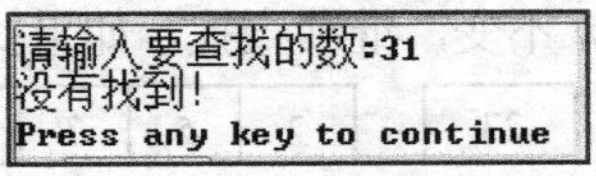

（b）查找不成功

图 5.36　运行结果图

5.6.2　排序算法

1．选择排序

选择排序的基本思想是：每一次从待排序的数组中选出关键字最小的元素，顺序放在已排好序的子序列的后面，直到全部元素排序完成。

分析：选择排序是最简单的，如图 5.37 所示。第一轮找到 13 为最小，与排首位的 49 交换，这样 13 排好后，再在后面 7 个数中找出最小的 27 与 38 交换，这样 13 和 27 排好后，依此类推。此方法的最大优点是非常易读，缺点是以前所做的工作和序列的部分有序性完全不能利用，所以效率较低。

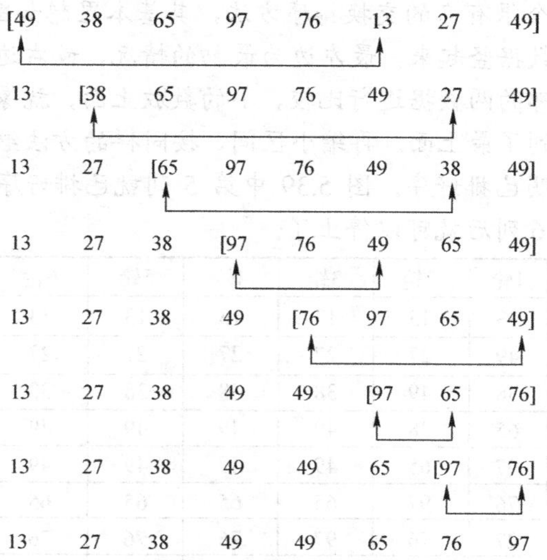

图 5.37　直接选择排序的过程

程序代码如下：

```
//5_xuanze.cpp,选择排序
#include <iostream>
using namespace std;
const int SIZE=8;
int main()
{
    int arr[SIZE]={49,38,65,97,76,13,27,49 };
    int tmp, i,j ,min;              //min 用于存储最小元素的下标
    for(j=0;j<SIZE-1;j++)
    {
        min=j;
        for(i=j+1;i<SIZE;i++)
            if(arr[min]>arr[i])
                min=i;       //此循环结束可以找出该轮最小元素的下标
        tmp=arr[j];
        arr[j]=arr[min];
        arr[min]=tmp;            //内循环结束时，再交换
    }
    cout<<"排序后的结果: "<<endl;
    for (i=0;i<SIZE;i++)
        cout<<arr[i]<<",";
    cout<<endl;
    return 0;
}
```

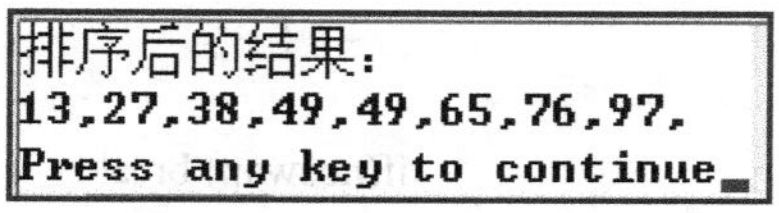

图 5.38　选择排序结果

程序运行结果如图 5.38 所示。

2．冒泡排序

交换排序的思想是按关键字两两比较顺序表元素，如果发现逆序则交换，直到所有的元素

都排好序为止。

分析： 冒泡排序是一个很有名的交换排序方法，其基本思想如图 5.39 所示。为了更形象地模拟冒泡，把待排序的数据竖起来，最左边为最初的情况，最右边为完成后的情况。首先从一列数据的底部开始，相邻的两数据进行比较，小的数放上面，就像轻的泡浮上去一样，一轮比较之后，最小的数据冒到了最上面。再缩小区间，按同样的方法继续下一轮交换，如果有一轮中没有发生交换，则说明已排好序。图 5.39 中第 5 列就已排好序，若再继续下一轮也不会发生交换了，所以做到第 6 列后就可以停止了。

初始	1轮	2轮	3轮	4轮	5轮	6轮	7轮
49	13	13	13	13	13	13	13
38	49	27	27	27	27	27	27
65	38	49	38	38	38	38	38
97	65	38	49	49	49	49	49
76	97	65	49	49	49	49	49
13	76	97	65	65	65	65	65
27	27	76	97	76	76	76	76
49	49	49	76	97	97	97	97

图 5.39　从下向上扫描的冒泡程序

程序代码如下：

```
//5_maopao.cpp,冒泡排序
#include <iostream>
using namespace std;
const int SIZE=8;
int main()
{
    int arr[SIZE]={49,38,65,97,76,13,27,49};
    int i,j,   temp;
    bool   noswap;
    for(i=0; i<SIZE-1 ;i++)                    //最多做 SIZE-1 次
    {
        noswap=true;                           //未交换标志为真
        for(j=SIZE-1;j>i;j--)                  //从下向上冒泡
        {
            if(arr[j]<arr[j-1])
            {
                temp= arr[j];
                arr[j]= arr[j-1];
                arr[j-1]=temp;
                noswap=false;
            }
        }
        if(noswap) break;                      //本次无交换，则终止算法
    }
    cout<<"排序后的结果： "<<endl;
    for (i=0;i<SIZE;i++)
        cout<<arr[i]<<",";
```

```
    cout<<endl;
    return 0;
}
```

程序运行结果如图 5.40 所示。

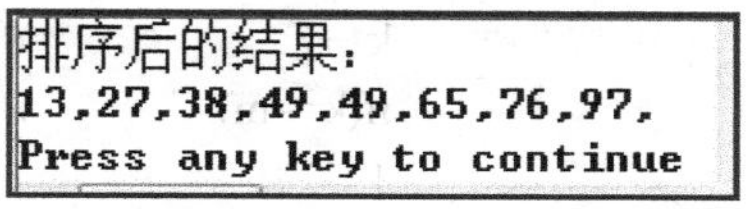

图 5.40　冒泡排序结果

注意：

程序中 noswap 变量的作用是判断每一轮是否进行过交换，在每一轮起始处将其初始值赋为 true，如果该轮有交换，将其值改为 false。退出本轮循环时通过判断其值为 false 还是 true 决定外循环是否停止，此处灵活使用 break 语句退出循环。去掉该变量对程序的功能没有影响，但有可能影响速度。

5.6.3　约瑟夫问题

【例 5.24】 n 个人围坐成一圈，从 1 开始顺序编号。游戏开始，从第一个人开始由 1 到 m 循环报数，报到 m 的人退出圈外，问最后留下的那个人原来的序号。

分析： n 个人围成一圈，然后按要求逐一出圈。如果将 n 个人对应为 n 个变量的话，则每个变量只有两种状态值 1 或 0，1 在圈内，0 出局。因此可以定义一个数组，其元素个数为 n，为了便于定义数组，n 定义为常变量。

设置两个计数器 k 和 count，k 初值均为 0，count 初值均为 n。k 用来报数，count 用来统计在列人数。报数过程通过循环控制，当 k 从 0 加到 m 时，对应的数组元素置 0（下一轮报数不计数），并且 count--，在列人数减 1，当 count 等于 1 时，数组中不为 0 的那个元素就代表最后留下的那个人。由于数组是线性排列的，而人是围成圈的，用数组表示要有一种从数组尾部跳到其头部的技巧。

程序代码如下：

```
//5_24.cpp,约瑟夫
#include<iostream>
using namespace std;
void main()
{
    const int n=5;
    int i,m,k,a[n],count;
    cout<<"请输入报数变量 m:";
    cin>>m;
    k=0;
    count=n;
    for(i=0;i<n;i++)
        a[i]=1;      //a 数组的每个元素初值为 1，表示所有人都在圈内
    cout<<"游戏开始"<<endl;
    for(i=0;;i++)
    {
        if(a[i]==0)     //如果这个人已经不在圈内
        {
            if(i==n-1)      //如果这个不在圈内的人是数组中最后一个
                i=-1;       //回到数组开头
            continue;       //跳出本轮循环，直接跳到 i++
        }
```

```
            k++;                //k 从 1 数到 m
            if(k==m)            //如果 k 到达 m
            {
                a[i]=0;         //被数到的人出圈
                cout<<"第"<<i+1<<"个人出圈"<<endl;   //输出出圈信息
                k=0;            //重新开始计数
                count--;        //圈内总人数-1
            }
            if(count==1)        //当圈内只剩一人时，跳出循环
                break;
            if(i==n-1)          //如果到达数组末尾，则跳到数组头部
                i=-1;           //因为下一条语句是 i++,-1 加 1 刚好是 0

        }
        for(i=0;i<n;i++)
            if(a[i]!=0)   //只有留下来的那个人，他的数组元素值为 1
        cout<<"最后留下的是第"<<i+1<<"个人"<<endl;   //数组下标从 0 开始
    }
```

程序运行结果如图 5.41 所示。

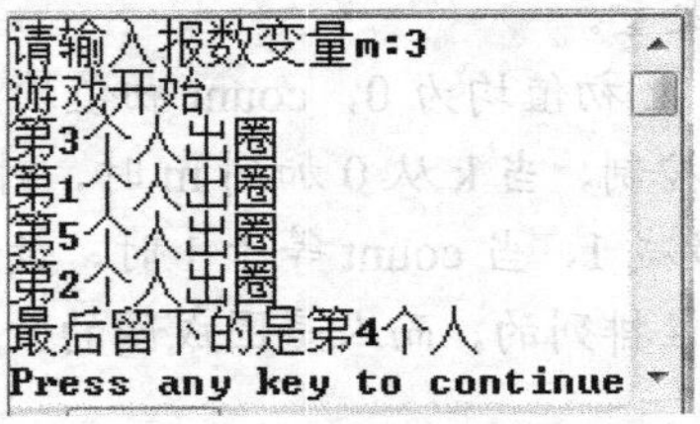

图 5.41　约瑟夫问题运行结果

强调：

1）本题的关键是将 n 个人的关系转换为 n 个变量，这样就容易根据变量值的不同而做不同的操作，即是否计数。这一点对于初学程序设计者尤为重要，要将抽象的问题转化为具体的问题。

2）由于数组是线性排列的，而人是围成圈的，并且数组的下标从 0 开始，所以当表示数组下标的变量 i 等于 n-1 时，i 值需重新赋值为 0 。

5.6.4　贪心算法——装船问题

【例 5.25】 某货轮的最大载重量为 M，现有 N 件货物供选择装船，且每件货物的重量和价值均不同。要求从 N 件货物中挑选若干件上船，在满足货物总重量小于等于 M 的前提下，运输货物的总价值最大。

分析： 因为想要装载货物的价值尽可能大，但又不能超载，可优先选择价值高但又较轻的货物装船。

本题可以选择贪心算法，优先挑价钱高且重量轻的货物装船。对每件货物，计算其价值与重量之比，称之为“价重比”，价重比高的货物优先装船，每装一件累计其重量，总重量不超过货轮的载重量 M。

编程时，需考虑 N 件货物的重量、价值及价重比的存储，由于每件货物的重量、价值及价重比都是同类型的数据，所以可以定义 3 个包含 N 个元素的数组来分别存储货物的重量、价值及价重比。

完整程序主要由 4 部分组成。

1）根据需要定义 3 个数组。

2）输入各货物的重量和价值，并计算出相应的价重比存入相应的数组。

3）对存储价重比数据的数组排序，并以此为依据对另外两数组排序。

4）使用循环语句依据贪心策略开始装船。

程序代码如下：

```
//5_25.cpp 装船问题
#include <iostream>
using namespace std;
const int N=10;
int main()
{
    double   weight[N];
    double   price[N];
    double   pWeight[N];
    double   w;
    int   i,j,k;
    cout<<"输入最大载重量 M=";
    cin>>w;
    cout<<"输入各货物的重量：";
    for(i=0;i<N;i++)
    cin>>weight[i];                        //输入货物的重量存入数组 weight
    cout<<"输入各货物的价值：";
    for(i=0;i<N;i++)
    {
        cin>> price[i];                    //输入货物的价值存入数组 price
        pWeight[i]=price[i]/weight[i];     //计算价重比并存入数组 pWeight
    }
    for( j=0;j<N-1;j++)                    //此处开始的两重循环是冒泡排序
    {
        for( k=0;k<N-1-j; k++)
        {
            float temp,tempW,tempP;
            if(pWeight[k]<pWeight[k+1])
            {
                temp=pWeight[k];           //此处开始 3 条语句是交换货物的重量
                pWeight[k]=pWeight[k+1];
                pWeight[k+1]=temp;
                tempP=price[k];            //此处开始 3 条语句是交换货物的价值
                price[k]=price[k+1];
                price[k+1]=tempP;
                tempW=weight[k];           //此处开始 3 条语句是交换货物的价重比
                weight[k]=weight[k+1];
                weight[k+1]=tempW;
            }
        }
    }
```

```
        cout<<"输出按货物重量排序后的各数组：\n";
        cout<<"货物价重比数组：\n";
        for(i=0;i<N;i++)
        cout<<pWeight[i]<<"    ";
        cout<<endl;
        cout<<"货物重量数组：\n";
        for(i=0;i<N;i++)
        cout<<weight[i]<<"    ";
        cout<<endl;
        cout<<"货物价值数组：\n";
        for(i=0;i<N;i++)
        cout<<price[i]<<"    ";
        cout<<endl;
        int sumW=0;                          //此处开始按照贪心策略装船
        float sumP=0;
        int num=0;
        while((sumW+weight[num])<=w && num<N )
        {
            sumW=sumW+weight[num];
            sumP=sumP+price[num];
            num++;
        }
        cout<<"装船总重量="<<sumW<<endl;
        cout<<"装船总价值="<<sumP<<endl;
        cout<<"装船货物件数="<<num<<endl;
        return 0;
    }
```

程序执行结果如图 5.42 所示。

```
输入最大载重量M=400
输入各货物的重量：22 56 34 66 97 120 56 54 34 68
输入各货物的价值：34 22 14 66 70 40  78 90 89 80
输出按价重比排序后的各数组：
货物价重比数组：
2.61765  1.66667  1.54545  1.39286  1.17647  1  0.721649  0.411765  0.392857  0.333333
货物重量数组：
34  54  22  56  68  66  97  34  56  120
货物价值数组：
89  90  34  78  80  66  70  14  22  40
装船总重量=397
装船总价值=507
装船货物件数=7
Press any key to continue
```

图 5.42　例 5.25 运行结果图

注意：

程序中定义了 3 个数组，但排序时仅仅按数组 pWeight[N]作为排序依据，其余两数组各元素的交换只是跟随数组 pWeight 的移动而移动，所以排序后输出各数组元素发现只有数组 pWeight 是降序排列，其余两数组则不一定有序。

5.7　本 章 小 结

本章主要介绍了 C++中利用数组和指针来组织数据的方法，数组是最为常见的数据组织形式。组成数组的变量称为数组的元素，同一数组的各元素具有相同的数据类型。这里的数据类型可以任意类型，如整型、字符型、指针、类等。

数组在内存中占有一片连续的存储空间，数组名表示这片连续存储空间的首地址，是一个常量。可以用下标形式访问数组元素，但一定要注意下标的取值范围是 0～元素个数-1。

指针也是一种数据类型，是专门用来存放内存空间地址的一种变量，内存空间的地址虽然重要但并不是最终目的，最终目的是通过地址访问存储在该地址空间的数据。所以，指针变量一定要赋值，并且一定伴随“*指针变量名”的操作。但如果对一个没有赋值的指针变量进行取值运算，则会发生致命的错误。所以，使用指针一般包括三个步骤，即声明、赋初值和引用。

使用 new 和 delete 运算符能够动态地申请和回收内存空间。使用 new 运算符可以创建动态数组，可以避免静态数组“大开小用”的缺点。但是利用 new 申请的存储空间是无名的，必须借助指针才能访问。

C++中没有字符串变量类型，但在输入/输出操作中可以把字符数组名和字符指针作为“字符串变量”使用，实现对字符串的访问。也就是说在输入/输出操作中可以直接对字符数组名或字符指针操作，这也是字符数组和字符指针不同于其他类型数组和指针的最大区别，对于其他类型的数组或指针，如果输出操作中直接对数组名或指针操作，则得到的结果均是地址。对于字符串一定要注意必须以'\0'结尾。

排序、查找等是数组的常用算法。

5.8 习 题

1．数组定义的三要素是什么？请写出一维数组和二维数组的定义格式。

2．什么叫指针？指针中存储的地址和这个地址中的值有何区别？

3．运算符“&”和“*”的作用是什么？

4．数组 a[10]的第一个元素和最后一个元素如何表示？

5．为什么数值型数组不能整体访问，而字符型数组可以整体访问？

6．字符数组可以用来表示字符串，那么用字符数组表示字符串时必须注意什么？

7．编程用随机函数产生 10 个互不相同的两位整数存放到一维数组中，并输出其中的素数。

8．编程将一组数据从大到小排序后输出，要求显示每个元素及它们在原数组中的下标。

9．编程输入 10 个字符到一维字符数组 s 中，将字符串逆序输出。

10．编写程序将 4 阶方阵转置。如下所示：

$$\begin{bmatrix} 4 & 6 & 8 & 9 \\ 2 & 7 & 4 & 5 \\ 3 & 8 & 16 & 15 \\ 1 & 5 & 7 & 11 \end{bmatrix} \qquad \begin{bmatrix} 4 & 2 & 3 & 1 \\ 6 & 7 & 8 & 5 \\ 8 & 4 & 16 & 7 \\ 9 & 5 & 15 & 11 \end{bmatrix}$$

11．输入一个年份，判断该年出生的人的属相。要求使用字符数组实现。

第 6 章 函数

函数是一系列 C++语句的集合，一个函数通常完成一个特定的功能，利用函数组织程序可以简化代码，实现代码重用，本章以多个实例为引导，循序渐进地讨论函数的声明、定义及调用，以及变量的作用域与生存期等相关知识。通过本章的学习，重点理解函数的作用及函数调用过程中参数传递的过程，学会自定义函数。

6.1 函数基本概念

6.1.1 理解函数

使用函数是为了程序的逻辑更加清晰，将相对独立的功能代码写成函数，能增加程序的可读性并有益于代码维护。同时把程序中一个独立的功能部分划为一个函数便于重复使用。

例如，打印万年历，要求可以根据用户的选择打印全年的日历或者打印指定月份的日历。

若将解决该问题的所有程序代码全部写在 main()函数内，程序的逻辑关系会混乱不堪。人类解决复杂问题的主要方式是分解和抽象，进而分而治之。因此，我们可将万年历的问题分解为如图 6.1 所示的几个部分。

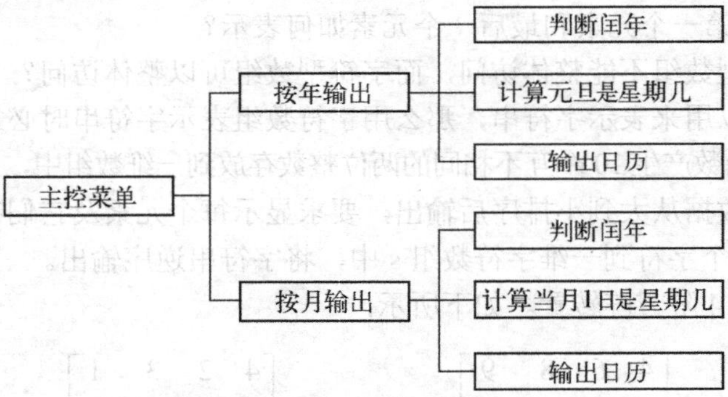

图 6.1 打印万年历功能模块图

从图 6.1 中可以看出打印万年历问题分解为“按年输出”、“按月输出”。在“按年输出”下又可细分为“判断闰年”、“计算元旦是星期几”、“输出日历”等。这种分而治之的思想体现在程序设计中就是用函数来划分功能模块。将独立功能代码写成函数，体现了代码重用。上述问题在实现“按年输出”和“按月输出”时均需要有判断闰年的功能，将判断闰年功能封装为一个函数后，就可以在需要的地方调用这个函数以实现闰年的判断。

函数是构成程序的基本单位。函数充分体现了分而治之和相互协作的理念，它可以将一个大的程序设计任务分解为若干个小的任务，更易于实现、协作及重用。函数还体现了封装的思想，能有效地将内部的具体实现代码封装起来。使用函数只需了解函数的接口即函数名、形式参数和返回值即可。比如在程序中调用系统库函数 sqrt()可以求出非负数的平方根，其实我们并不了解函数 sqrt() 具体的编程代码，但只要给出正确的调用语句即可使用该函数得到结果。

结论： 函数本质就是一段被调用的程序代码，其目的体现在代码的重用和代码的易读性。

6.1.2 C++语言中的函数

C++程序中的各项操作主要由函数来实现，每个函数用来实现某个特定功能。在程序中所有函数都是平等的，互相独立的。

main()函数稍微特殊一点，因为 C++程序的执行需从 main() 函数开始，调用其他函数后程序控制流程会返回到 main() 函数，在 main() 函数中结束整个程序运行。main() 函数可以出现在程序的任何位置，每个程序有且仅有一个 main() 函数。

C++程序的所有函数都是平行定义的。在一个函数内部不允许定义另外的函数。函数可以互相调用，但是不能调用 main() 函数。实际应用中，main() 函数的主要作用是调用各个函数，程序的功能分别由各函数实现。因此，main()函数在这一点上相当于总调度。

从使用的角度来看，C++语言函数主要有两大类：标准库函数和自定义函数。

标准库函数由 C++系统提供，用户无须定义，也不必在程序中作函数声明，只需在调用函数前包含有该函数原型的头文件，即可在程序中直接调用。常用的数学函数，如求平方根 sqrt() 函数、正弦 sin() 函数和求字符串长度 strlen() 函数、字符串复制 strcpy() 函数等均属此类。在编写程序时，要善于利用标准库函数，以减少编写程序的工作量。

【例 6.1】 输入任意一个整数，若大于或等于 0，显示其平方根；若小于 0，显示其绝对值的平方根。

分析： 本题是一个简单的分支问题，通过 if 语句的判断结果，选择相应的输出。注意使用系统库函数，必须包含相应的头文件。

程序代码如下：

```
#include <iostream>
#include <cmath>                    //包含数学函数的头文件
using namespace std;
int main()
{
    int x;
    cin>>x;
    if (x>=0)
      cout<<sqrt(x)<<endl;        //调用标准库函数-平方根函数
    else
      cout<<sqrt(-x)<<endl;       //调用标准库函数-平方根函数，注意函数调用的格式
    return 0;
}
```

注意： 调用库函数要使用正确的调用格式，并理解不同的标准库函数要包含不同的头文件。如使用数学函数要包含<cmath>，而使用字符串函数，则要包含<cstring>。

用户自定义函数指由程序员按需要定义的函数，对于用户自定义函数，不仅要在程序中定义函数本身，一般还需要对该函数进行函数声明，然后才能调用函数。本章主要学习自定义函数基本使用规则。

6.2 函数的声明、定义与调用

思考：从 m 个不同元素中取出 n（$n \leqslant m$）个元素的所有组合的个数的问题，有如下数学公式：

$$C_m^n = \frac{m!}{n!(m-n)!}$$

根据公式可以看出需要计算 m、n 及（$m-n$）三个数的阶乘，显然三个数的阶乘的实现代码非常相似，因此，可以考虑将计算阶乘的功能用函数实现，当需要计算不同数的阶乘时程序只需调用这个函数即可。

下面给出解决该问题完整的 C++程序代码。

```
#include <iostream>
using namespace std;
double factorial (int);                        //求阶乘的函数声明
int main()
{
    int m,n;
    double result;
    cout<<"请输入要计算的 m、n 值（n<=m）";
    cin>>m>>n;
    result= factorial (m)/( factorial (n)* factorial (m-n));    //函数调用
    cout<<"m、n 组合数="<<result<<endl;
    return 0;
}
//求阶乘的函数定义
double factorial (int number){      //实现计算阶乘的功能，形参 number 表示要计算的数据
  int i=1;
  double fac=1;
  while(i<=number) {
      fac*=i;
      i++;
  }
 return fac;                          //返回 fac 的值到主调函数中调用的地方
}
```

在上述程序中，**包括了函数声明、函数定义及函数调用三个部分，这是学习函数非常关键的内容。**

6.2.1 函数声明

使用函数相当于使用工具，在程序设计中，可以设计各种各样的"工具"。比如计算阶乘的"工具"，现实中使用工具需要说明书，每个函数也有其自己的说明书，表示如何调用这个函数，这份说明书就称为函数的声明。函数声明是在函数定义前，预先将该函数的有关信息通知编译系统。

例 6.1 程序中调用标准库函数 sqrt()，需要包含头文件<cmath>的原因是因为数学函数的声明均包含在该头文件中。

函数声明是给编译器看的函数说明，或称之为函数的“自我介绍”。一个函数声明需要给出三个关键部分：

1）函数的名字；

2）函数返回值的类型；

3）调用这个函数时必须提供的参数的个数和参数类型。

函数声明的格式： **返回值的数据类型 函数名(数据类型 参数名 1,数据类型 参数名 2,…);**

说明：

1）圆括号内的“数据类型 参数名 1,数据类型 参数名 2,…”称为形参列表，格式类似变量的定义，但每个形参必须给出独立的类型说明；

2）在函数声明的格式中，可以省略形参列表中的参数名，但数据类型不能省略；

3）形参列表中包含多个形参时，各形参之间用逗号分隔；

4）若返回值的数据类型为 void，则表示该函数无返回值；若为其他数据类型，函数一定有返回值。

下面分析一下如何给出计算任意一个正整数的阶乘的函数的声明。

计算阶乘的函数应有结果即返回值，其返回值的合理类型应取 double，函数名为合法的 C++标识符，这里取名为 factorial，函数需有一个形参用于获取计算哪个数的阶乘且类型取 int。因此，一个计算阶乘的函数声明应为如下形式：

```
double factorial (int number);
```

具体含义：

1）第一个 double 表明该函数有返回值，且返回值的类型为 double；

2）factorial 是函数的名字；

3）函数名后用圆括号括起来的是函数的形参，本例有一个形参，形参名字是 number，类型是 int。

函数声明中常常可以省略形参名字。因此，求阶乘的函数声明也可写成如下格式：

```
double funFactorial (int );
```

如果一个函数没有返回值，须使用 void 类型说明，函数也可以没有形参，但圆括号不能省略。一个没有返回值且没有形参的函数的声明应为如下格式：

```
void funName();
```

【例 6.2】 分析下列函数声明的含义。

1）int max(int,int);

函数名为 max，函数的功能是获取两个数中较大的数。函数有返回值，其返回值的类型为 int，函数有两个 int 类型的形参，这里省略了形参名字。

2）char * strcpy(char *, const char *);

函数名为 strcpy，标准库函数 strcpy 用于字符串复制，函数有返回值，其类型为 char *，表示字符类型的指针，即函数的返回值为一字符型地址。函数的两个形参均为字符型的指针。

3）void abort();

函数名为 abort，标准库函数 abort 的功能是无条件终止程序，函数的返回值的类型为 void，说明该函数无返回值。

6.2.2 函数定义

1. 函数定义的格式

如果把函数的声明比喻为“工具的说明书”，则函数的定义相当于制作“工具”。函数的定义是学习函数的重要部分。

> 函数定义的格式：
> **返回值的数据类型 函数名(形参列表)** //函数首部
> **{**
> 　　//若干实现算法的语句，称为函数体
> 　　**[return 语句；]**
> }

函数的定义由两个部分构成，函数首部和用“{}”括起来的函数体。函数首部类似于函数的声明，但在函数定义中首部形参名是不能省略的。函数体是用“{}”括起来的语句序列，用于实现函数所要完成的功能。函数体可以为空，但“{}”不能省略。

说明：

1）**返回值的数据类型**：确定了函数体中的 return 语句返回值的类型。若没有返回值，其类型为 void. 反之，若返回值是除 void 以外的其他类型，函数体必须有 return 语句。

2）**函数名**：是识别函数的唯一的标识符，不能与程序中的变量或数组重名。函数名最好见名知意，比如计算两个数的总和的函数，可取函数名为 sumTwoNum。

3）**形参列表：**

> 有形参的形参列表为（类型 形参 1，类型 形参 2,…，类型 形参 n);
> 无形参的形参列表为（ ）。

4）**函数体**：函数体用“{}”包括，实现函数功能的程序代码写在“{}”内。

5）函数体内不能包含另一个函数的定义。但可以声明其他函数，如有下面的程序段：

```
void funA()
{
void funB()      //错误：函数 funB 定义在函数 funA 体内
{
...
}
void funC();     //正确:函数 funC 在函数 funA 体内声明
    ...
}
```

思考：函数的定义与函数的声明区别是什么？

2. return 语句

函数实现一定的功能，就像人们做一件事情，一般会有一个结果一样，函数执行完毕也常常会得到一个结果，如计算一个整数的阶乘的函数需要得到其结果阶乘的值。因此，这个函数需要有返回值即计算结果。当一个函数有计算结果返回时，需要用 return 语句指明返回值是什么，**return 语句只能返回一个值**。当函数体内的代码执行到 return 语句时，函数立刻结束，即使 return 语句后面还有代码也不会被执行。

return 语句的两种格式：

1）return 表达式；

2）return；

说明：

格式 1）终止函数的执行，同时将其后的表达式的值返回给主调函数，这一格式不能用于函数的返回类型是 void 的情况。

格式 2）仅终止函数的执行，无返回值。该格式用于函数的返回类型是 void 情况，函数仅仅执行一段代码，无结果返回。当函数的返回值的类型为 void 时，函数调用无返回结果时，也可不设 return 语句，函数执行到最后一个“}” 时终止函数的执行。

计算一个整数阶乘的函数定义如下。

```
double factorial (int number){      //实现计算阶乘的功能形参 number 表示要计算的数据
  int i=1;
  double fac=1;
  while(i<=number) {
    fac*=i;
    i++;
  }
  return fac;                       //返回 fac 的值到主调函数中调用的地方
}
```

注意：

1）函数定义包括函数头部及函数体，本函数是一个有返回值的函数，返回值的类型是 double; 函数体中使用循环语句计算整数 number 的阶乘值，当执行到 return 语句时，函数结束，同时将存入到变量 fac 中的值传给主调程序；

2）形参 number 的值由主调函数传入，函数只能通过调用才会被执行。因此，只有当调用函数 factorial()时，形参 number 才会分配内存空间并获取实际的值。

【例 6.3】 定义一个函数返回 x、y 中较大的一个数。

分析：本函数实现的功能简单，求两个数中较大的值。当调用函数时，传递两个需要比较的数值，在函数定义中，需要指明两个形参及相应的类型，本例重点理解函数定义的格式及其相应含义。

```
int max(int x,int y)
{
  return (x>y?x:y);
}
```

强调：形参 x 和 y 的值由主调函数传入，return 语句终止函数的执行并返回条件表达式的值，把 x 和 y 中较大的一个数传给主调函数。

从上述两个实例中可知，函数定义是一个完整的、独立的代码段，需要给出函数名、函数的返回类型、形参说明及函数的实现过程（函数体）。

若函数定义写在函数调用之前，可以省略该函数的声明。

3．函数定义的要点

函数的定义决定了函数声明和函数调用的格式，给出函数的定义时，要确定函数的输入、输出及处理的实现方式。

1）函数的输入，指函数的形参，即函数需要对哪些数据进行处理，这些数据一般会在函数体内参与计算。

2）函数的输出，指函数的返回值，即用 return 语句返回的结果。

3）函数的处理，指函数所实现的功能，即通过某种算法利用形参的值进行的处理。

对照函数定义的要点，分析自定义函数 factorial()的定义包括以下几个方面。

1）函数的输入是 number，用整型类型表示，其含义是需要计算哪个数的阶乘，所以本函数需要形参，其形参列表格式为 int number。

2）函数的输出是 number 的阶乘，其值用 return 语句返回，返回类型为 double。

3）函数的处理是通过循环语句计算 1×2×3⋯×number 的值。

6.2.3 函数调用

1. 函数调用的格式

函数是一段独立的代码段，通常用于解决某一个实际问题，如计算一个数的阶乘、求三个整数中的最大值等等。函数可以形象地比喻成一个有输入和输出的“黑盒子”，如图 6.2 所示。

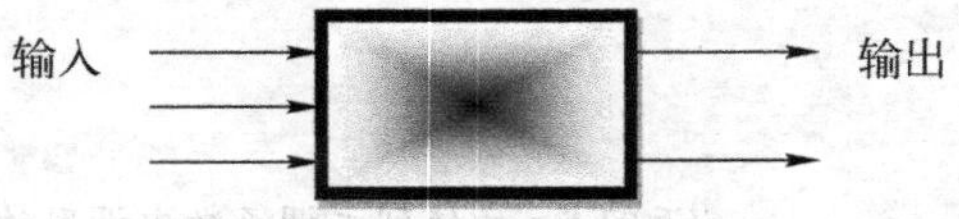

图 6.2　函数结构图

调用函数一般需要传递参数给函数，相当于“黑盒子”的输入，而获取函数的返回值相当于“黑盒子”的输出。函数体相当于“黑盒子”，在调用函数时，并不需要理解函数体中的语句，只需要提供正确的调用语句，一个函数只有通过调用的方式才能够被执行。

函数调用是通过函数调用语句激活并执行函数代码的过程。

> 函数调用的格式：
> **函数名（实参 1，实参 2，⋯）**

实际参数表“实参 1，实参 2，⋯”中的参数可以是常量、变量或其他构造类型数据及表达式，实参必须有确定的值，各实参之间用逗号分隔。调用函数时，需要将实参的值传递给对应位置的形式参数，**因而要求实参个数必须和形参个数相同（带有默认值的形参例外），且类型相匹配。**

> 无参的函数调用，没有实参，但圆括号不能省略。其格式如下：
> **函数名（）**

下面程序段是求“m、n 的组合数”的 main()函数部分，注意其中求阶乘的函数的调用语句。

```
int main()
{
    int m,n;
    double result;      //变量 result 保存组合数的结果
```

```
    cout<<"请输入要计算的 m、n 值";
    cin>>m>>n;
    result= factorial (m)/( factorial (n)* factorial (m-n));//函数调用
    cout<<"m、n 组合数="<<result<<endl;
    return 0;
}
```

函数调用过程：当程序执行到 factorial (m)时，程序控制转向执行函数 factorial，同时将实参 m 的值传递给（或者复制给）形参 number，假如 m 为 10，则形参 number 的值也是 10，随后执行函数体，计算 10！，最后执行到 return 语句函数终止，返回其计算结果。调用 factorial (n) 和 factorial (m-n)过程类似。

2. 函数调用的方式

1）函数表达式

函数调用作为表达式中的一项出现在表达式中，以函数返回值参与表达式的运算。这种方式要求函数是有返回值的。

例如，在赋值语句中调用函数：

```
result= factorial (m)/( factorial (n)* factorial (m-n));
```

是一个赋值表达式，将三次函数调用的结果进行运算后赋值给变量 result。

在 cout 输出流中调用函数，例如：

```
cout<< factorial (m)<<endl;
```

将函数调用的结果显示在屏幕上。

2）函数语句

函数调用的格式加上分号即构成函数语句调用。一般用于函数无返回值的情况，对于有返回值的函数，若用函数语句的格式，则忽略返回值。

例如，调用系统函数 void abort() 终止程序。其调用方式为：

```
abort();
```

3) 函数实参

函数调用的结果作为另一个函数调用的实际参数出现，这种情况是把该函数的返回值作为实参进行传送。因此，该函数必须是有返回值的。

例如，调用例 6.3 的 max()函数输出三个数 a,b,c 中最大的数。

```
cout<<max(max(a,b),c)<<endl;
```

3. 函数调用流程

函数调用的流程分为有返回值和无返回值两种情况，如图 6.3 所示。

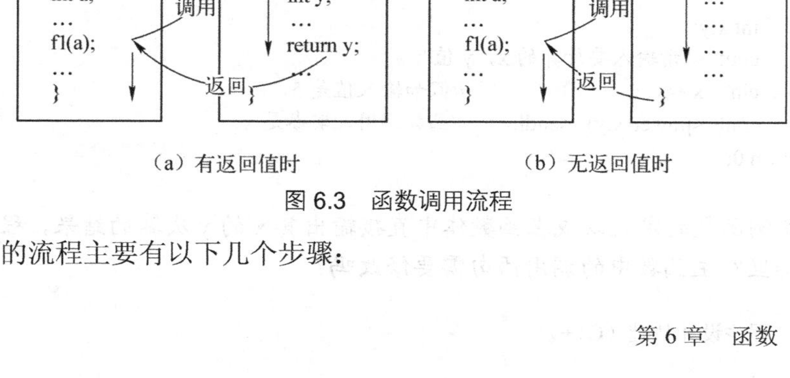

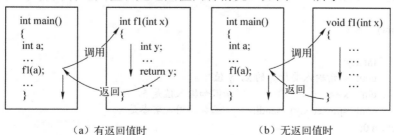

图 6.3 函数调用流程

函数调用的流程主要有以下几个步骤：

1）程序从主函数 main()开始执行，当遇到函数调用时，为被调用函数的形参变量分配存储空间，将实参值复制给形参变量；

2）主函数暂停执行，转而执行被调用的函数。被调用函数执行完成后，即遇到 return 语句或函数结束符号“}”，返回主函数，释放被调函数形参变量占用的内存空间，从主函数原先暂停的位置继续执行。

6.2.4 程序实例

【例 6.4】 编写一个求 x 的 y 次幂的函数 power()，在 main()函数中用键盘输入 x,y 的值，然后调用 power()函数求 x 的 y 次幂，并输出结果。

分析： 函数的功能是计算 x 的 y 次幂，函数名为 power，函数应设置两个形参用于获取要计算的 x 和 y 值。函数执行完毕得到 x 的 y 次幂的结果，使用 return 语句返回其计算结果。本例是一个函数应用的基本实例，注意函数定义中形参的格式与函数调用中实参的格式的区别及函数调用的格式与执行过程。

程序的执行流程如图 6.4 所示。

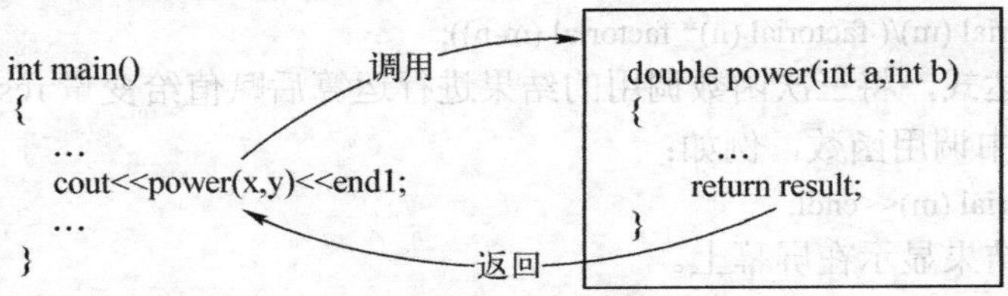

图 6.4 power()函数的调用流程

程序代码如下：

```
#include <iostream>
using namespace std;
//函数定义写在函数调用之前，可以省略函数的声明
double power(int a,int b)        //函数定义开始，注意形参名 a、b 不能省略
{
    double result=1;             //变量 result 存储计算结果，初始值应为 1
    while(b>0)
    {
        result*=a;               //累乘
        b--;
    }
    return result;               //将计算结果返回给调用处
}
int main()
{
        int x,y;
        cout<<"请输入要计算的 x，y 值";
        cin>>x>>y;                         //假如输入值是 5，6
        cout<<power(x,y)<<endl;            //函数调用，实参是 x、y
    return 0;
}
```

思考： 若本例函数的定义改成在函数体中直接输出其 x 的 y 次幂的结果，程序如下。两个函数的区别在哪里？主函数中的调用语句需要修改吗？

```
void power(int a,int b)          //函数定义开始，注意形参名 a、b 不能省略
{
    double result=1;             //变量 result 存储计算结果，初始值应为 1
    while(b>0)
    {
        result*=a;               //累乘
        b--;
    }
    cout<<result;                //直接输出
}
```

【例 6.5】 编写一个函数，判断给定的三边长能否构成直角三角形，能构成直角三角形则返回 1，否则返回 0。在 main()函数中输入三边长，调用该函数，若是直角三角形则输出“能构成直角三角形”，若不是则输出“不能构成直角三角形”。构成直角三角形的条件是任意两条边平方和等于第三边的平方和。

分析： 函数的功能是根据输入的三条边判断能否构成直角三角形，需要设置三个形参用于接收三条边的数据，其结果用 return 语句返回 1 或者 0。在主调函数中，根据其返回值输出相应的信息。本题在函数的定义体内会出现多个 return 语句，但程序只会执行其中某一个 return 语句。

程序代码如下：

```
#include <iostream>
using namespace std;
int funIs(double,double,double);          //函数声明，返回类型可用 int 或者 bool 类型
int main()
{
    double x,y,z;
    cout<<"请输入三角形三边长度";
    cin>>x>>y>>z;
    if(funIs(x,y,z))                      //调用函数。若返回值为 1，if 语句条件为真，反之为假
       cout<<x<<y<<z<<" 能构成直角三角形"<<endl;
    else
       cout<<x<<y<<z<<"不能构成直角三角形"<<endl;
  return 0;
}
int funIs(double a ,double b ,double c)                    //函数定义开始，注意形参名不能省略
{
    if((a*a+b*b==c*c)||(c*c+b*b==a*a)||(a*a+c*c==b*b))     //判断直角三角形的条件
       return 1;
    else
       return 0;
}
```

说明： 在一个函数体内，return 语句可以出现多次，一旦执行到某个 return 语句，函数立刻中止，返回到主调函数。这种情况需用在条件分支中。

【例 6.6】 编写函数，将摄氏温度转换华氏温度，转换公式为：f=1.8*c+32.0。在 main()函数中调用该函数，在屏幕上显示从摄氏 0 度到 70 度，每隔 7 度转换一次的华氏温度。

分析： 函数要实现的功能是摄氏温度转换华氏温度，需要设置一个形参接收摄氏温度，在

函数体中根据公式得到相应的华氏温度，并把结果用 return 语句返回。在 main()函数中，通过循环摄氏温度从 0 度到 70 度，调用函数得到相应转换的华氏温度。

程序代码如下：

```
#include <iostream>
#include<iomanip>
using namespace std;
double celToFah (int);          //函数声明
int main()
{
    int Celsius;
    cout<<setw(10)<<"摄氏温度"<<setw(10)<<"华氏温度"<<endl;
    for(Celsius=0;Celsius<=70;Celsius+=7)
    cout<<setw(10)<<Celsius<<setw(10)<< celToFah (Celsius)<<endl;       //函数调用
    return 0;
}
double celToFah (int ce)      //函数定义
{
   double Fahrenheit;
   Fahrenheit=1.8*ce+32.0;
   return Fahrenheit;
}
```

运行结果如图 6.5 所示。

```
  摄氏温度  华氏温度
         0        32
         7      44.6
        14      57.2
        21      69.8
        28      82.4
        35        95
        42     107.6
        49     120.2
        56     132.8
        63     145.4
        70       158
Press any key to continue
```

图 6.5　例 6.6 的运行结果

说明： 本程序需要多次调用温度转换函数，且转换温度从 0 度到 70 度，是有规律的数据变化序列，在主函数中应考虑使用循环，并将调用语句写在循环体内。

若转换的温度是无规律的数据，比如 0,12,14,19,36,45,46 等，如何修改程序？

6.3　变量的存储方式和生存期

在讨论函数的形参变量时指出，形参变量只在被调用期间才分配内存单元，调用结束立即释放。这表明形参变量只有在函数内才是有效的，离开该函数就不能再使用了。同样 main()函数中定义的变量也不可以直接在其他函数中使用。因此，每个变量有相应的作用范围，本节学习变量不同的存储方式和生存期。

6.3.1　存储特性与作用域

变量按作用域范围分为两种：局部变量和全局变量。“域”指的是范围，“作用”理解为“起作用”，也可称为“有效”。“作用域”是指一个变量在代码中起作用的范围，或者说是一个变量的“有效范围”，变量的作用域决定变量的可访问性。

1．局部变量

局部变量也称为内部变量。用“{}”括起来的代码范围，属于一个局部作用域。如果这个局部作用域包含更小的子作用域，那么子作用域具有较高的优先级。在一个局部作用域内，变量从其声明或定义的位置开始，一直作用到该作用域结束为止。离开该作用域后再使用这种变量是非法的。

例如：

```
int fun1(int a)               //形参a是局部变量
 {  int b,c;                  //b,c 在函数体内定义，局部变量
    …
}
```

其中 a,b,c 三个变量是局部变量且作用域在 fun1()函数体内。

```
int main()
{   int a;                    //局部变量a的作用域在整个函数有效
    {                         //内部域开始处
        int b=2,c;            //局部变量b,c的作用域只在所处{}中
    }
    cout<<b<<c<<endl;         //错误，非法操作变量b,c
  cout<<a<<endl;              //正确，显示变量a的值
}
```

上例中 main()函数中三个变量 a,b,c 与函数 fun1()中的变量名 a,b,c 相同，但其作用域不同，是不可以相互替代的。

在同一个作用域内，变量是不可以重复定义的。例如：

```
void fun(int x)               //形参x的作用域在整个函数有效
{
    int x;                    //错误，局部变量x的作用域也在整个函数有效，变量同名也不可以
}
```

许多使用复合语句的地方，均存在变量作用域的问题。比如：

```
//if 语句
if( i> j)
{
    int a;                    // a是一个局部变量，处在的if语句所带的{}之内
    ...
}
//for 语句:
for(int i=0;i<100;i++)
{
    int a;                    //i，a也是局部变量，处在for语句带的{}之内
    ...
}
```

局部变量作用域的几点说明。

1）main()函数中定义的变量只能在 main()函数中使用，不能在其他函数中使用，即使同名也不可以。同时，main()函数中也不能使用其他函数中定义的变量。

2）形参变量是属于被调函数的局部变量，实参变量是属于主调函数的局部变量。其变量的作用域是不同的，因此，形参变量名可以与实参变量名相同也可以不相同。

3）允许在不同的函数中使用相同的变量名，代表不同的对象，分配不同的单元，不会产生二义性。

4）在复合语句“{}”中也可定义变量，其作用域只在复合语句范围内。

2．全局变量

全局变量也称为外部变量，是在函数体外定义的变量。全局变量的作用域是整个源程序。

即一个全局变量从定义的行起，将一直作用到源程序的结束。

例如：

```
int a, b;           //在函数体外定义，全局变量
void fun1()         //fun1 函数定义
{
    …
}
double x,y;         //全局变量
int fun2()          // fun2 函数定义
{
    …
}
int main()          /*主函数*/
{
    …
}
```

在上例中 a,b,x,y 都是在函数体外定义的变量，都是全局变量。但 x,y 定义在函数 fun1()之后，而在 fun1()内又无对 x,y 的说明，因此，它们在 fun1()内无效。a,b 定义在源程序最前面，因此在 fun1()、fun2()及 main()内不加说明都可使用。

注意全局变量的作用域从定义的位置开始，至整个源程序有效。

【例 6.7】 编写函数，计算正方形的体积及表面积。使用全局变量存储体积和表面积，正方体边长 length 由参数传入。

分析：函数使用 return 语句只能返回一个值，本函数要计算体积和表面积，显然不能通过 return 语句实现。全局变量的作用域是从定义处开始直到整个程序有效，因此，可将存储正方形的体积及表面积的变量定义为全局变量，使得程序中所有的函数都能对该变量进行操作。

程序代码如下：

```
#include <iostream>
using namespace std;
double v,area;          //定义全局变量，用于存储体积和表面积
void box(double );      //函数声明，形参用于传递正方形的边长
int main()
{
    double c;
    cout<<"请输入正方体的边长";
    cin>>c;
    box(c);
    cout<<"v="<<v<<"area="<<area<<endl;
    return 0;
}
void box(double cc)
{
    v=cc*cc*cc;
    area=6*cc*cc;
}
```

说明：全局变量 v,area 的作用域在整个程序，在 main()函数和 box()函数中都可以直接对其操作。但这种方式也带来一定的安全性问题，一般不提倡使用全局变量进行该类操作。

如果程序中全局变量与局部变量同名，在局部变量的作用域内，全局变量被“屏蔽”，起作用的是局部变量，即局部优先。若需要操作全局变量，可用域运算符“::”访问。

【例 6.8】 阅读下列程序，理解程序运行结果。

```
#include <iostream>
using namespace std;
int n=100;                          //全局变量 n
int main()
{
    int i=200,j=300;                //局部变量 i,j 的作用域是整个 main()函数内
    cout<< n<<'\t'<<i<<'\t'<<j<<endl;
    {   //内部块
        int i=500,j=600,n;          //变量 i,j,n 是内部块定义的局部变量，且与外部变量同名
        n=i+j;                      //操作的是内部块定义的变量，局部优先
        cout<< n<<'\t'<<i<<'\t'<<j<< endl; //输出局部变量 n
        cout<<::n<<endl;            //输出全局变量 n，::称为域运算符
    }
    n=i+j;                          //修改全局变量
    cout<< n<<'\t'<<i<<'\t'<<j<< endl;
    return 0;
}
```

```
100     200     300
1100    500     600
100
500     200     300
Press any key to continue
```

图 6.6　例 6.8 的运行结果

运行结果如图 6.6 所示。

说明： 变量是具有作用域的，变量的作用域与变量的定义位置相关，不同作用域的变量即使同名也是不相关的两个变量，若在一个作用域中变量名相同，根据局部优先的规则，起作用的变量是内部块的变量。

6.3.2　变量的生存期

一个变量有不同的作用域，同时变量还具有一定的生存期。生存期很容易理解，就像某个植物活着时候，可以生长结果实，当植物死亡后就消亡不起作用了。变量的生存期也有相似的含义。

在前面提到变量是要占用内存的。例如，一个 double 类型的变量占用 8 个字节的内存，一个 int 类型的变量占用 4 个字节的内存。当这个变量还占用着内存时，就认为它“活着”，即在变量的生存期内，而一个变量释放了它所占用的内存，就认为它“死了”，不在生存期内了。

变量的生存期与变量的存储方式有关。这种由于变量存储方式不同而产生的特性就称为变量的生存期，生存期表示了变量存在的时间。

程序在运行过程中，需要将代码与数据存入内存，内存主要分为代码区与数据区；根据存储的数据的性质，数据区又细分为静态存储区域与动态存储区，如图 6.7 所示。

各个区中存储数据的性质如下。

1）动态数据区（也称为栈区）：分配在动态数据区的数据是由编译器决定其生存期的。其生存期与变量的作用域一致，即离开作用域，生存期终止。未声明为静态的局部变量、函数形式参数等均分配在动态数据区，**分配在动态数据区的数据如果没有给出初始值，则其值为随机值。**

2）静态数据区：存放在静态数据区的数据拥有和程序一样长的生存期，当这些数据获取内存空间后，会一直占用内存空间，直到程序结束；全局变量与静态变量均存储在静态数据区内；

静态数据区存储的变量还有一个特征，当未指定变量初始值时，数据会自动初始化为 0 值。

3）代码区：存放程序的代码部分。

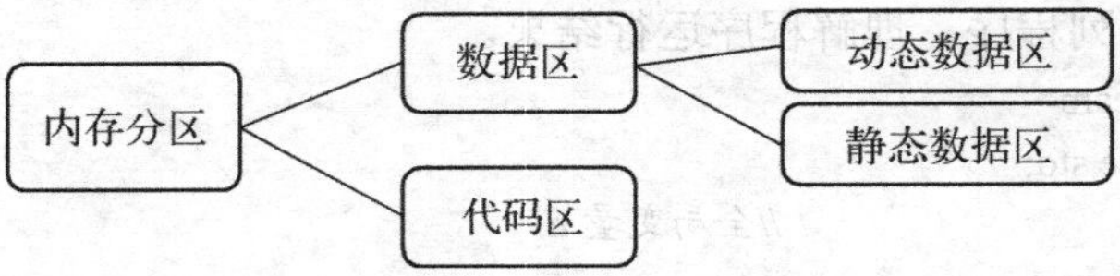

图 6.7　C++内存分配示意图

生存期和作用域的关系是：如果一个变量结束了其生存期，那么自然该变量也就离开了其作用域。但反过来，如果一个变量离开了它的作用域，并不一定就结束了生存期。典型的如函数内的静态局部变量。

由此在 C++语言中，每个变量均有两个属性：数据类型和数据的存储类别。

1. auto 变量

函数中的局部变量，若未声明为 static 存储类别都属于 auto 变量，auto 变量存储在栈区中。函数中的形参和在函数中定义的变量（包括在复合语句中定义的变量），都属此类，在调用该函数时，系统会给它们分配存储空间，在函数调用结束时就自动释放这些存储空间。自动变量用关键字 auto 作存储类别的声明，但常常省略。

例如：

```
int fun(int a)      //函数定义
{
    int b,c=3;  //定义 auto 变量，auto 可省略
    …
}
```

a 是形参，b,c 是局部变量，对 c 赋初值 3。执行完 fun()函数后，自动释放 a,b,c 所占的存储空间，a,b,c 均为自动变量。

2. 用 static 声明局部变量

如果在函数体内设置一个变量记录函数被调用的次数，这时就希望这个局部变量在函数调用结束后不消失而继续保留原值，可以将该局部变量声明为 static 来解决问题。static 变量分配在静态数据区，其生存期是属于整个程序的，即程序运行完毕，static 变量所分配的空间才会释放。

【例 6.9】 编写函数 funCount()，通过函数体内定义一个静态变量记录该函数被调用的次数。

分析：本题要求记录函数调用的次数，即每当执行一次函数时，函数体的某个变量应自增一次，该变量在函数调用结束后仍然占用其分配的空间保留其值。显然该变量应具有静态变量的特征。

程序代码如下：

```
#include <iostram>
using namespace std;
int funCount()
{
    static int count=0; //定义局部静态变量，初始值只会赋值一次
    count++;
    return count;
}  //count 变量的作用域仍限制在 funCount()函数体内
int main()
```

```
{
    int i;
    for(i=0;i<10;i++)
    cout<<funCount( );
}
```

思考：将“static int count=0;”语句中的 static 去掉，结果会有什么变化？

静态局部变量与局部变量的区别：

1）静态局部变量存储在静态数据区。在程序整个运行期间，内存空间都不释放。而自动变量（即局部变量）分配在动态存储区，函数调用结束后即释放。

2）静态局部变量在编译时赋初值，即只赋初值一次；而自动变量赋初值是在函数调用时进行，每调用一次，函数重新给一次初值。

3）如果在定义局部变量时不赋初值，则对静态局部变量来说，编译时自动赋初值 0（对数值型变量）或空字符（对字符变量）；而对自动变量来说，如果不赋初值则它的值是一个不确定的值。

3．用 extern 声明全局变量

全局变量是在函数的外部定义的，它的作用域为从变量定义处开始，到本程序的末尾结束。如果全局变量不在程序的开头定义，其有效的作用域只限于定义处到程序尾部。如果在定义点之前的函数想使用该全局变量，则应该在引用之前用关键字 extern 对该变量作全局变量声明，表示该变量是一个已经定义的全局变量。有了此声明，就可以从声明处起，合法地使用该全局变量。

【例 6.10】 用 extern 声明外部变量，扩展程序中变量的作用域。

```
#include <iostram>
using namespace std;
int max(int x,int y);
int main()
{
    extern A,B;        //extern 说明变量 A、B 是已经定义的全局变量
    cout<<max(A,B)<<endl;
    return 0;
}
int A=13,B=-8;         //全局变量的声明位置
int max(int x,int y)
{
    int z;
    z=x>y?x:y;
    return(z);
}
```

说明：在本程序的 main()函数后面定义了全局变量 A,B，但由于全局变量定义的位置在函数 main()之后，在 main()函数中就不能引用全局变量 A,B。但在 main()函数中用 extern 对 A 和 B 进行全局变量声明，就可以从声明处起，合法地使用该外部变量 A 和 B。

6.4 函数参数传递

函数的参数传递是程序中共享数据的一种重要途径，函数的参数分为形参和实参两种。当

函数调用时，主调函数把实参的值传送给被调函数的形参，从而实现主调函数向被调函数的数据传送（或称为复制）。函数的形参和实参具有以下特点。

1）形参变量只有在被调用时才分配内存单元，在调用结束时，释放所分配的内存单元，形参只有在函数内部有效。函数调用结束返回主调函数后则不能再使用该形参变量。

2）实参可以是常量、变量、表达式、函数调用等，无论实参是何种类型的量，在进行函数调用时，它们都必须具有确定的值，以便把这些值传送给形参。因此，应预先赋值，使实参获得确定值。

3）实参和形参的个数、类型及顺序应一致，否则会发生类型不匹配的错误。

C++中函数的参数传递有值传递、指针传递、引用传递这三种方法。

6.4.1 值传递

函数参数在按值传递情况下，被调函数的形参作为被调函数的局部变量看待，在内存中分配相应的空间存放主调函数传入的数据，形参的修改不会引起实参的改变。值传递时，形参只能是简单变量或数组元素，形参和实参有各自独立的存储空间，函数调用时，将实参的值传递给对应的形参。

【例 6.11】 思考下列程序执行的结果。

```
#include <iostream>
using namespace std;
void funA(int x)          //形参 x 是简单变量，类型为 int
{
    x=100;                //函数体内对 x 赋值 100
}
int main()
{
    int x=1;
    funA(x);              //函数调用
    cout<<"x="<<x<<endl;
    return 0;
}
```

程序运行结果不会显示 x=100，正确的结果是 x=1。

说明： 图 6.8 显示 C++值传递的效果，传值方式的含义是向函数传递参数时，将实参的值复制给形参，形参与实参分别占用不同的内存空间。因此，函数中所有对形参的操作，就只是在使用复制品，不会改变实参本身。

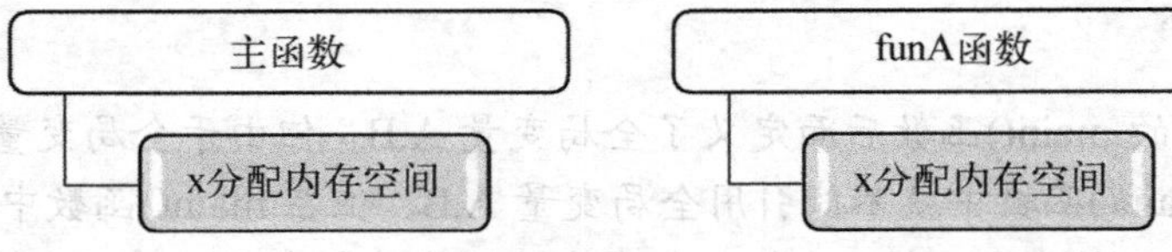

图 6.8 值传递内存分配示意图

【例 6.12】 编写函数，交换两个变量的值。

分析： 试用值传递的方式编写函数，实现交换两个变量值的功能，能否正确交换变量？

程序代码如下，程序运行结果如图 6.9 所示。

```
#include <iostream>
using namespace std;
void swapData1(int,int); //函数声明
int main()
{
    int x,y;     //变量 x，y 存储要交换的两个数据
    cout<<"请输入要交换的两个数据";
    cin>>x>>y;
    cout<<"main x="<<x<<",y="<<y<<endl;
    swapData1 (x,y); //函数调用
    cout<<"main x="<<x<<",y="<<y<<endl;
    return 0;
}
void swapData1 (int x, int y) //函数定义
{
   int temp;      //引入中间变量 temp 便于交换
   temp=x;
   x=y;
   y=temp;
   cout<<" fun x="<<x<<",y="<<y<<endl;
}
```

说明：这是一个值传递的过程，函数内的形参是相互交换了，但形参与实参是分配在不同内存空间的变量，形参的任何改变不会影响到实参，因此 swapData()函数结束返回到 main()函数，main()函数中的 x,y 变量并没有交换。

```
请输入要交换的两个数据3 5
main x=3,y=5
 fun x=5,y=3
main x=3,y=5
Press any key to continue
```

图 6.9　例 6.12 的运行结果

从运行结果图 6.9 中可以看出，在函数 swapData()中交换了形参 x,y 的值，输出结果“fun x=5,y=3”，但在 main()函数中 x,y 并没有改变，仍然是“main x=3,y=5”。

因此，值传递一般用于不需要修改实参的值，适合于作为程序间数据传递的情况。值传递函数的形参为基本类型的变量。

6.4.2　指针传递

指针传递指函数形参为指针变量的情况。指针变量从本质上讲是存放变量地址的一个变量，可以改变指针变量所指向的地址和其指向的地址中所存放的数据。指针传递参数本质上也是“值传递”的方式，但它所传递的是一个地址值，其特点是可以通过形参改变实参值。如果想通过指针传递来改变主调函数中实参，需使用“*指针变量名”的形式进行运算。

【例 6.13】 修改例 6.12 程序，使用指针作为参数实现两个数据的交换。

分析：本例用指针参数作为函数的形参来实现变量的交换，指针变量存放的值必须是地址类型，因此，调用该函数的实参应为变量的地址，取变量的地址用&运算符。

程序代码如下：

```
#include <iostream>
using namespace std;
void swapData2(int *,int *); //函数声明，形参使用指针形式，形参名省略
int main()
```

```
{
    int x,y;  //变量 x，y 存储要交换的两个数据
    cout<<"请输入要交换的两个数据";
    cin>>x>>y;
    cout<<"main x="<<x<<",y="<<y<<endl;
    swapData2(&x,&y); //函数调用，函数 swapData2 的形参是指针，实参需取变量地址
    cout<<"main x="<<x<<",y="<<y<<endl;
    return 0;
}
void swapData2(int *a, int *b)        //函数定义
{
    int temp;                          //引入中间变量 temp 便于交换
    temp=*a;                           //*x 表示取指针变量 x 所指地址中值
    *a=*b;
    *b=temp;
}
```

说明：调用函数时把变量 x 和 y 的地址传送给形参 a 和 b，因此*a 和 x 为同一内存单元，*b 和 y 是同一内存单元，如图 6.10（a）所示。实质上这种方式还是“值传递”，只不过实参的值是变量的地址而已。而在函数中改变的不是实参的值，而是实参地址所指向的变量的值。

程序运行结果如图 6.10（b）所示。表明函数 swapData2()交换了 main()函数中两个变量 x,y 的值。因此，指针传递能够通过形参的操作，达到修改实参值的目的。

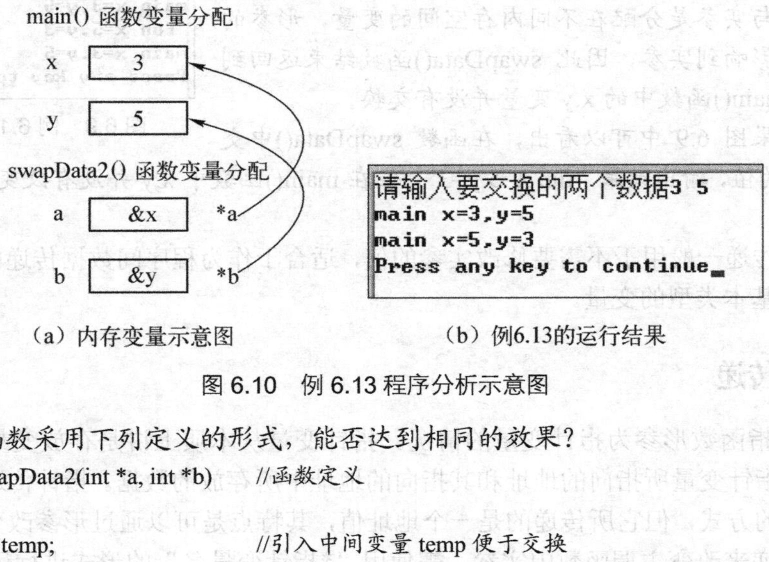

（a）内存变量示意图　　　　（b）例6.13的运行结果

图 6.10　例 6.13 程序分析示意图

思考：若函数采用下列定义的形式，能否达到相同的效果？

```
void swapData2(int *a, int *b)    //函数定义
{
    int *temp;                     //引入中间变量 temp 便于交换
    temp=a;
    a=b;
    b=temp;
}
```

【例 6.14】 编写程序，完成一个学生两门课程成绩的输入和输出。要求用两个函数 input()和 output()分别实现成绩的输入和输出。

分析：在 main()函数中定义两个变量 math 和 english，存储两门课程成绩。这两门课程成绩的输入要求在函数 input()中完成，输出在函数 output()中进行，调用完 input()函数后必须将

两门课程成绩返回到主函数，再以传值参数的形式传递给 output()函数输出。input()函数需返回两门课程的成绩给 main()函数，显然不能使用 return 语句实现。本程序以指针变量作为函数参数，通过在 input()函数中修改形参以达到修改主函数中变量 math 和 english 值的目的。

程序代码如下：

```
#include <iostream>
using namespace std;
void input(double *ma, double *en) //函数定义，指针传递
{
    cout<<"请输入 math 及 english 成绩";
    cin>>*ma>>*en;              //从键盘输入两门课成绩，分别存入 ma,en 指针所指的地址中
}
void output(double ma,double en) //函数定义，值传递不用改变实参值
{
   cout<<"数学成绩="<<ma<<endl;
   cout<<"英语成绩="<<en<<endl;
}
int main()
{
    double math,english;
    input(&math,&english);//传递变量的地址给 input()函数的形参，形参须为指针变量
    output(math,english);
    return 0;
}
```

程序运行结果如图 6.11 所示。

```
请输入math及english成绩89.9 67.8
数学成绩=89.9
英语成绩=67.8
Press any key to continue
```

图 6.11　例 6.14 的运行结果

说明：input()函数通过指针参数修改了 main()函数中两个变量 math 和 english 的值，当函数需要有多个被改变的值时，可用指针传递解决。若本例只需获取一门课的值，也可用 return 语句返回其值。

6.4.3　引用传递

引用传递指函数的形参声明为引用变量的情况，引用变量可以看成另一个变量的别名，当形参为引用变量时，形参不再另行分配内存空间，函数调用时，形参变量与实参变量共用相同的存储空间，即对形参的操作等同于对实参的操作。因此，被调函数对形参做的任何操作都会影响主调函数中的实参变量。

【例 6.15】 修改例 6.12 的程序，使用引用作参数实现两个数据的交换。

分析：本例用引用作为函数的形参，应使用正确的引用形参列表格式（int &x,int &y）,当形参为引用变量时，调用函数语句中实参为简单变量的形式。

程序代码如下：

```
#include <iostream>
```

```
using namespace std;
void swapData3(int &,int &); //函数声明，形参使用引用形式
int main()
{
    int x,y;   //变量 x，y 存储要交换的两个数据
    cout<<"请输入要交换的两个数据";
    cin>>x>>y;
    cout<<"main x="<<x<<",y="<<y<<endl;
    swapData3(x,y); //函数调用，函数 swapData3 的形参是引用，这里实参用变量形式
    cout<<"main x="<<x<<",y="<<y<<endl;
    return 0;
}
void swapData3(int &a, int &b) //函数定义
{
    int temp; //引入中间变量 temp 便于交换
    temp=a;
    a=b;
    b=temp;
}
```

程序运行结果如图 6.12 所示。

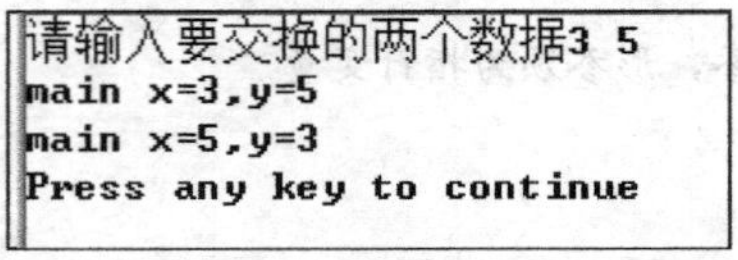

请输入要交换的两个数据3 5
main x=3,y=5
main x=5,y=3
Press any key to continue

图 6.12　例 6.15 的运行结果

说明：当 main()函数调用 swapData3()函数时，实参 x 的名字传给引用变量 a，y 的名字传给引用变量 b。此时 a 和 b 就分别与 x 和 y 占用同一内存空间。a 和 b 可以看做是 x 和 y 的别名，对 a 和 b 所做的任何操作等价于对 x 和 y 进行的操作。

从例 6.15 中可以看出，指针传递与引用传递对交换两个变量的值的效果是一样的。但引用传递比指针传递更有优势，体现在如下几个方面：

1）函数的形参作为原来主调函数中的实参变量的一个别名来使用，在被调函数中对形参变量的操作就是直接对其相应的实参变量的操作。

2）使用引用作为传递函数的参数，在内存中并没有产生实参的副本，它直接对实参进行操作；而使用一般变量传递函数的参数，当发生函数调用时，需要给形参分配存储单元，形参变量是实参变量的副本；当参数传递的数据较大时，用引用比用一般变量传递参数的效率高，同时，所占空间小。

3）使用指针作为函数的参数虽然也能达到与使用引用类似的效果，但是在被调函数中同样要给形参分配存储单元，且需要使用“*指针变量名”的形式进行运算，容易出错。另一方面，在主调函数的调用点处，必须用变量的地址作为实参。

6.4.4　数组参数

数组可以作为函数的参数使用，进行数据传送。数组用作函数的参数有两种形式：一种是使用数组元素（下标变量），传值的效果；另一种是使用数组名，传地址的效果。

1. 数组元素作为函数的实参

数组元素就是下标变量，它与普通变量并无区别。数组元素作为函数实参与普通变量是完全相同的，当函数调用时，把作为实参的数组元素的值传送给形参，实现单向的值传送，属于

值传递。

【例 6.16】 编写函数，对输入的字符进行判断，若为英文字母显示“是字母”，否则显示“是其他字符”。

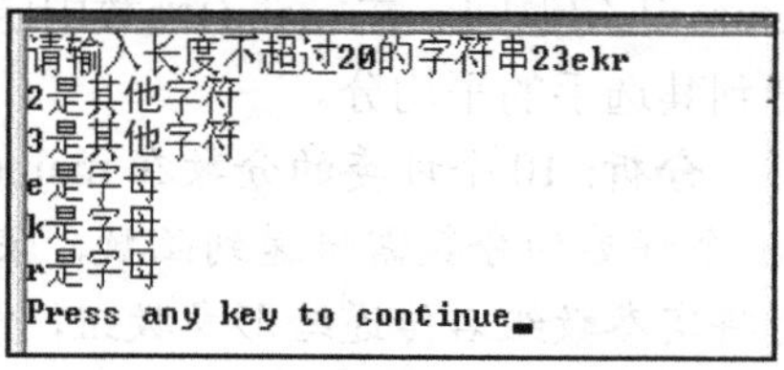

图 6.13 例 6.16 的运行结果

分析：函数需对接收的字符进行字母或非字母的判断，应设置一个字符型的形参变量用于接收测试的字符，在函数体内显示其测试结果，本函数没有返回值，函数的返回类型为 void。

程序代码如下，程序运行结果如图 6.13 所示。

```
#include <iostream>
using namespace std;
void showLetter (char);                    //显示字符的函数声明
int main()
{
    char ch1[20];
    int i;
    cout<<"请输入长度不超过 20 的字符串";
    cin.getline(ch1,20);              //接收从键盘上输入的字符串存入字符数组 ch1
    for(i=0;ch1[i]!='\0';i++)         //字符串的结尾标志是\0
    showLetter(ch1[i]);               //调用函数，实参是数组元素
    return 0;
}
void showLetter (char c)              //函数定义，形参用字符变量接收实参值
{
    if (c>='a' && c<='z' || c>='A' && c<='Z')
        cout<<c<<"是字母"<<endl;
    else
        cout<<c<<"是其他字符"<<endl;
}
```

2. 数组名作为函数的参数

数组名作为函数的参数与用数组元素作实参是不同的，属于地址传递。

数组名是数组的首地址，用数组名作为函数的参数时，不是进行值传送，即不是把实参数组的每一个元素的值都赋予形参数组的各个元素。数组名作函数参数时所传送的是地址，也就是把实参数组的首地址赋予形参数组名。**形参数组名取得该首地址之后与实参数组为同一数组，共同拥有一段内存空间，编译系统不再为形参数组分配内存。**数组名作为参数传递的示意图如图 6.14 所示。

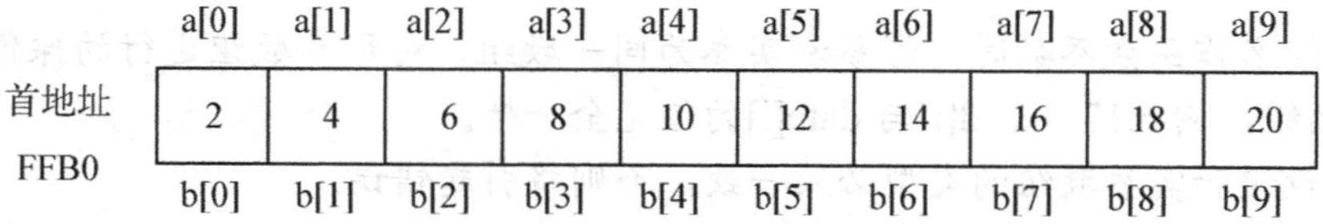

图 6.14 数组名作为参数传递的示意图

设图中 a 为实参数组，类型为整型，a 占有以 FFB0 为首地址的一块内存区。b 为形参数组名。当发生函数调用时，进行地址传送，把实参数组 a 的首地址传送给形参数组名 b，于是 b 也取得该地址 FFB0。这样 a 和 b 两数组共同占用以 FFB0 为首地址的一段连续内存单元。由此 a 和 b 下标相

同的元素实际上也占用相同的内存单元，即 a[0]等于 b[0]。依此类推则 a[i]等于 b[i]。

【例 6.17】 假设 10 个评委为一名选手打分，编写函数，求该选手的平均分，其平均分用 return 语句返回。在 main()函数中定义一个长度为 10 的一维数组，输入 10 个数据，调用函数得到其选手的平均分。

分析: 10 个评委的分数在 main()函数中存入一维数组中，编写函数，计算该选手的平均分，10 个评委的分数需传递到函数，使用数组名作为函数的实参，可以避免传送大量的数据，因为将实参数组名传递给形参数组，传递的只是数组的首地址，形参数组就可获取与实参数组同一片地址空间，在函数中对形参数组的操作实际上是对实参数组的操作。

程序代码如下：

```
#include <iostream>
using namespace std;
double average(double [],int ); //函数声明，注意一维形参数组不用指明数组长度
int main()
{
    double date[10],ave;
    cout<<"请输入 10 个评委的分数";
    for(int i=0;i<10;i++)
        cin>>date[i];
    ave= average(date,10);          //第一个参数是数组名，第二个参数确定数组长度
    cout<<"选手的平均分="<<ave<<endl;
    return 0;
}
double average(double d[],int n)    //函数定义，形参用于实参同类型的一维数组
{
   double ave=0;                    //定义变量 ave 存放平均值
   int i;
   for(i=0;i<n;i++)
        ave+=d[i];                  //ave 累加，必须赋初值 0
   return ave/n;
}
```

程序运行结果如图 6.15 所示。

```
请输入10个评委的分数90 87 94 99 93 97 94 76 98 98
选手的平均分=92.6
Press any key to continue
```

图 6.15 例 6.17 的运行结果

说明:

1）用数组名作函数参数时，形参和实参为同一数组，对形参数组进行的操作，实际上操作的是实参数组，例 6.17 中，d[i]与 date[i]的值完全一样。

2）形参数组和实参数组的类型必须一致，否则将引起错误。

3）形参数组不另外分配内存空间，其长度可以省略，但[]不能省略。数组的长度通常用其他形参获得。

【例 6.18】 定义一个函数返回 $N\times N$ 二维数组元素的两条对角线元素之和。

分析: 函数的功能是求 $N\times N$ 二维数组对角线元素之和，需要对所有二维数组元素进行操作，函数的传递应使用二维数组名，其结果用 return 语句返回。

程序代码如下，程序运行结果如图 6.16 所示。

```
#include <iostream>
using namespace std;
const int N=3;                                    //定义常变量 N
double sumDiagonal (double [][N] ); //特别注意二维形参数组不能缺省第二维的长度
int main()
{
        double Diagonal[N][N];
        int i,j;
        cout<<"输入数据"<<endl;
       for(i=0;i<N;i++)
           for(j=0;j<N;j++)
                cin>>Diagonal[i][j];              //输入数据
        cout<<"输出数据"<<endl;
        for(i=0;i<N;i++)
        {
              for(j=0;j<N;j++)
                cout<<Diagonal[i][j]<<" ";        //输出数据
              cout<<endl;    //每输出一行执行换行
        }
       double total= sumDiagonal (Diagonal);    //调用函数，实参是数组名
       cout<<"两条对角线元素之和="<<total<<endl;
return 0;
}
double sumDiagonal (double d[][N]) //函数定义，形参用于实参同类型的二维数组
{
     double total=0;                              //定义变量 total 存放总和
     int i,j;
     for(i=0;i<N;i++)
        for(j=0;j<N;j++)
           if(i==j || i+j==N-1)
                total+=d[i][j];
     return total;
}
```

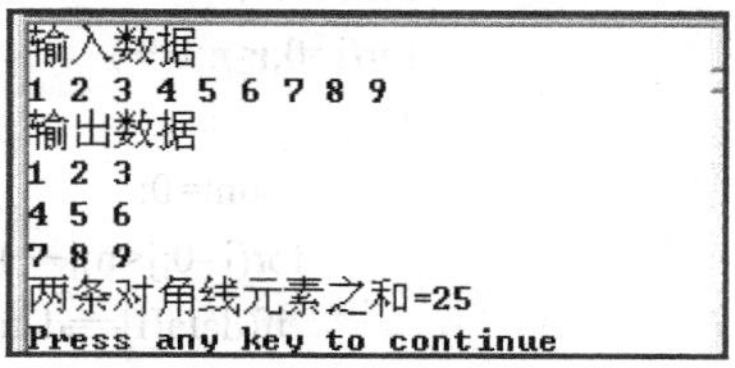
输入数据
1 2 3 4 5 6 7 8 9
输出数据
1 2 3
4 5 6
7 8 9
两条对角线元素之和=25
Press any key to continue

图 6.16　例 6.18 的运行结果

说明：二维数组名作为参数传递与一维数组名作为参数传递含义相同，属于地址传递，但需注意形参数组的第二维长度不可省略，否则会引起不确定性。

6.4.5　程序实例

【例 6.19】　编写函数，统计一个实数序列中出现次数最多的数及其出现次数。

分析：用一维数组存储该实数序列，在函数体中使用二重循环，外层对应数组元素的每个值，内层循环统计该数值在数组中出现的次数，用一个变量保留当前出现次数最多的值，函数需要返回出现次数最多的值和次数，用引用变量作为函数的参数来解决。

程序代码如下：

```
#include <iostream>
using namespace std;
```

```
void maxCountNumber(double data[],int n,double &maxNumber,int &maxCount)
{
    int i,j;
    maxNumber=data[0];
    maxCount=0;
    int count;
    for(i=0;i<n;i++)
    {
        count=0;
        for(j=0;j<n;j++)
         if(data[i]==data[j])
            count++;
        if(count>maxCount)
        {
            maxCount=count;
            maxNumber=data[i];
        }
    }
}
int main()
{
    double data[10]={1.8,3.2,3.2,3.3,4.1,4.9,1.8,3.2,5.3,4.4};
    int maxCount;
    double maxNumber;
    maxCountNumber(data,10,maxNumber,maxCount);
    cout<<"出现次数最多的数是"<<maxNumber<<endl;
    cout<<"次数="<<maxCount<<endl;
    return 0;
}
```

程序运行结果如图 6.17 所示。

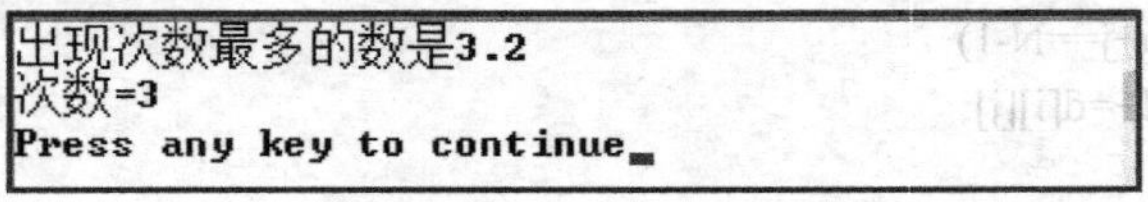
出现次数最多的数是3.2
次数=3
Press any key to continue

图 6.17　例 6.19 的运行结果

【例 6.20】 编写函数，实现系统函数 strcpy()的功能（字符串复制）。函数声明格式如下：

char * myStrcpy(char *, const char *) ;

函数功能是将第 2 个参数指定的字符串复制到参数 1 指定的位置，第 2 个形参是常量指针，表示不能修改该指针所指地址中的值。函数的返回类型是 char *，表示该函数的返回值的类型是字符型指针，函数返回第 1 个参数的首地址，即新复制的字符串的首地址。

分析： 字符串的操作可根据结尾为'\0'的标志控制循环，将参数 2 指向的字符串依次赋给参数 1 给定的位置。下面的程序用不同的方法实现字符串的复制，注意其实现的区别。

程序代码如下：

```
#include <iostream>
using namespace std;
/*方法 1：将 str 所指字符串\0 前所有字符依次赋值给 str1 并在 str1 后加上\0。*/
```

```
char * myStrcpy(char *str1 ,const char *str2)
{
    char *temp=str1;              //保留指针的初始值，即起始地址
    while(*str2!='\0')
    {
        *str1=*str2;
        str1++;
        str2++;
    }
    *str1='\0'               //循环到\0 结束，\0 并没有赋值到 str1 所指字符串，必须加上该语句
    return temp;             //返回起始地址
}
/*方法 2：将 str 所指字符串\0 前所有字符依次赋值给 str1，同时两个指针进行自增，最后在 str1 后
加上\0。*/
char * myStrcpy(char *str1 ,const char *str2)
{
    char *temp=str1;         //保留指针的初始值，即起始地址
    while(*str2!= '\0')
    *str1++=*str2++;
    *str1='\0'               //循环到\0 结束，\0 并没有赋值到 str1 所指字符串，必须加上该语句
    return temp;             //返回起始地址
}
/*方法 3：最精简的方法，循环条件设置为赋值表达式，先将*str2 的值赋值给*str1，同时两个指针进行
自增，根据赋值后的*str1 决定是否继续循环，若赋值为\0，则循环结束。显然在结束时\0 已经赋值给*str1 了。*/
char * myStrcpy(char *str1 ,const char *str2)
{
    char *temp=str1;              //保留指针的初始值，即起始地址
    while(*str1++=*str2++);       //赋值并判断其值是否为 0，同时 str1 和 str2 递增 1
    return temp;                  //返回起始地址
}
//主函数调用方法不变
int main()
{
    char result[20];
    char *p="指针传递的例子";
    char *copyLetter;
    copyLetter=myStrcpy(result,p);
    cout<<copyLetter<<endl;
    cout<<result<<endl;
    return 0;
}
```

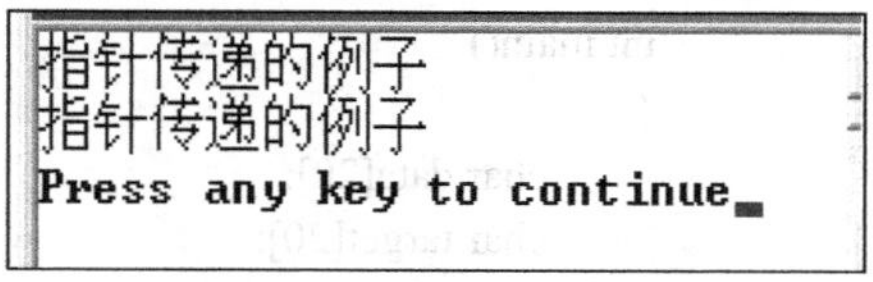

指针传递的例子
指针传递的例子
Press any key to continue

图 6.18　例 6.20 的运行结果

程序运行结果如图 6.18 所示。

【例 6.21】 编写函数，将字符串中的十六进制字符转换成对应的十进制整数。字符串中可以包含任意字符。

分析： 程序要实现两个功能：一是过滤掉所有非十六进制字符；二是将其转换为十进制。因此，考虑分别定义两个函数，完成过滤与转换。

程序代码如下，程序运行结果如图 6.19 所示。

```
#include <iostream>
using namespace std;
//函数 filter 完成过滤，第一个参数存放原始字符串,第二个参数存放转化后的字符串
void filter(char original[],char target[])
{
    int i=0,j=0;
    while(original[i])
    {
        //条件满足，则字符是合法的十六进制字符
        if(original[i]>='0'&&original[i]<='9'||original[i]>='A'&&original[i]<='F'
            ||original[i]>='a' &&original[i]<='f')
        target[j++]=original[i];
        i++;
    }
    target[j]='\0'; //设置字符串结尾标志
}
// 函数 charToDecimal 完成十六进制到十进制的转换
int charToDecimal(char *target)
{
    int i=0,j=0,result=0,temp=0;
    i=0;
    while(target[i])
    {
        if(target[i]>='0'&&target[i]<='9')
            temp=target[i]-'0';                //数字字母转化成对应的数字
        else
            if(target[i]>='a'&&target[i]<='f')
                temp=target[i]-'a'+10;         //字符转化成对应的数字
            else
                temp=target[i]-'A'+10;
        result=result*16+temp;                 //构成十进制数
        i++;
    }
    return result;
}
int main()
{
    char data[20];
    char target[20];
    cin.getline(data,19);
    int dec;
    filter(data,target);
    cout<<"过滤后的字符串"<<target<<endl;
    dec=charToDecimal(target);
    cout<<data<<"对应的十进制数="<<dec<<endl;
    return 0;
}
```

78Faq
过滤后的字符串78Fa
78Faq对应的十进制数=30970
Press any key to continue

图 6.19　例 6.21 的运行结果

说明：本程序的参数传递采用传递数组名的方式，即传递的是数组的首地址。应注意当实参为数组名时，形参可以是同类型同维数的数组，或者是同类型的指针变量。注意实参与形参格式上的区别。

6.5 函数嵌套与递归调用

函数嵌套是语言特性，递归调用是逻辑思想。本节将讨论这两种调用方式的应用。

6.5.1 嵌套调用

函数不能嵌套定义，即一个函数体内不能包含另一个函数的定义。函数定义是各自独立的，但可以在一个函数的定义中出现对另一个函数的调用，称为函数的嵌套调用，即在被调函数中又调用其他函数。其关系如图 6.20 所示。

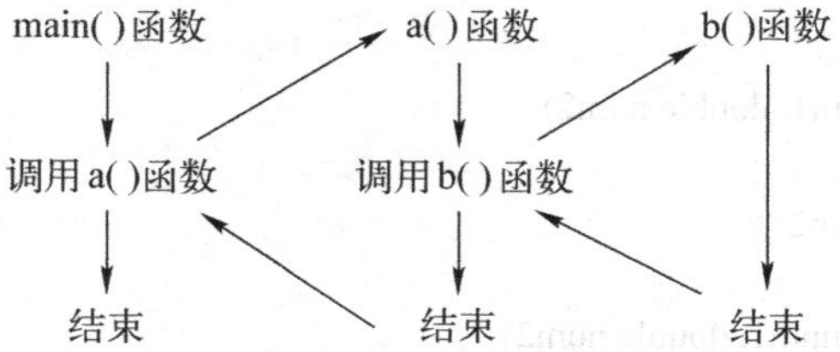

图 6.20 函数嵌套调用的示意图

图 6.20 表示了两层嵌套的情况。其执行过程是：执行 main()函数中调用 a()函数的语句时，转去执行 a()函数，在 a()函数中调用 b()函数时，又转去执行 b()函数，b()函数执行完毕返回 a()函数的断点继续执行，a()函数执行完毕返回 main()函数的断点继续执行。

【例 6.22】 设计一个简单的计算器程序，从键盘输入类似“9+5”的表达式，程序读入数据和运算符，调用 Calculate()函数，根据运算符进行+、-、*、/四则运算。要求能反复执行这一过程，直到用户输入#作为运算符。

给出函数原型如下：

```
double add(double, double); //+
double minus(double, double); //-
double multi(double, double); //*
double div(double, double); // /
double Calculate(double,double,char); //运算符作为字符数据读入
```

分析：这是一个典型的嵌套函数调用的实例，在 main()函数中根据用户输入的操作数与运算符作为实参调用 Calculat()函数，在 Calculat()函数中依据运算符分别调用 add()函数或者 minus()函数，并将结果返回给 Calculat()函数，Calculat()函数再将结果返回给 main()函数。

程序代码如下：

```
#include<iostream>
using namespace std;
double add(double, double);              //加法函数声明
double minus(double, double);            //减法函数声明
double multi(double, double);            //乘法函数声明
double div(double, double);              //除法函数声明
double Calculate(double,double,char);    //计算器函数声明，运算符作为字符数据读入
```

```
int main()
{
    double a,b,c;                  //存储操作数
    char op;                       //存储运算符
            while(1)               //设置为真的循环条件，在循环体中用 break 退出
    {
        cout<<"请顺序输入运算符，操作数 1，操作数 2: "<<endl;
        cin>>op;
        if(op=='#') break;
        cin>>a>>b;
        c=Calculate(a,b,op);   //调用函数 Calculate
        cout<<"结果为: "<<c<<endl;
        cout<<"输入#停止，其他继续"<<endl;
    }
    return 0;
}
double add(double num1, double num2)
{
    return num1+num2;
}
double minus(double num1, double num2)
{
    return num1-num2;
}
double multi(double num1, double num2)
{
    return num1*num2;
}
double div(double num1, double num2)
{
    return num1/num2;
}
double Calculate(double num1,double num2,char op)
{
    double c;
    switch(op){
        case'+':c=add(num1, num2);break;
        case'-':c=minus(num1, num2);break;
        case'*':c=multi(num1, num2);break;
        case'/':c=div(num1, num2);break;
        default:cout<<op<<"是无效运算符！";
    }
    return c;
}
```

思考：若输入运算符为除号/，且分母输入 0，如何修改程序使之能正确运行。

6.5.2 递归调用

递归的核心思想是分解。把一个复杂的问题使用同一个策略将其分解为较简单的问题，如

果这个的问题仍然不能解决则再次分解，直到问题能被直接处理为止。

比如求 $n!$，按照通常的思维，会使用一重循环，把 1 到 n 值累乘起来，这是最直接的办法。如果使用递归的思维，可以这样思考，求 $1\times2\times3\times\cdots\times n$ 的值，可以先求 $s=1\times2\times3\times\cdots\times n-1$ 的值，再用 s 乘以 n 就是所求的 $n!$ 值，而求 s 的过程又可以使用上面的分解策略继续分解，最终分解到求 1×2 的值，而这个问题简单到我们可以直接解决，自此问题得到解决。

递归函数用来解决可以描述为递归的问题。

递归函数指一个函数在它的函数体内调用它自身。C++语言允许函数的递归调用。在递归调用中，主调函数又是被调函数。执行递归函数将反复调用其自身，每调用一次就进入新的一层。

用递归求解问题的特点：

1）存在递归的终止条件；

2）存在导致问题求解的递归方式。

【例 6.23】 用递归函数求 $n!$。

递归的终止条件

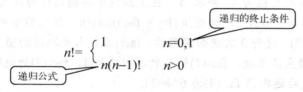

$$n!=\begin{cases}1 & n=0,1\\ n(n-1)! & n>0\end{cases}$$

递归公式

分析：编写求 $n!$ 函数，先判断 n 值是否为 0 或 1，若为 0 或 1，则函数直接给出结果 1，若不为 0 或 1，则调用自身求 $n-1!$，直到其值为 1，终止递归逐次返回。

程序代码如下：

```
#include <iostream>
using namespace std;
double fac (int);        //求阶乘的函数声明
int main()
{
    int n;
    double y;
    cout<<"请输入计算 n 值";
    cin>>n;
    y= fac (n);     //调用求阶乘的递归函数，并且把函数的返回值赋值给 y 变量
    cout<<"计算结果="<<y<<endl;
    return 0;
}
double fac(int n)
{
    double y;
    if(n<0)
    {
        cout<<"数据输入有误";
        return -1;
    }
    else
        if(n==0||n==1) y=1;
        else y=fac (n-1)*n;       //递归调用自身
```

```
        return y;
}
```

说明：程序中给出的函数 fac()是一个递归函数。主函数调用 fac()后即进入函数 fac()执行。传递的参数 n<0 或者 n==0 或者 n=1 时都将结束函数的执行，否则递归调用 fac()函数自身。由于每次递归调用的实参为 n-1，即把 n-1 的值赋予形参 n，最后当 n-1 的值为 1 时再作递归调用，形参 n 的值也为 1，将使递归终止，然后逐层返回。具体调用流程如图 6.21 所示。

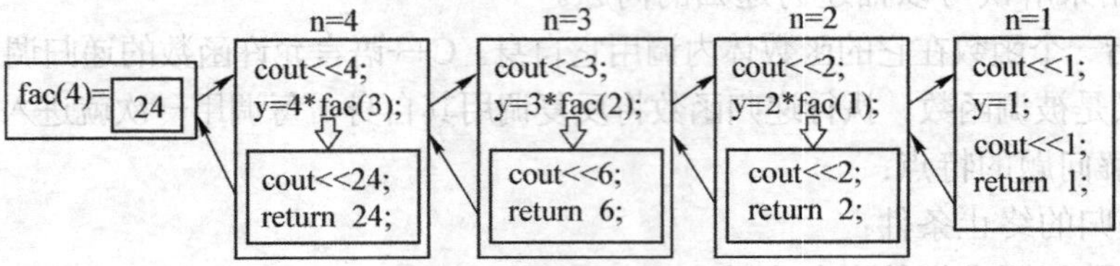

图 6.21 递归调用过程

设执行本程序时输入 n 值为 4，即求 4!。在主函数中的调用语句即为 y= fac (4)，进入 fac()函数后，由于 n=4，不等于 0 或 1，故应执行 y = fac (n-1)*n，代入后 y =fac (4-1)*4。该语句对 fac()作递归调用即 fac(3)。进行 3 次递归调用后，fac()函数形参取得的值变为 1，故不再继续递归调用而开始逐层返回主调函数。fac (1)的函数返回值为 1，fac (2)的返回值为 1*2=2，fac (3)的返回值为 2*3=6，最后返回值 fac (4)为 6*4=24。

【例 6.24】 设计一个递归函数 reversal()将一个十进制整数反向显示。

分析：函数设置一个形参接收一个十进制数，反向输出的第一个数应为最右边个位数，假设形参名为 number，输出 number%10，将 number/10 作为实参调用自身，又变成输出最右边个位数，因此可以用递归函数完成，直到 number/10 等于 0 结束。

程序运行结果如图 6.22 所示。

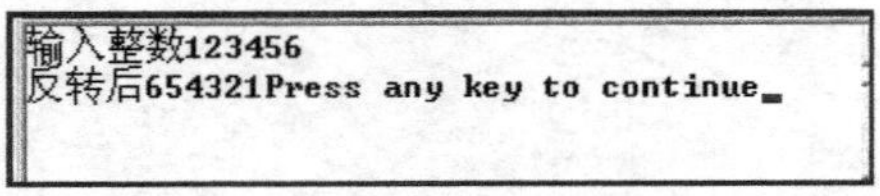

图 6.22 例 6.24 的运行结果

```
#include <iostream>
using namespace std;
void reversal(int number)
{
    if (number==0) return;    //number 等于 0 时结束递归返回
    cout<<number%10;          //输出个位数
    reversal(number/10);      //递归调用自身，number 缩小为原来的 1/10
}
int main()
{
    int number;
    cout<<"输入整数";
    cin>>number;
    cout<<"反转后";
    reversal(number);
    return 0;
}
```

根据该题思路，编写一个函数将任意一个十进制数据显示为二进制输出。

6.5.3 程序实例

【例 6.25】 编写函数验证哥德巴赫猜想，任意一个足够大的偶数均可表示成两个素数之和。

要求定义两个函数：一个函数判断任意一个整数是否是素数，另一个函数验证哥德巴赫猜想，利用函数的嵌套调用完成。

分析： 编写两个函数，一个用于判断素数，另一个分离偶数为两个素数之和。

程序代码如下，程序运行结果如图 6.23 所示。

```
#include <iostream>
using namespace std;
int prime(int number) //判断一个数是否为素数，素数返回 1，非素数返回 0
{
    int i;
    for(i=2;i<number;i++)
        if(number%i==0) return 0;
    return 1;
}
void partEven(int number)
{
    int i;
    for(i=2;i<number/2;i++)
        if (prime(i)&&prime(number-i))
        {
            cout<<number<<"="<<i<<"+"<<number-i<<endl;
            return;
        }
}
int main()
{
    int num;
    cout<<"输入足够大的偶数";
    cin>>num;
    partEven(num);
    return 0;
}
```

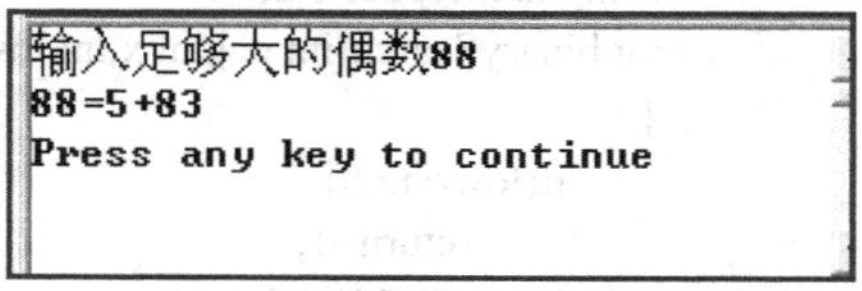
输入足够大的偶数88
88=5+83
Press any key to continue
图 6.23 例 6.25 的运行结果

【例 6.26】 编写递归函数进行二分查找。设待查找的数据为 23,45,67,89,90,92,103,456,567,789。

分析： 二分查找的前提条件是待查找的数据有序且在内存中是连续存储的，本题将待查的数据预先保存在一维数组中，在 main()函数中输入要查找的数据，调用函数返回查找结果，若找到，返回其位置值，若没找到，返回-1。

二分查找的基本思想：

1）确定三个关键下标的初值，本题 bottom=0，top=9，mid=(bottom+top)/2;

2）判断要找的数 x 是否等于 a[mid]:

① x==a[mid]找到，程序结束;

② x<a[mid]，在 a[bottom]至 a[mid-1]之间继续查找 x，top=mid-1，mid=(bottom+top)/2;

③ x>a[mid]，在 a[mid+1]至 a[top]之间继续查找 x，bottom=mid+1，mid=(bottom+top)/2。

3）若 bottom>top，程序结束，没找到。

递归的思路： 需要获得递归的终止条件和递推关系。

递归函数的终止条件：

1）查找成功：即 x==a[mid]，返回 mid；

2）查找不成功：即 bottom>top，返回-1。

递归函数的递推关系：

1）若 x>a[mod]，返回 binarySearch(a,x,mid+1,top)；

2）若 x<a[mid]，返回 binarySearch(a,x,bottom,mid-1)。

程序代码如下：

```
#include <iostream>
using namespace std;
int binarySearch(int d[],int x,int low,int high)          //递归函数定义
{
    if(low>high)
        return -1;                                          //没有找到，返回-1
    int mid=(high+low)/2;                                   //确定中间值
    if(x==d[mid])                                           //相等，则返回位置，结束递归
        return mid;
    else
        if(x>d[mid])
            return binarySearch(d,x,mid+1,high);  //在后半部分递归查找
        else
            return binarySearch(d,x,low,mid-1);  //在前半部分递归查找
}
int main()
{
    int num[10]={23,45,67,89,90,92,103,456,567,789};
    int x;
    cout<<"输入待查找的数";
    cin>>x;
    int pos=binarySearch(num,x,0,9);
    if (pos==-1)
        cout<<"查无此数"<<endl;
    else
        cout<<"该数的位置是"<<pos<<endl;
    return 0;
}
```

6.6 函数重载及参数默认值设置

函数重载主要解决功能相近的函数的命名问题。有默认参数的函数，实参的个数可以与形参的个数不同，实参未给定的，从形参的默认值得到。利用这一特性，可以使函数的使用更加灵活。本节主要讲解函数重载和带有默认形参值的函数定义的应用。

6.6.1 函数重载

1．函数重载的引入

有些函数实现的是同一类的功能，只是形参类型或者个数不同。例如求多个数据之和，对于求两个整数、三个整数、三个双精度数的情况，定义函数时会分别设计出三个不同名的函数，其函数声明为：

```
int sum1(int a, int b);                         //求两个整数之和
int sum2(int a, int b, int c);                  //求三个整数之和
double sum3(double a, double b, double c);      //求三个双精度数之和
```

显然三个功能相似的函数取三个不同的函数名，降低了程序的可读性，也不方便函数的调用。

函数重载是指在同一个作用域中，可以有一组具有相同函数名，不同参数列表的函数，这组函数称为函数重载。函数重载减少函数名的数量，提高程序的可读性。利用函数重载，上面的函数声明修改如下：

```
int sum(int a, int b);                          //求两个整数之和
int sum(int a, int b, int c);                   //求三个整数之和
double sum(double a, double b, double c);       //求三个双精度数之和
```

2．函数重载的应用

应用函数重载需注意：

1）函数重载至少要求形参的个数、形参类型有所区别，以避免函数调用时二义性；

2）编译器根据不同参数的类型和个数产生调用匹配；

3）函数重载用于处理不同数据类型的类似任务。

下列函数定义不能构成函数重载：

```
int sum(int a, int b);                  //不能以形参名不同构成重载
double sum(int x, int y);               //不能以返回值类型不同构成重载
```

【例 6.27】 定义三个函数以输出不同类型的数据，包括整型、双精度浮点型和字符串。

分析：三个函数均需要一个形参接收输出的数据，三个函数的形参类型不同，采用函数重载，可以为这三个函数取相同的名字 display，由不同的形参类型来区分。

程序代码如下：

```
#include <iostream>
using namespace std;
void display(int i)                     //用于输出整型数据
{
    cout<<"print an integer :"<<i<<endl;
}
void display(double i)                  //用于输出双精度数据
{
    cout<<"print a double :"<<i<<endl;
}
void display(char str[])                //用于输出字符串
{
    cout<<"print a string :"<<str<<endl;
}
int main()
{
    display (78);                       //以下三次函数调用参数个数相同，而类型不同
    display (34.7);
    display ("hello c++");
    return 0;
}
```

说明：程序中根据具体实参值来确定调用哪一个函数。比如上例"display (78)"会去调用"display (int)"，"display ("hello c++")"会去调用"display (char [])"。

【例 6.28】 定义三个函数，分别求两个整数、三个整数和三个双精度数据之和。

分析：根据函数重载的定义，构成函数重载需参数类型不同或者参数个数不同。因此，该题可以利用函数重载，给出统一的函数名。

程序代码如下，程序运行结果如图 6.24 所示。

```
1 2 3
1.2 3.4 5.6
1+2=3
1+2+3=6
1.2+3.4+5.6=10.2
Press any key to continue_
```

图 6.24　例 6.28 的运行结果

```
#include <iostream>
using namespace std;
int sum(int,int);                        //求两个整数之和
int sum(int,int,int);                    //求三个整数之和
double sum(double,double,double);        //求三个双精度数之和
int main()
{
    int a,b,c;
    double x,y,z;
    cin>>a>>b>>c;
    cin>>x>>y>>z;
    cout<<a<<"+"<<b<<"="<<sum(a,b)<<endl;                 //与下一个函数调用参数个数不同
    cout<<a<<"+"<<b<<"+"<<c<<"="<<sum(a,b,c)<<endl;
    cout<<x<<"+"<<y<<"+"<<z<<"="<<sum(x,y,z)<<endl;   //与其他调用参数类型或个数不同
    return 0;
}
int sum(int a,int b)
{
    return a+b;
}
int sum(int a,int b,int c)
{
    return a+b+c;
}
double sum(double a,double b,double c)
{
    return a+b+c;
}
```

6.6.2　带默认形参值的函数

函数调用时形参从实参获取具体值，因此，实参的个数应与形参相同。但在多次调用同一函数时用同样的实参，C++提供简单的处理办法，设置形参的默认值，调用时如果给出实参，则采用实参值，否则采用预先给出的默认值。带默认形参值的函数可以简化编程，提高运行效率。

如下面函数声明：

```
double area(double r=10.6);
```

设置形参 r 的默认值为 10.6，调用该函数可以给出实参也可以使用默认形参。

```
area( );                          //该调用实际上相当于 area(10.6)
area(6.5);                        //若给出实参值，形参取实际的实参值为 6.5
```

如果有多个形参，可以设置所有形参的默认值，也可以只对一部分形参指定默认值。

如有一个求圆柱体体积的函数，形参 *h* 代表圆柱体的高，*r* 为圆柱体半径。函数原型如下：

```
double volume(double h, double r=18.5);     //只对形参 r 指定默认值 18.5
```

函数调用可以采用以下形式：

```
volume(45.6);                     //相当于 volume(45.6,18.5)
volume(34.2,10.4);                //h 的值为 34.2，r 的值为 10.4
```

实参与形参的传递是按从左至右的顺序进行的。因此，指定默认值的参数必须放在形参列表中的最右端，否则出错。例如：

```
void fun1(double a,int b=0,int c,char d='a');       //不正确
void fun2(double a,int c,int b=0, char d='a');      //正确
```

如果调用上面的 fun2()函数，采取下面的形式都是正确的：

```
fun2(3.5, 5, 3, 'x')          //形参的值全部从实参得到
fun2(3.5, 5, 3)               //最后一个形参的值取默认值'a'
fun2(3.5, 5)                  //最后两个形参的值取默认值，b=0,d='a'
```

【例 6.29】 求两个或三个正整数中的最大数，用带有默认参数的函数实现。

```
#include <iostream>
using namespace std;
int max(int a, int b, int c=0);                    //函数声明,形参 c 有默认值
int main( )
{
    int a,b,c;
    cin>>a>>b>>c;
    cout<<"max(a,b,c)= "<<max(a,b,c)<<endl;     //输出三个数中的最大者
    cout<<"max(a,b)= "<<max(a,b)<<endl;         //输出两个数中的最大者
    return 0;
}
int max(int a,int b,int c)                         //函数定义
{
    if(b>a) a=b;
    if(c>a) a=c;
    return a;
}
```

使用带有默认参数的函数时要注意：

1）指定默认值的参数必须放在形参表列中的最右端，即若某个形参值设定了默认值，该形参的右边所有的形参必须给定默认值；

2）如果函数的定义在函数调用之前，则应在函数定义中给出默认值。如果函数的定义在函数调用之后，则在函数调用之前需要有函数声明，此时必须在函数声明中给出默认值，在函数定义时不能再给出默认值，即使默认值相同也不可以。

6.7 多文件程序结构

对于一个综合的程序设计，通常应该按功能划分不同的模块，由不同的文件组成，并可以

由多人开发完成，这就需要用到多文件结构。多文件组织程序涉及编译，链接，一个文件的函数调用另一个文件中的函数或使用另一个文件中的全局变量等。本节将着重学习如何划分多文件结构及如何利用工程文件组织多文件结构。

6.7.1 多文件结构

通过前面章节的学习，得知程序由代码语句组成。正是一行行的语句，组成了一个完整的程序。进一步来看，程序又是由函数组成的，一个个函数之间的互相调用构建出一个完整的程序。本节又有一个新的认识，即程序由文件组成。

使用多文件结构，将程序按逻辑划分，分解成各个源文件，不同源文件之间可以共享变量声明、类型定义和函数声明等，使得程序更加容易管理。

多文件结构一般按下列逻辑模块划分。

1）头文件

头文件的扩展名是.h，头文件常常包括公用的数据类型、函数声明、常量和全局变量声明等。可以在程序的任何一个源代码文件中对这些数据进行引用，方便统一修改和管理。比如在头文件中声明一个函数，其他源程序文件需要调用这个函数，只需将该头文件包含进来。

2）实现功能的函数文件

该文件的扩展名.cpp，对于头文件中声明的函数，其函数定义常常在该文件中给出。

3）主程序 main 文件

包含 main()函数的源文件，文件的扩展名为.cpp。

6.7.2 预处理功能

C++的预处理功能指可以在源程序中包含各种编译命令，用这些编译命令在代码编译前执行，所以这些命令被称为预处理命令。预处理命令不是 C++ 语言的一部分，属于 C++的编译系统，是编译系统的控制命令，编译预处理命令扩展了程序设计的能力。合理地使用编译预处理功能，可以使编写的程序便于阅读、修改、移植和调试。

预处理指令都要由“#”开头，每个预处理指令必须单独占一行，而且不能用分号结束，可以出现在程序文件中的任何位置，但常置于源程序的开始。

常用的预处理命令有：文件包含命令，即#include 命令。

include 命令是预处理的文件包含命令，文件包含的意思是将指定的文件内容插入到当前命令的位置，在编译时将其插入进来。如图 6.25 所示，C++源程序常用#include <iostream>来包含输入、输出头文件。

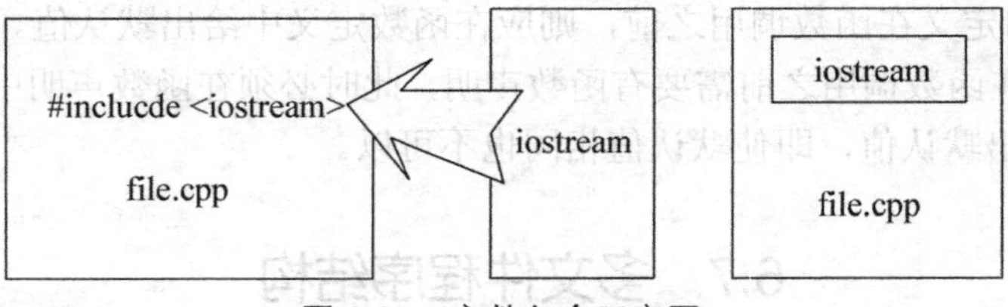

图 6.25 文件包含示意图

#include 指令有两种写法。

1）#include <文件名>

使用这种<文件名>写法时，会在 C++安装目录的 include 子目录下寻找<>中标明的文件，通常叫做按标准方式搜索。

2）#include "文件名"

使用"文件名"时，系统先在当前目录也就是当前工程的目录中寻找""中标明的文件，若没有找到，则按标准方式搜索。

说明：

1）一个 include 命令只能指定一个被包含的文件，若要包含多个文件，则需要用多个 include 命令；

2）一个包含文件中还可以包含其他文件。

6.7.3　多文件应用实例

将组成一个程序的所有文件都加到工程（或项目）文件中，由编译器自动完成这些文件的编译和链接，是目前采用的主流方法。下面通过实例演示操作步骤。

【例 6.30】 用多文件方式编程实现下列功能。

1）定义输入与输出函数用于 10 名学生，5 门课成绩的输入、输出；

2）定义函数求每个学生的平均分；

3）计算所有学生所有课程的总平均分，使用全局变量。

程序创建步骤如下。

1）打开 Visual C++ 6.0，新建工程文件。

2）创建 C++头文件 score.h，如图 6.26 所示。score.h 中放置函数声明，代码如下：

```
//score.h
void input(double s[][5],int n);//
void output(double s[][5],int n);//
void aveScore(double s[][5],int n,double av[]);
```

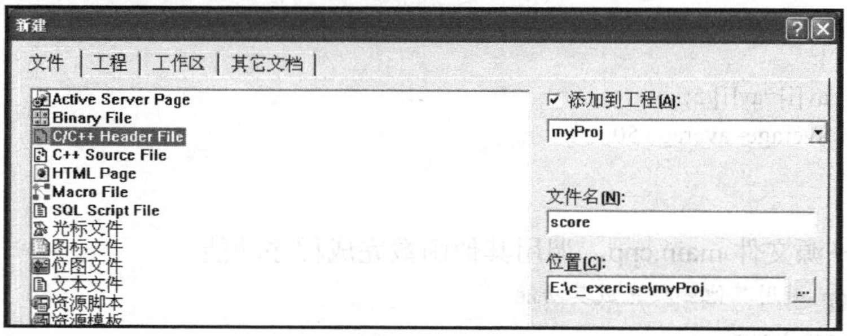

图 6.26　创建头文件

创建 C++源文件 score.cpp，定义头文件 score.h 中声明的函数，代码如下：

```
//score.cpp   定义头文件中声明的函数
#include <iostream>
using namespace std;
```

```
#include"score.h"   //包含头文件
// input 函数用于输入学生的成绩
//传递二维数组，形参采用二维数组名，形参 n 表示该二维数组的行数
void input(double s[][5],int n)
{
    int i,j;
    cout<<"输入数据"<<endl;
    for(i=0;i<n;i++)
        for(j=0;j<5;j++)
            cin>>s[i][j];
}
//output 函数用于输出学生的成绩
//传递二维数组，形参采用二维数组名，形参 n 表示该二维数组的行数
void output(double s[][5],int n)
{
    int i,j;
    cout<<"输出数据"<<endl;
    for(i=0;i<n;i++)
    {
        for(j=0;j<5;j++)
            cout<<s[i][j]<<" ";
            cout<<endl;
    }
}
void aveScore(double s[][5],int n,double av[])
{
    extern double average;      //声明外部变量，该变量已在其他文件中定义
    int i,j;
    for(i=0;i<n;i++)
    {   for(j=0;j<5;j++)
        {
            av[i]+=s[i][j];
            average+=s[i][j];

        }
        av[i]=av[i]/5;
        average=average/50;
    }
}
```

3）创建 C++源文件 main.cpp，调用其他函数完成程序功能。

```
//main.cpp 调用其他函数完成其功能
#include <iostream>
using namespace std;
#include"score.h"
double average=0; //定义全局变量
int main()
{
```

```
    double data[10][5];
    double aver[10]={0};
    input(data,10);
    output(data,10);
    aveScore(data,10,aver); //数组名作参数传递，地址传递
    cout<<"总平均分="<<average<<endl;
    for(int i=0;i<10;i++)
    cout<<i+1<<"个同学的平均分"<<aver[i]<<endl;
    return 0;
}
```

4）对 main.cpp 进行编译、链接和执行操作，得到结果。

6.8 综合应用

【例 6.31】 编写程序，对任意长度的大整数求和。

分析: 由于 C++语言中对于整型数据有其表示范围，当某个整数超出整型数据表示范围时，无法将该数作为整数处理。为了解决这个问题，可以用数字字符串的形式来表示，通过对数字字符串进行相加来解决这个问题。

如:

```
 "44444444444444444444"
+"33333333333333333333"
------------------------
 "77777777777777777777"
```

程序代码如下：

```
#include <iostream>
#include <cstring>
using namespace std;
void addNumberStr(char a[],char b[],char c[]);
char addChar(char ch1,char ch2);
void leftTrim(char str[]);
const int N=20;
int tag=0;       //进位标志，设置为全局变量
int main()
{
    char a[N+1]={0}, b[N+1]={0}, c[N+2];
    cout<<"a=";
    cin.getline(a,N+1);
    cout<<"b=";
    cin.getline(b,N+1);
    addNumberStr(a,b,c);
    cout<<"其结果 a+b="<<c<<endl;
    return 0;
}
void addNumberStr(char a[],char b[],char c[])
{
    int i,j,k;
```

```
        memset(c,' ',N+2);      //系统函数，其功能是将 c 中的前 N+2 个字节用' '替代，即将字符数组用
                                  某个字符初始化
        i=strlen(a)-1;
        j=strlen(b)-1;
        k=N;
        while(i>=0&&j>=0)
            c[k--]=addChar(a[i--],b[j--]);
        while(i>=0)
            c[k--]= addChar(a[i--],'0');
        while(j>=0)
            c[k--]= addChar(b[j--],'0');
        if(tag==1)
            c[k]='1';
        c[N+1]='\0';
        leftTrim(c);
    }
    char addChar(char ch1,char ch2)
    {
        char ch;
        ch=(ch1-'0'+ch2-'0')+tag;
        if(ch>=10)
        {
            tag=1;
            return (ch-10+'0');
        }
        else
        {
            tag=0;
            return ch+'0';
        }
    }
    void leftTrim(char str[]) //去掉字符串前面的空格
    {
        int i;
        for(i=0;str[i]==' ';i++)
        strcpy(str,str+i);
    }
```

程序运行结果如图 6.27 所示。

```
a=12345678901234567890
b=99999999992222222222
其结果a+b=112345678893456790112
Press any key to continue_
```

图 6.27 例 6.31 运行结果

【例 6.32】 编写程序，根据输入选项，输出当年或当月的日历（万年历问题）。

分析：本程序是一个较复杂的问题，将问题细化为几个模块，每个模块用函数实现，以便程序逻辑关系更清晰，通过函数间的调用实现其功能。模块大致划分如图 6.28 所示。

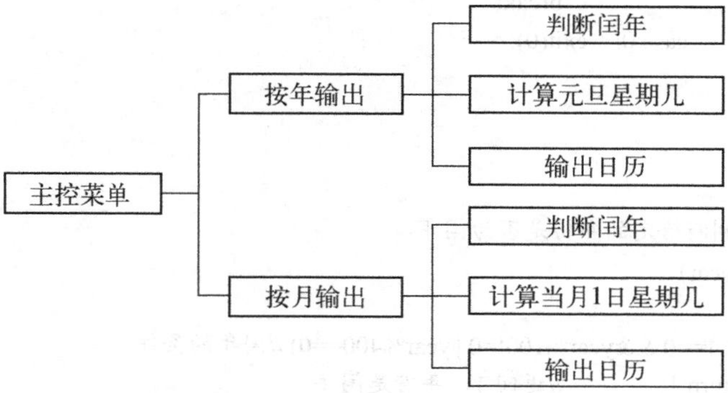

图 6.28　模块划分

程序代码如下：

```
#include <iostream>
#include <iomanip>
using namespace std;
int isleap(int );                                  //判断闰年
int week_of_newyear_day(int );                     //计算指定年份元旦星期几
void showYear(int);                                //按年显示
void showMon(int ,int);                            //按月显示
void showHead();                                   //显示表头
int week_of_newmonth_day(int year,int month);      //计算指定年及月的第一天是星期几
int getLenOfMonth(int year,int month);             //计算指定年及月的天数
int main()
{
    int chioce;
    int year,mon;
    while(1)
    {
        system("cls"); //系统清屏
        cout<<"万年历显示程序"<<endl;
        cout<<"********************"<<endl;
        cout<<"1    按年输出"<<endl;
        cout<<"2    按月输出"<<endl;
        cout<<"0    退出"<<endl;
        cout<<"********************"<<endl;
        cout<<"请输入您的选择";
        cin>>chioce;
        switch(chioce)
        {
            case 1:   cout<<"请输入显示的年份";
                      cin>>year;
                      showYear(year);
                      break;
            case 2:   cout<<"请输入显示的年份及月份";
```

```
                cin>>year>>mon;
                showMon(year,mon);
                break;
        case 0:   exit(0);
            }
    }
    return 0;
}//end main
//isleap 函数判断给定的年份是否为闰年
int isleap(int year)
{
    if(year%4==0 &&year%100!=0 ||year%400==0) //闰年的条件
        return 1;          //返回 1，年份是闰年
    else
        return 0;          //返回 0，年份是平年
}
//getLenOfMonth 函数计算指定年及月的天数
int getLenOfMonth(int year,int month)
{
    int len_of_month;
    if(month==4 || month==6 || month==9 || month==11)     len_of_month=30;
    else    if(month==2)
    {
        if(isleap(year))      len_of_month=29;
        else len_of_month=28 ;
    }
    else len_of_month=31;
    return len_of_month;
}
//week_of_newyear_day 函数计算给定的年份元旦的星期数
int week_of_newyear_day(int year)
{
    int n=year-1900;        //得到当年与 1900 之间年份
    n=n+(n-1)/4+1;          //offset = ((Y-1)+(Y-1)/4-(Y-1)/100+(Y-1)/400) % 7 ;
    n=n%7;                  //（1+ offset） %7
    return n;
 }
// week_of_newmonth_day 函数计算给定的年份及月份第一天的星期数
int week_of_newmonth_day(int year,int month)
{
    int n=year-1900;        //得到当年与 1900 之间年份
    n=n+(n-1)/4+1;          //offset = ((Y-1)+(Y-1)/4-(Y-1)/100+(Y-1)/400) % 7 ;
    for(int i=1;i<month;i++)
    {
        n=n+getLenOfMonth(year,i);
    }
    n=n%7;                  //（1+ offset） %7
    return n;
```

```
}
// showHead 函数显示表头
void showHead()
{
        cout<<"---------------------------------"<<endl;
        cout<<"SUN   MON   TUE   WED   THU   FRI   SAT"<<endl;
        cout<<"---------------------------------"<<endl;
}
//showYear 函数按年显示日历
voidshowYear(int year)
{
      intmonth,day,weekday,len_of_month,i;
      cout<<endl<<year<<endl;
      weekday= week_of_newyear_day(year);
      for(month=1;month<=12;month++)
      {
            getchar();
            cout<<endl<<month<<endl;
            showHead();
            for(i=0; i<weekday ;i=i+1) cout<<" ";
            len_of_month=getLenOfMonth(year,month);
            for(day=1; day<=len_of_month; day++)
            {
                  cout<<setw(3)<<day<<" ";
                  weekday++;
                  if(weekday==7)
                  {
                        weekday=0;
                        cout<<endl;
                  }
            }
            cout<<endl;
      }
}
//showMon 函数按月显示日历
void showMon(int year,int mon)
{
     int day,weekday,len_of_month,i;
     cout<<endl<<year<<endl;
     cout<<endl<<mon<<endl;
     weekday= week_of_newmonth_day(year,mon);
     getchar();
     showHead();
     for(i=0; i<weekday ;i=i+1)       cout<<"          ";
     len_of_month=getLenOfMonth(year,mon);
     for(day=1; day<=len_of_month; day++)
     {
           cout<<setw(3)<<day<<"    ";
```

```
            weekday++;
            if(weekday==7)
            {
              weekday=0;
              cout<<endl;
            }
        }
        cout<<endl;
        getchar();
    }
```

程序运行结果如图 6.29 所示。

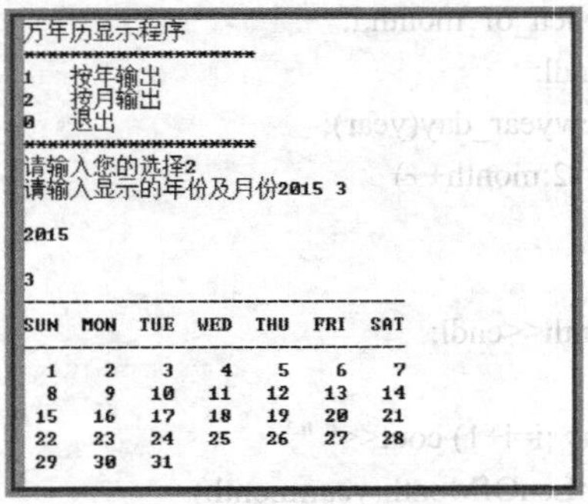

图 6.29 例 6.32 的运行结果

说明：

按照模块化程序设计思想可以将问题分而治之，万年历的输出可以分解成 2 个模块，模块 1 用于输出指定年份的所有日期，模块 2 用于输出指定年份和月份的日期，在实现按年输出或按月输出时均用到几个子问题的解决：

1）判断某年是否为闰年；

2）确定输出的第一天是星期几，按年输出需确定本年元旦的星期数，按月输出需确定当月第一天的星期数；

3）输出表头。

这些独立问题均用函数实现，通过函数可以将复杂的问题分解为简单的小问题，进一步体现了函数分而治之和相互协作的理念。

6.9 本章小结

C++函数主要有两种类型：系统库函数与自定义函数。本章重点掌握自定义函数的应用，包括函数的定义、调用与声明。函数的定义包括返回值类型、函数名、参数列表、函数体；函数声明用于向编译器指出该函数使用什么样的格式和语法，包括返回值类型、函数名、参数列表及分号；函数调用时程序控制流转向被调函数，被调函数执行结束后，控制流返回主调函数。return 语句用于向调用函数返回值。

参数传递是学习函数调用的难点，参数传递有值传递，指针传递及引用传递。函数采用哪种传递方式由函数定义中形参的格式决定。本章另一个难点是递归函数的理解，一个函数可以直接或间接地调用自己，这就叫做“递归调用”。递归函数有两个基本要素：一个是描述问题规模逐步缩小的递归算法，另一个是描述基本情况的递归终止条件。

6.10 习　题

1．函数的作用是什么？如何定义函数？

2．函数通过什么方式传递返回值？若需要多个返回值，如何处理？

3．变量的生存期和变量作用域有什么区别？请举例说明。

4．编写函数 fun()，它的功能是：计算正整数 n 的除 1 和 n 之外的所有因子之和，并返回此值。函数原型为 int factor(int n)。

5．编写函数，实现将数字组成的字符串转换为整数，例如"2345"（字符串）转换为 2345（整数），要能处理负数。函数原型为 int functoi(char *str)。

6．编写递归函数，求两个数的最大公约数，并在主函数中加以调用验证。

7．使用重载函数编写程序，分别把两个数和三个数从大到小排列。

8．编写函数，将一个数组中的数循环左移 1 位，例如，数组中原来的数为 1,2,3,4,5，移动后变成 2,3,4,5,1。

第 7 章

类与对象

程序设计可以视为现实世界在计算机世界的重构，看待现实世界的视角不同，就会有不同的重构方法。在面向结构的程序设计方法中，现实世界被割裂为一个个独立的问题，编程时围绕问题组织数据，由执行流程抽象出算法，从而解决问题。这种程序实现方法直观，简洁，逻辑性强，适合规模较小的问题。面向对象的方法则更接近现实世界，现实世界存在各种实体，这些实体各有特性，问题的发生和解决都是因为实体之间的互动。所以程序设计的第一步是完成实体的抽象，然后使用实体去解决问题。本章将介绍面向对象程序设计的基本思想和方法，包括类、对象及类的一些使用技巧。

7.1 从面向过程到面向对象

在编写程序时，问题中涉及的数据之间往往有着内在联系，还会有一些函数围绕着相同的数据进行操作，这些数据间、函数间的联系体现在程序的细节中，对程序的编写有着很大的影响。

例如，用程序实现一面时钟，时钟定义如下：

```
int   hp, mp, sp ; // hp 表示时钟的时针，mp 表示分针，sp 表示秒针
```

hp、mp 和 sp 变量都是时钟实体的一部分，少了谁都不能完整地表示一面时钟，在上面的变量定义方式中，这种现实世界的“属性-实体”联系并没有体现出来。时钟的操作有两种：函数 setTime()设置时钟时间，函数 showTime()显示当前时钟时间。这两个函数都是围绕着时钟这个实体来进行操作的，这种“函数-实体”的联系也没有在语法上显性地体现出来。而编程时，这种联系表示为函数 setTime()和 showTime()共享数据，如图 7.1 所示，都要对变量 hp、mp 和 sp 进行操作，showTime()的执行结果取决于 setTime()的操作结果。

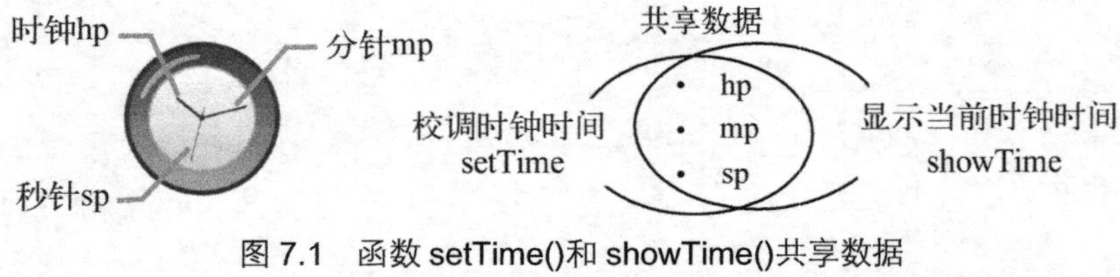

图 7.1　函数 setTime()和 showTime()共享数据

变量的共享可以使用两种方法来解决，如例 7.1 所示使用全局变量，或者如例 7.2 所示使用参数传递。

【例 7.1】 将时钟的指针定义为全局变量，程序如下。

```
#include<iostream>
using namespace std;
int   hp, mp, sp ; //定义全局变量，hp 表示时钟的时针，mp 表示分针，sp 表示秒针
```

```
void setTime( int h, int m ,int s)
{
     hp=h;  mp=m;    sp=s;
}//将时钟的时间设置为 h:m:s
void showTime()
{
     cout<<hp<<": "<<mp<<": "<<sp<<endl;
}
int    main()
{
     setTime(12,12,30); //设置当前时间为 12:12:30
     showTime();//显示当前时间
     return 0;
}
```

【例 7.2】 使用引用的方法传递参数实现数据共享，程序如下。

```
#include<iostream>
using namespace std;
void setTime(int& ph, int& pm , int& ps , int h, int m ,int s)
{
     ph=h;  pm=m;    ps=s;
} //形参 ph,pm,ps 为引用，将时钟的时间设置为 h:m:s
void showTime( int ph, int pm , int ps )
{
     cout<<ph<<": "<<pm<<": "<<ps<<endl;
}
int main()
{
     int    hp, mp, sp ;// hp 表示时钟的时针，mp 表示分针，sp 表示秒针
     setTime(hp,mp,sp,12,12,30); //设置当前时间为 12:12:30
     showTime(hp,mp,sp); //显示当前时间
     return 0;
}
```

注意：

1）由于 setTime()函数要改变时钟的时间，所以形参 ph、pm 和 ps 的类型为引用。

2）当主函数中执行语句“setTime(hp,mp,sp,12,12,30);”调用函数 setTime()时，其参数传递表达式为“int& ph=hp; int& pm=mp , int& ps=sp”，表明形参 ph、pm 和 ps 分别为实参 hp、mp 和 sp 的引用。setTime()函数体语句内改变了形参 ph、pm 和 ps 的值，即改变了实参 hp、mp 和 sp 的值。

比较一下上面两种方法，如表 7.1 所示，使用全局变量的方案比使用引用的方案需要的函数参数少，看起来是较好的解决办法。

表 7.1　全局变量方案与引用方案的函数对比

使用全局变量	使用引用
void setTime(int, int, int)	void setTime(int&, int&, int&, int, int, int)
void showTime()	void showTime(int, int, int)

但当在程序中再增加一面时钟 hp2:mp2:sp2 时，两种方法的优劣就发生了变化。时钟 hp2:mp2:sp2 是与第一面时钟 hp:mp:sp 相同类型的数据集合。引用方案中的函数 setTime()与 showTime()使用的形式参数保证了函数的通用性，能够处理第二面时钟。而全局变量方案的 setTime()函数和 showTime()函数与第一面时钟捆绑在一起，这种捆绑破坏了函数的模块化与独立性。即便第二面时钟表示为与第一面时钟相同类型的数据集合 hp2:mp2:sp2，为了对它进行和第一面时钟相同的操作，也必须增加两个函数 setTime2()与 showTime2()。如例 7.3 所示，函数 setTime2()与 showTime2()和针对第一面时钟 hp:mp:sp 操作的函数 setTime()与 showTime()除了函数名有差别，其他的完全相同。

【例 7.3】 使用全局变量方案实现第二面时钟的现实方法，程序如下。

```
#include<iostream>
using namespace std;
int   hp, mp, sp ; //第一面时钟
                 //hp 表示时钟的时针，mp 表示分针，sp 表示秒针
int   hp2, mp2, sp2; //第二面时钟
                 //hp2 表示时钟的时针，mp2 表示分针，sp2 表示秒针
//对第一面时钟操作的函数
void setTime( int h, int m ,int s)
{
    hp=h;  mp=m; sp=s;
}
void showTime()
{
    cout<<hp<<": "<<mp<<": "<<sp<<endl;
}
//对第二面时钟操作的函数
void setTime2( int h, int m ,int s)
{
    hp2=h; mp2=m; sp2=s;
}
void showTime2()
{
    cout<<hp2<<": "<<mp2<<": "<<sp2<<endl;
}
int main()
{
    setTime(12,12,30);          //设置第一面时钟当前时间为 12:12:30
    showTime();                 //显示第一面时钟当前时间
    setTime2(6,12,30);          //设置第一面时钟当前时间为 6:12:30
    showTime2();                //显示第二面时钟当前时间
    return 0;
}
```

第一面时钟和第二面时钟在现实世界中是同类型实体，在计算机世界表示为相同类型的数据集合，应该可以使用统一的、通用的方式（函数）来处理。那么，是否有一种方法或者语法规则，能够像全局变量那样简便地在函数间实现数据共享，又能以比使用引用参数更简洁的函数形式让数据处理具有通用性呢？另外，表示时钟的三个变量是一个整体，能否整体定义，整

体操作？答案就是使用类。

类是面向对象程序设计方式中所使用的一种将数据与围绕数据的函数封装在一起的方法，是面向对象程序设计的核心。程序中的数据之间之所以存在联系，是因为这些数据在现实世界都是问题中涉及实体的现实属性，而程序中处理这些数据的函数则是实体在现实世界的固有行为。在类中，实体的属性被抽象成数据，实体的行为抽象为函数，“实体-数据”、“数据-函数”间的内在联系都在“类”的语法规则中得到了体现。

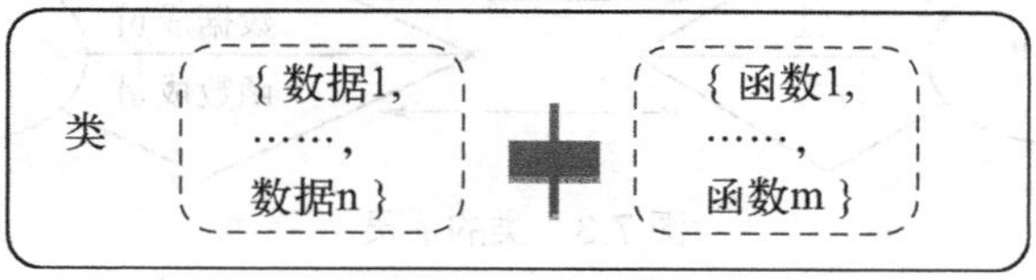

图 7.2　类的封装

从编程方法的角度来看，面向对象是程序设计方式的一次进化。在面向过程的程序设计方法中，数据和数据的处理过程（函数）是分离的，所以在函数实现时，常常需要额外的开销去实现这种“数据-函数”联系。和面向过程的程序设计方法相比，面向对象更加深入地挖掘了问题中所涉及的数据间和函数内的联系，并将这种“数据-函数”联系以“类”的形式显性的表现出来。

从存在的角度来讲，面向对象的程序设计方法更准确地体现了现实世界运行的本质。任何问题的解决都是实体间相互作用的结果，实体的行为和实体的属性密不可分。类就是实体在计算机世界的存在，数据表示实体的属性，实体的行为则表示为数据的处理函数。只要是同类型的实体，都可以用一个类来处理。

7.2 类和对象

C++除了基本数据类型外，还支持用户自行定义数据类型。一个“类”就是一个用户定义的数据类型。和基本数据类型一样，“类”类型也有自己的类型变量，“类”类型的变量有一个专门的名称，称为“对象”。

7.2.1 类的定义

类是用户自定义的数据类型，使用关键字 class 来标识。类体用“{}”进行界定，并以分号结束。类体定义的语法形式如下：

```
class 类名
{
    private:
        成员表 1;
    public:
        成员表 2;
    protected:
        成员表 3;
};
```

类的成员包括数据成员和函数成员。定义类的目的是为了对某种类型的实体进行处理。因此，在类的定义中，实体的属性被表示为适当的数据形式，即类的数据成员；实体的行为、功能或者对类中数据成员进行的操作被表示为函数，即类的函数成员或成员函数，如图 7.3 所示。一般而言，类应包含数据成员与函数成员。如果构造类的目的只是为了整理数据，也可以只包含数据成员。

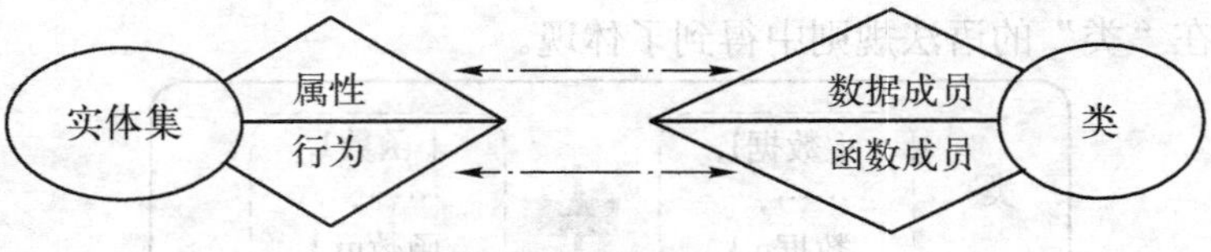

图 7.3 类的成员

1. 类的数据成员的定义

> 类的数据成员定义在类体中，形式为：
> **数据类型 成员名;**

在面向对象程序设计中，类描绘了某一类型实体的公共特征。在将实体的属性表示为类的数据成员时，要注意数据的完整性和数据类型的正确性。

例如，在抽象时钟类时，无论什么样的时钟，钟面上的时间都是其不可分割的一部分，是它功能的基础。所以，时钟上显示的时间是时钟实体的属性，应该抽象为时钟类的数据成员。考虑到通常时钟只显示"时：分：秒"，所以时钟类可以用 3 个变量分别表示"时：分：秒"，变量的类型应为 int。

2. 类的函数成员的定义

类作为用户自定义数据类型，必须提供对本类型数据的处理方法，也就是成员函数。如果类有成员函数，则必须给出完整的成员函数的实现代码。只有这样，类的定义才是完整的，类才是可用的。

> 类的函数成员有两种定义方法。
>
> 1）先在类体中进行函数原型声明，再在类外进行函数体实现。类外部定义成员函数时必须在成员函数名前给出所属的类名，并使用作用域标识符"::"联接。具体形式为：
>
> **返回值类型 类名::成员函数名（形式参数表）**
> **{**
> **函数体**
> **}**
>
> 2）直接在类体中完成函数体的实现。

这两种方法可以混合使用。在例 7.4 中，时针、分针、秒针是时钟的固有属性，抽象为时钟类 Myclock 的数据成员，int 类型的变量 hp、mp 和 sp。时钟的基本功能是显示时间，当时间有误差时可以校正，所以这两个行为抽象为函数成员 void setTime (int h,int m,int s)与 void showTime ()。void showTime ()的定义使用了第一种方法，void setTime (int h,int m,int s)的定义使用了第二种方法。

类将数据与数据的处理函数封装在一起。因而在定义函数成员时，如果将类看成一个封闭的域，类的数据成员就相当于域中的全局变量，可以被类的成员函数直接使用、共享。此外，类的函数成员之间也可以直接相互使用。函数成员 setTime()与 showTime()直接使用数据成员 hp、mp 和 sp，showTime()不需要形式参数，setTime()只需要 3 个形式参数。

【例 7.4】时钟类的完整定义如下，成员函数 void setTime (int h,int m,int s)的定义在类体外，void showTime ()的定义在类体内。

```
class Myclock
{
    int hp,mp,sp; //数据成员，hp 表示时钟的时针，mp 表示分针，sp 表示秒针
  public:
    void setTime (int h,int m,int s); //成员函数声明，手动调整时间
    void showTime ()
    {
        cout<<hp<<": "<<mp<<": "<<sp<<endl;
    } //显示时间函数，直接定义在类体内
}; // end Myclock，类体的定义以分号结束
void Myclock ::setTime( int h, int m ,int s)
{
    hp=h;  mp=m;  sp=s;
} //手动调整时间函数，定义在类外，函数名前应添加"类名:: "
```

3. 访问限定符

“封装”是面向对象程序设计的特征之一，主要体现在以下两个方面。

1）将数据和数据处理函数以“类”的形式紧密结合在一起。这种结合不但降低了函数的实现代价，还把数据与数据处理细节隐藏在类内部，提高了模块的独立性。

2）设定类成员的访问控制属性。通过为每个成员指定访问权限，能够保护数据，并且控制程序对数据的处理方式。

因此，在类定义时必须使用访问限定符（Access Specifier）指明每个成员的访问控制属性，限制外部函数和外部语句对类成员的访问权限。如表 7.2 所示，public（公共的）成员可以从外部进行访问，private（私有的）和 protected（保护的）成员不能从外部进行访问。为了保护数据，数据成员通常被指定为 private，函数成员指定为 public。

表 7.2　访问限定符与成员的外部访问控制

成员的安全属性	外部函数和外部语句能否直接访问
public	能
protected	否
private	否

声明为 private 的成员和声明为 public 的成员的次序任意，既可以先出现 private 部分，也可以先出现 public 部分。如果在类体起点没有给出成员的访问限定符，默认为 private。在一个类中，关键字 private 和 public 可以分别出现多次，每个部分的有效范围到出现另一个访问限定符或类体结束时为止。但是为了使程序清晰，每一种成员访问限定符在类体定义中最好只出

现一次。在例 7.4 中，Myclock 类在起点没有指定访问控制属性，则其后的数据成员 hp、mp 和 sp 默认为 private 成员。直至出现访问限定符“public”，其后罗列的函数成员 showTime()和 setTime()就为 public 成员。

非类的成员函数或语句对类成员的访问称为“外部访问”，受到访问控制符的严格控制，外部语句或函数不能对私有数据成员进行直接访问操作，只能通过调用公有成员函数来完成对私有成员的操作。也就是说，能对私有的数据成员进行的操作完全取决于类提供了哪些公有成员函数。所以，公有成员函数又被称为类的“操作接口”。

类的成员函数访问本类成员称为“内部访问”，不受访问限定符的约束。类的成员函数可以直接使用类中的任意一个成员，既可以处理数据成员，又可调用函数成员。如果某个成员函数并不准备被外界调用，而是只被本类中的成员函数所调用，应该将它们指定为 private。

7.2.2 对象的定义与使用

在 C++语法体系中，一个“类”被视为一个用户“自定义数据类型”。与 C++基本数据类型一样，可以在其上衍生出本类型的变量。在面向对象程序设计中，“类”数据类型的变量被称为“对象（Object）”。

在面向对象方法中，类是某一类型实体的抽象，而对象对应于某个具体的实体，是类的实例（Instance），也是问题的实际解决者。在完成类的定义后一定要在类之上创建变量供程序使用。

1. 对象的定义

对象的定义方式和普通变量一样，格式为： **类名 对象名;** 类名就是数据类型，对象名就是变量标识符。

在例 7.5 中，主函数 main()就像定义普通变量一样定义 Myclock 类的变量 clock1、clock2 后，语句为“Myclock clock1,clock2; //定义时钟类对象（变量）”。

对象的定义是对象使用的前提。例 7.5 中 Myclock 类的定义描述了时钟的属性和行为，但程序并不能使用它去解决问题，只有在定义对象 clock1、clock2 后，程序中才存在了“真正”的时钟，才能完成程序的功能。

2. 对象的使用

使用对象实质上是外部使用对象的成员，格式为： **对象名.成员名**

如果将“类”视作一个模具，那么“对象”就是依据这个模具所创建出的产品。所以，当一个“类”的“对象”被定义后，类有什么成员，对象就也拥有这些成员的一份拷贝。如图 7.4 所示，例 7.5 中 Myclock 类的对象 clock1、clock2 拥有独立的数据成员和函数成员。

在定义对象后就能够使用对象解决问题。**使用对象实质上是通过调用对象的成员函数来完成程序功能，这种调用属于类外访问，受到访问限定符的约束，只能使用 public 属性的成员。**

clock1	int hp
	int mp
	int sp
	void setTime (int h,int m,ints)
	void showTime()

clock2	int hp
	int mp
	int sp
	void setTime (int h,int m,ints)
	void showTime()

图 7.4　Myclock 类对象的成员

在面向对象程序设计方法中，问题的解决是实体间相互作用的结果，而实体在程序中就是对象。所以，程序的编写过程可以表示为如下步骤。

> 1）确定问题涉及的实体，将实体抽象为类。这一过程又分为两个部分：
> ① 将实体的关键属性抽象为类的数据成员；
> ② 将实体的行为抽象为类的函数成员。
> 2）由类定义对象，表示问题中的实体。
> 3）使用对象解决问题，使用对象实质上是外部使用对象的成员，其形式为：
> **对象名.成员名**

【例 7.5】 使用时钟类的完整程序。

```
#include<iostream>
using namespace std;
class Myclock
{
        int hp,mp,sp; // hp 表示时钟的时针，mp 表示分针，sp 表示秒针
   public:
        void setTime (int h,int m,int s); //手动调整时间
        void showTime ()
        {
            cout<<hp<<": "<<mp<<": "<<sp<<endl;
        }//显示时间函数，定义在类内
}; //end Myclock
void Myclock ::setTime( int h, int m ,int s)
{
    hp=h;mp=m; sp=s;
}//手动调整时间函数定义在类外
int main()
{
    Myclock clock1,clock2; //定义时钟类对象（变量）
    clock1.setTime(12,12,30); //设置第一面时钟当前时间为 12:12:30
    clock1.showTime();//显示第一面时钟当前时间
    clock2.setTime(6,12,30); //设置第一面时钟当前时间为 6:12:30
    clock2.showTime();//显示第二面时钟当前时间
    return 0;
}
```

注意：

1）在程序中，Myclock 类的函数成员 showTime()和 setTime()指定为 public 成员，在类体

起点的数据成员 hp、mp 和 sp 没有指明访问控制属性，默认为 private 成员。

2）主函数 main()中访问数据成员 hp、mp 和 sp 属于外部访问，受到访问限定符的约束。为时钟设置时间的语句不能写为"clock1.hp=12; clock1.mp=12; clock1.sp=30; clock2.hp=6; clock2.mp=12; clock2.sp=30;"而只能以"对象名.成员名"的形式调用 Myclock 类的公有成员函数 void showTime ()，语句为"clock1.setTime(12,12,30); clock2.setTime(6,12,30);"。

【例 7.6】 某公司承包一圆形游泳池的装修，如图 7.5 所示，客户要求在游泳池周围铺设一宽度为 3 米的圆形过道，并在其四周围上栅栏。栅栏价格为 35 元/米，过道铺设造价为 80 元/平方米。游泳池半径由键盘输入。要求编程计算并输出过道和栅栏的造价。

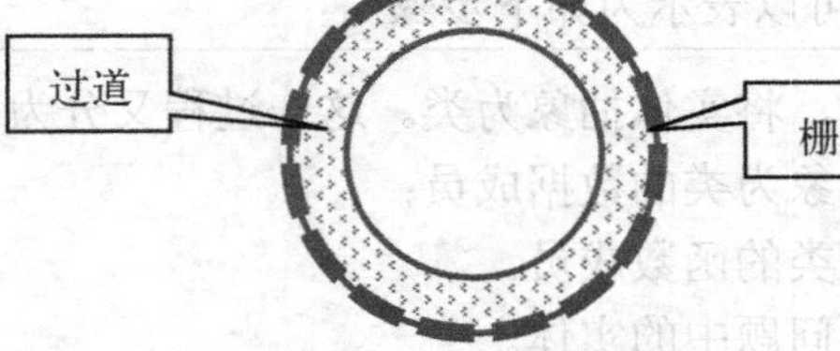

图 7.5 游泳池示意图

分析：在此问题中，圆形游泳池和过道都可以被抽象为同类实体——圆。工程造价和圆的周长、面积有关，因而在抽象圆类 Circle 时，数据成员为圆半径 double r，Circle 类的函数成员应包括面积计算函数 double getArea()和周长计算函数 double getCircumference ()。为了保护数据，半径 r 的访问属性为私有，不能以"对象名.成员名"的方式直接外部访问。圆类 Circle 必须提供公有函数 void setR(double rr)对其赋值。否则，类的函数封装就是不完整的，由类衍生出的对象就不能被正确使用。

```
#include<iostream>
using namespace std;
const double PI=3.1415;
class Circle
{
        double r;
   public:
        void setR(double rr) {r=rr; }                    //设置圆半径
        double getArea(){return PI*r*r;}                 //计算面积
        double getCircumference (){ return 2*PI*r;}     //计算周长
};//end Circle
int main()
{
     Circle pool;             //定义对象 pool，代表游泳池
     Circle outRing;          //定义对象 outRing，代表游泳池圆形过道外环
     //1.输入半径
     double r;
     cout<<"请输入游泳池的半径";
     cin>>r;
     //2.设置半径
     pool.setR(r);
     outRing. setR(r+3);
     //3.计算并输出过道的造价
```

```
    double concreteCost=(outRing. getArea()-pool. getArea())*80;
    cout<<"过道的铺设造价"<< concreteCost<<endl;
    //4.计算并输出栅栏的造价
    double fenceCost= outRing.getCircumference ()*35;
    cout<<"栅栏的造价"<< fenceCost<<endl;
   return 0;
}
```

7.2.3　构造函数与析构函数

和普通变量一样，在定义对象的时候，也可以同时对其赋初始值。**对象的赋值是指对其数据成员赋值。在定义对象的同时为对象赋值，称为对象的初始化。在对象的生命期结束时，还常常需要进行一些清理工作。**就类操作的完整性而言，对象的初始化和消亡时的清理工作应该由本类负责。因此，类在定义时应该提供成员函数来完成这两种行为，它们就是构造函数和析构函数。

1. 构造函数

在之前的章节中介绍了变量和数组的初始化方法。对象作为复合型的变量，它的初始化更为复杂。对象包含数据成员，不同的数据成员可能有着不同的初始赋值方式，在 C++中，对象的初始化是通过一个特殊的类函数成员来实现的，这个函数成员被称为构造函数（Constructor）。**调用构造函数进行对象初始化是 C++的标准方法。**

当程序定义了一个对象，系统首先为对象的数据成员分配存储空间，然后调用对象所属类的构造函数对对象的数据成员赋初值，这一过程也称为对象的创建，如图 7.6 所示。

当程序定义了对象，系统就必须创建对象，而创建对象就必须调用对象所属类的构造函数，如果该类没有提供构造函数，那么 C++编译器会提供一个默认的构造函数以供使用。**系统提供的构造函数没有参数，而且是空函数，什么赋值的工作也不做，只是为了满足对象的创建流程要求。**

定义对象
为对象的数据成
员分配存储空间
调用本类的构造函数
为数据成员赋初始值

图 7.6　对象的创建流程

在例 7.5 中，Myclock 类定义时没有提供构造函数，所以在定义对象后，系统就调用自己的默认构造函数以完成对象的创建流程要求。当将主函数改写为如下的程序段，运行结果会如图 7.7 所示。对象 clock1 创建时，数据成员其实没有被赋值，在随后调用 showTime()函数时，时间就显示为杂乱的随机数。很明显，这样的对象创建是不符合实际的。无论哪一面时钟，它的盘面时间都不会是 clock1 的样子。

```
int main()
{
    Myclock clock1; //定义时钟类对象（变量）
    clock1.showTime();//显示 clock1 时钟当前时间
    return 0;
}
```

```
-858993460: -858993460: -858993460
Press any key to continue
```

图 7.7　使用系统默认构造函数创建的时钟对象 clock1 的初始时间

为了能更合理地创建对象，让对象初始化为一个特定状态，就必须定义类自己的构造函数。就类的完整性而言，每个类都应该提供自己的构造函数。一旦类定义了构造函数，C++编译器就不会自动生成默认的构造函数以供调用。

> 构造函数的语法特点如下。
>
> 1）构造函数是类的 public 成员函数，函数名与类名相同。
>
> 2）构造函数无函数返回类型说明，注意是什么也不写，也不可写 void。
>
> 3）构造函数在对象定义时由系统自动调用执行，且只在对象定义时被调用。当对象创建后，构造函数不会被调用。
>
> 4）一个类可以有多个构造函数，系统会根据对象定义时的形式自动完成函数的重载，调用最匹配的构造函数完成对象的初始赋值。

构造函数的功能是为对象的数据成员赋初值，所以构造函数的形式参数的数量和类型都与对象的数据成员数量和类型有关。在满足基本功能的前提下，可以依据实际情景编写多个构造函数以满足不同的对象创建需求。**如果一个构造函数没有定义形式参数，该构造函数就被称为类的默认构造函数。**

在例 7.7 中，Myclock 类定义了两个构造函数 Myclock(int h,int m,int s)与 Myclock()，其中 Myclock()是默认构造函数。Myclock(int h,int m,int s)有三个参数，可以分别对数据成员 hp、mp 和 sp 赋值，将 Myclock 对象的时间初始化为任意时间。Myclock()没有参数，则调用它所创建的 Myclock 类对象的时间固定初始化为 0:0:0。

【例 7.7】　定义了构造函数的时钟类，程序运行结果如图 7.8 所示。

```
#include<iostream>
using namespace std;
class Myclock
{
        int hp,mp,sp; // hp 表示时钟的时针，mp 表示分针，sp 表示秒针
    public:
        Myclock(int h,int m,int s);//构造函数
        Myclock();//默认构造函数
        void setTime (int h,int m,int s)
        {
            hp=h;mp=m;      sp=s;
        } //手动调整时间
        void showTime ()
        {
            cout<<hp<<": "<<mp<<": "<<sp<<endl;
        } //显示当前时间
}; //end Myclock
Myclock ::Myclock( int h, int m ,int s)   //构造函数的实现
{
    hp=h;mp=m;      sp=s;
    cout<<"构造函数 Myclock( int h, int m ,int s)被调用. "<<endl;
}
Myclock ::Myclock () //默认构造函数的实现
```

```
{
    hp=0; mp=0; sp=0;
    cout<<"构造函数 Myclock()被调用. "<<endl;
}
int main()
{
    Myclock clock1; //定义对象 clock1
    clock1.showTime();//显示 clock1 时钟当前时间，结果为 0:0:0
    Myclock clock2(12,30,0); //定义对象 clock2
    clock2.showTime();//显示 clock2 时钟当前时间，结果为 12:30:0
    return 0;
}
```

例 7.7 的运行结果表明，对象 clock1 创建时，系统自动调用了构造函数 Myclock()，将 clock1 的时间初始化为 0:0:0。对象 clock2 创建时，系统自动调用了构造函数 Myclock(int h,int m,int s)，时间初始化为 12:30:0。这一调用过程是通过函数重载完成的。对象 clock1 定义形式为“Myclock clock1;”，没有提供任何实参，所以它的创建只能调用构造函数 Myclock()。clock2 的定义形式为“Myclock clock2(12,30,0);”，提供了 3 个实际参数，只有构造函数 Myclock(int h, int m,int s)能满足参数的匹配要求。

```
构造函数Myclock()被调用.
0: 0: 0
构造函数Myclock( int h,  int m , int s)被调用.
12: 30: 0
Press any key to continue
```

图 7.8　对象的定义形式与构造函数的调用

对象的定义语句可以视为对本类构造函数的隐性调用语句，只不过调用形式不是“函数名(实参表)”，而是“对象名(实参表)”，如果实参表为空，则调用形式就是“对象名”。系统会依据对象定义时的“实参表”中的实参数量和类型与构造函数的形式参数进行匹配，完成对构造函数的重载，调用正确的构造函数完成对象的创建。

对象的定义形式和构造函数的形式之间是互为因果的关系。有何种构造函数，就会有何种对象定义形式。同样的，如果希望以某一形式定义对象，类就必须提供对应的构造函数。否则对象的创建就不能完成，编译器也会提示错误。

例 7.7 中的 Myclock 类只有两个构造函数 Myclock()和 Myclock(int h,int m,int s)，所以只能提供两种对象定义形式：

```
Myclock  对象名;
Myclock  对象名（实参 1，实参 2，实参 3）;
```

为了匹配不同的对象创建需求，除了提供多个构造函数之外，另一种便捷的方法是在构造函数中使用默认形参。

如例 7.8 所示，在定义了使用默认形参的构造函数“Myclock(int h=0,int m=0,int s=0);”后，Myclock 类能满足以下所有的对象定义形式。

```
Myclock  对象名;
Myclock  对象名（实参 1）;
Myclock  对象名（实参 1，实参 2）;
Myclock  对象名（实参 1，实参 2，实参 3）;
```

【例 7.8】 为 Myclock 类定义带有默认形参的构造函数。

```
#include<iostream>
using namespace std;
class Myclock
{
    int hp,mp,sp; // hp 表示时钟的时针，mp 表示分针，sp 表示秒针
```

```
public:
        Mycloc(int h=0,int m=0,int s=0);// 使用默认形参的构造函数
        void setTime (int h,int m,int s)
        {
            hp=h;mp=m;    sp=s;
        } //手动调整时间
            void showTime ()
            {
                cout<<hp<<": "<<mp<<": "<<sp<<endl;
            } //显示当前时间
};//end Myclock
Myclock ::Myclock( int h, int m ,int s)   //构造函数的实现
{
        hp=h; mp=m; sp=s;
}
int main()
{
        Myclock clock1(12,30); //定义对象 clock1
        cout<<"clock1: ";
        clock1.showTime();//显示 clock1 时钟当前时间，结果为 12:30:0
        Myclock clock2(10); //定义对象 clock2
        cout<<"clock2: ";
        clock2.showTime();//显示 clock2 时钟当前时间，结果为 10:0:0
        return 0;
}
```

程序运行结果如图 7.9 所示。

```
clock1:   12: 30: 0
clock2:   10: 0: 0
Press any key to continue
```

图 7.9　默认构造函数与对象的创建

2. 复制构造函数

如果构造函数的形参是本类对象的引用，依据构造函数的功能，新建对象的数据成员值将复制自形参对象，这个构造函数也被称为复制构造函数(Copy Constructor)。**作为构造函数的一员，除了参数形式必须为本类对象的引用外，复制构造函数具有构造函数所有的语法特性。**

下面是定义复制构造函数的一般方法。

```
class 类名
{
    public:
        类名(类名 &对象名); //复制构造函数原型声明
        …
};
类名::类名(类名 &对象名) //复制构造函数的实现
{
    函数体;
}
```

复制构造函数只有一个形式参数，本类对象的引用。其功能是将形参对象的数据成员复制给当前正在创建的新对象的数据成员，完成新对象的初始化，就像克隆。和构造函数的使用一样，如果类中没有定义复制构造函数，C++编译器会自动给出一个默认的复制构造函数，该函数将形参对象的数据成员值原封不动地复制给新对象。**所以，如果对象创建时使用同类对象初始化只是单纯的数据成员复制而不作任何改变，是可以不编写本类的复制构造函数的。**但只要类定义了复制构造函数，系统就不会自动生成默认的复制构造函数。

例 7.9 为 Myclock 类添加了复制构造函数，其函数声明为 Myclock(Myclock &c)，所做的就是完全复制，将形参对象 c 的数据成员一一复制给新对象的数据成员。由于 Myclock(Myclock &)的功能与系统提供的复制构造函数完全相同，Myclock 类也可以不定义它，直接使用系统提供的复制构造函数。

【例 7.9】 复制构造函数与对象的创建。

```
#include<iostream>
using namespace std;
class Myclock
{
      int hp,mp,sp; // hp 表示时钟的时针，mp 表示分针，sp 表示秒针
public:
      Myclock(int h=0,int m=0,int s=0);// 使用默认形参的构造函数
      Myclock(Myclock &c); //复制构造函数
      void setTime (int h,int m,int s)
      {
            hp=h;mp=m;sp=s;
      } //手动调整时间
            void showTime ()
      {
            cout<<hp<<": "<<mp<<": "<<sp<<endl;
      } //显示当前时间
}; //end Myclock
Myclock ::Myclock( int h, int m ,int s)   //构造函数的实现
{
      hp=h;mp=m;sp=s;
}
Myclock :: Myclock(Myclock &c)  //复制构造函数的实现
{
      hp=c.hp;   mp=c.mp;  sp=c.sp;
      cout<<"复制构造函数 Myclock(Myclock &)被调用. "<<endl;
}
int main()
{
      Myclock clock1(12,30,0); //定义对象 clock1
      cout<<"clock1:      ";
      clock1.showTime();//显示 clock1 时钟当前时间，结果为 12:30:0
      Myclock clock2(clock1); //定义对象 clock2，用对象 clock1 初始化
      cout<<"clock2:      ";
      clock2.showTime();//显示 clock2 时钟当前时间，结果为 12:30:0
      return 0;
}
```

例 7.9 运行结果如图 7.10 所示。依据函数重载的原理，clock1 的创建调用构造函数 Myclock(int h,int m,int s)，对象 clock2 的创建调用复制构造函数 Myclock(Myclock &c)，将对象 clock1 的数据成员值原封不动地复制给 clock2 的数据成员，完成 clock2 的初始化。

```
clock1:   12: 30: 0
复制构造函数Myclock(Myclock &)被调用.
clock2:   12: 30: 0
Press any key to continue
```

图 7.10　复制构造函数与对象的创建

复制构造函数是非常重要的类成员函数，当新对象创建时，初始化的值来源于同类的另一个对象，复制构造函数就会被调用。下面以例 7.9 的 Myclock 类为基础，讨论复制构造函数调用的三种情境。

① 当用类的一个对象去初始化该类的另一个对象时，系统自动调用复制构造函数实现复制赋值。

```
int main()
{
    Myclock    Beijing(11,45,0);
    Myclock    Wuhan(Beijing); //复制构造函数被调用
}
```

② 当函数的形参为对象时，为了调用函数，系统会创建临时形参对象，并将实参对象的值复制给形参对象，系统自动调用复制构造函数完成该过程。

```
void fun1(Myclock c1 )
{
    c1.showTime();
}
int main()
{
    Myclock    Beijing (11,45,0);
    fun1(Beijing); //该函数调用需创建临时形参对象 c1
                   //并将实参对象 Beijing 的数据成员复制给形参对象 c1
                   //因此调用 Myclock 类的复制构造函数
    return 0;
}
```

③ 当函数的返回值是对象时，系统自动调用复制构造函数。

```
Myclock fun2()
{
    Myclock    A(13,0,0);
    return A;
}
int main()
{
    Myclock Munich;
    Munich =fun2(); //函数调用结束返回时，系统会建立一个临时对象
                    //并将函数返回值对象 A 的值复制给该临时对象
                    //因此调用复制构造函数
    return 0;
}
```

要注意的是，对象和普通变量一样，同类对象之间可以相互赋值。在例 7.10 的主函数 main()

中，赋值语句“clock2=clock1;”将对象 clock1 的数据成员一一复制给 clock2 中的同名数据成员，因而对象 clock2 的时间由 10:0:0 改变为 12:30:0。这一复制过程是 C++赋值运算符“=”的运算结果，和 Myclock 类的复制构造函数无关。

【例 7.10】 复制构造函数与对象的赋值。

```
#include<iostream>
using namespace std;
class Myclock
{
    int hp,mp,sp; // hp 表示时钟的时针，mp 表示分针，sp 表示秒针
public:
    Myclock(int h=0,int m=0,int s=0);// 使用默认形参的构造函数
    Myclock(Myclock &c);//复制构造函数
    void setTime (int h,int m,int s)
    {
        hp=h;mp=m;sp=s;
    } //手动调整时间
    void showTime ()
    {
        cout<<hp<<": "<<mp<<": "<<sp<<endl;
    } //显示当前时间
}; //end Myclock
Myclock ::Myclock( int h, int m ,int s)   //构造函数的实现
{
    hp=h;mp=m;sp=s;
}
Myclock :: Myclock(Myclock &c)
{
    hp=c.hp;    mp=c.mp;  sp=c.sp;
    cout<<"复制构造函数 Myclock(Myclock &)被调用. "<<endl;
}
int main()
{
    Myclock clock1(12,30); //定义对象 clock1
    cout<<"clock1:     ";
    clock1.showTime();//显示 clock1 时钟当前时间，结果为 12:30:0
    Myclock clock2(10); //定义对象 clock2
    cout<<"clock2:     ";
    clock2.showTime();//显示 clock2 时钟当前时间，结果为 10:0:0
    clock2=clock1;//赋值语句
    cout<<"clock2:     ";
    clock2.showTime();//显示 clock2 时钟当前时间，结果为 12:30:0
    return 0;
}
```

程序运行结果如图 7.11 所示。结果表明，Myclock 类的复制构造函数没有被调用。**复制构造函数是构造函数的一种，只在对象创建时由系统自动调用完成新对象的初始化。**语句“clock2=clock1;”虽然将 clock1 的数据成员一一复制给 clock2 中的同名数据成员，但这一复制

过程在对象 clock2 的创建之后。因此，不会调用复制构造函数。

```
clock1:    12: 30: 0
clock2:    10:  0: 0
clock2:    12: 30: 0
Press any key to continue
```

图 7.11　对象间的相互赋值

3. 析构函数

和普通变量一样，对象有生命期。当一个对象的生命周期结束时，C++会自动调用一个特殊的成员函数对该对象进行善后工作，该函数被称为析构函数（Destructor）。

和构造函数一样，如果类说明中没有给出析构函数，则 C++编译器会自动给出一个默认的析构函数“~类名(){}”，但只要类定义了析构函数，系统就不会自动生成默认的析构函数。如果一个类的对象注销十分简单，没有什么善后工作要做，可以不写析构函数，直接使用系统的析构函数，或者在定义时将析构函数写为空函数。

> 析构函数的语法特点如下。
>
> 1）析构函数是类的 public 成员函数，函数名与类名相同，但在前面加上字符~。
>
> 2）析构函数无函数返回类型说明，注意是什么也不写，也不可写 void。
>
> 3）析构函数不带任何参数，一个类只有一个析构函数。
>
> 4）析构函数在对象生命期结束时由系统自动调用执行。
>
> 5）如果程序中有多个对象消亡，析构函数的调用顺序和构造函数的调用顺序相反。

例 7.11 为例 7.10 的 Myclock 类增添了析构函数“~Myclock()”，它没有参数，函数名为“~Myclock”，当对象消亡时，由系统自动调用。

【例 7.11】 析构函数与对象的消亡。

```
#include<iostream>
using namespace std;
class Myclock
{
    int hp,mp,sp; // hp 表示时钟的时针，mp 表示分针，sp 表示秒针
public:
    Myclock(int h=0,int m=0,int s=0); //使用默认形参的构造函数
    Myclock(Myclock &c); //复制构造函数
    ~Myclock(); //析构函数的声明
    void setTime (int h,int m,int s)
    {
        hp=h;mp=m;sp=s;
    } //手动调整时间
    void showTime ()
    {
        cout<<hp<<": "<<mp<<": "<<sp<<endl;
    } //显示当前时间
}; //end Myclock
Myclock ::Myclock( int h, int m ,int s)   //构造函数的实现
{
    hp=h;mp=m;sp=s;
```

```
}
Myclock :: Myclock(Myclock &c)
{
    hp=c.hp;   mp=c.mp;  sp=c.sp;
    cout<<"复制构造函数 Myclock(Myclock &)被调用. "<<endl;
}
Myclock ::~Myclock() //析构函数的实现
{
    cout<<"和你分别在时刻";
    showTime();
}
int main()
{
    Myclock clock1; //定义对象 clock1
    Myclock clock2(12,30,0); //定义对象 clock2
    return 0;
}
```

由于程序先创建对象 clock1，再创建对象 clock2，因此对象的析构顺序和构建顺序相反，先析构对象 clock2，再析构 clock1。当对象析构时，系统自动调用析构函数。Myclock 类的析构函数“~Myclock()”不是空函数，因此程序运行结果如图 7.12 所示。

```
和你分别在时刻12: 30: 0
和你分别在时刻0: 0: 0
Press any key to continue
```

图 7.12　对象的消亡与析构函数的调用

7.2.4　UML 类图

为了更直观地描述问题中的类与对象及它们之间的静态关系，可以使用 UML 类图。UML（Unified Model Language，统一建模语言）是一种面向对象的建模语言，用于面向对象软件开发过程的可视化建模。UML 包含各种类型的图形，分别描述软件模型中的静态结构、动态行为和模块的组织与管理。类图就是其中的一种，可以直观地展现类的内部结构和与其他类的静态关系。

1. 类的 UML 图

UML 中，类用包含类名、数据成员和函数成员且带有分隔线的长方形来表示。

数据成员的表示语法为：

> **[访问控制属性] 名称[:类型] [= 默认值]**
>
> 其中名称是必须的，其他都是可选项。

各部分的说明如下。

访问控制属性：包括 public、private 和 protected，在类图中分别用符号+、-和#表示。

名称：数据成员名。

类型：数据成员的数据类型。

默认值：数据成员的初始值。

函数成员的表示语法为：

[访问控制属性] 名称 [(参数列表)] [:返回值类型]
其中名称是必须的，其他都是可选项

各部分的说明如下。

访问控制属性：包括 public、private 和 protected 三种，在类图中分别用符号+、-和#表示。

名称：函数成员名。

参数列表：函数成员的形式参数表。

返回值类型：函数成员的返回值类型。如果是构造函数和析构函数，则无返回类型。

依照以上规则，例 7.11 中 Myclock 类的 UML 表示如图 7.13 所示。

2. 对象的 UML 表示

在 UML 中，对象用一个矩形表示，对象的全名为“类名:对象名”，要加下画线，写在矩形的上部。对象的数据成员及值写在下部，也可以省略不写。如例 7.11 中 Myclock 类对象 clock1 的 UML 表示如图 7.14 所示。

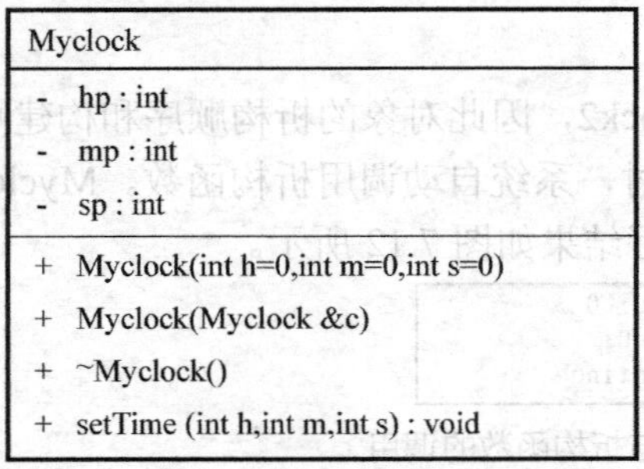

图 7.13 例 7.11 中 Myclock 类的 UML 图

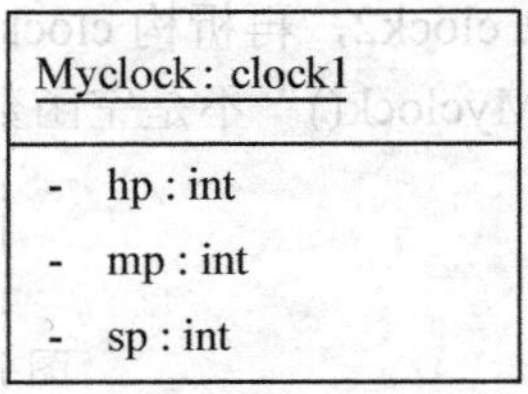

图 7.14 对象的 UML 图

3. 几种关系的 UML 表示

UML 不但提供了对类与对象的图形描述，还用带有特定符号的线条表示类之间的各种静态关系，下面简单介绍如何表示类的依赖、组合、继承关系。

1）依赖关系

当类 A 使用类 B 的对象作为成员函数的参数，或者将类 B 的对象作为成员函数的局部变量，就称为“类 A”依赖“类 B”。类之间的调用关系、友元都属于依赖关系，如图 7.15 所示，UML 将这种关系绘制为一条从“类 A”指向“类 B”的有向虚线。

2）组合关系

当类 A 的数据成员含有类 B 的对象，就称为“类 A”包含“类 B”。组合关系描述的是类之间整体和部分的关系，表示为实心菱形，类之间用实线连接，如图 7.16 所示。

3）继承关系

类的继承关系（将在第 8 章介绍）用带有三角形的直线段表示，如图 7.17 所示，三角形的尖角指向父类。

图 7.15 依赖关系

图 7.16 组合关系

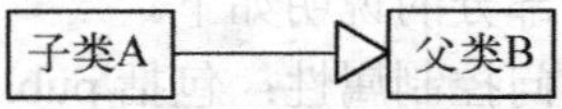

图 7.17 继承关系

7.2.5 程序实例

【例 7.12】 定义一个平面上的矩形类 rectangle，坐标系如图 7.18 所示。类的数据成员为矩形左上顶点和右下顶点的行列坐标，可以计算矩形面积、周长，获取矩形的坐标，重新设定矩形的坐标。创建对象时，可以指定坐标，或者默认创建坐标为(0,0)、(1,1)。

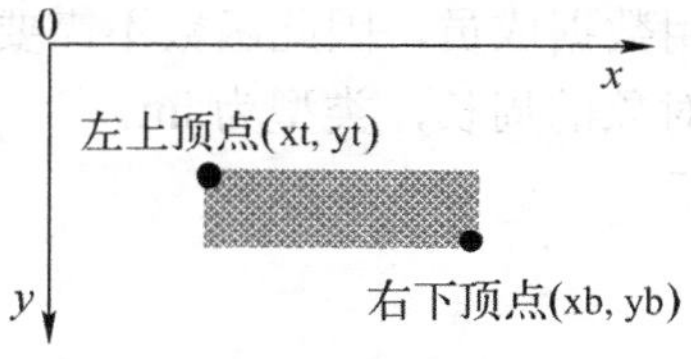

图 7.18　屏幕上的矩形

分析：依据问题描述，矩形左上顶点坐标抽象为数据成员“xt,yt”，右下顶点抽象为数据成员“xb,yb”，数据类型为 int，为了保护数据，访问类型为 private。所有的操作抽象为成员函数，访问类型为 public。

矩形类的 UML 描述见图 7.19。将“操作”抽象为“函数成员”可以分为两个步骤。首先要明确函数的功能，分析函数实现涉及的关键数据，结合类的封装特性确定函数的形式参数表和返回值类型。然后，依据函数的功能组织语句，编写函数体代码。下面就每个成员函数的实现简要说明要注意的问题。

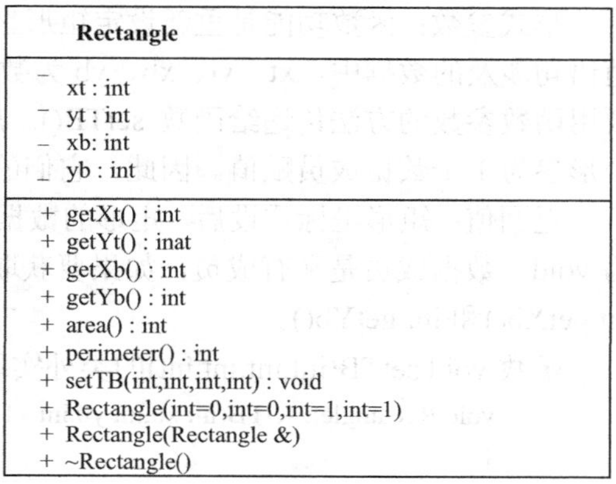

图 7.19　Rectangle 类的 UML 图

① 矩形的完整坐标由 4 个数据成员构成，但一个函数只有一个返回值，矩形类要提供完整的坐标访问接口需定义 4 个函数。因此，操作“获取矩形的坐标”抽象为了 4 个公有成员函数，分别为 int getXt()、int getYt()、int getXb()和 int getYb()。

形式参数：函数实现所需的数据就是类的数据成员。依照类的封装特性，成员函数可以直接使用数据成员，所以以上 4 个函数无须形式参数。

返回值：函数的功能是对外提供矩形坐标的一部分值。这个值就应作为函数的返回值，类型为 int。

函数的类外实现如下：

```
int Rectangle::getXt() { return xt;}    //获取左上顶点的列坐标（x 坐标）
int Rectangle::getYt() { return yt;}    //获取左上顶点的行坐标（y 坐标）
int Rectangle::getXb() { return xb;}    //获取右下顶点的列坐标（x 坐标）
int Rectangle::getYb() { return yb;}    //获取右下顶点的行坐标（y 坐标）
```

② 操作“计算矩形面积”抽象为公有成员函数 int area()。

形式参数：矩形的面积只与矩形坐标（数据成员 xt、yt、xb、yb）有关，不需要其他外部数据，而成员函数可以直接使用数据成员，因此函数不需要形式参数。

返回值：计算面积是为了使用面积数据而不是将它密闭在对象内，所以函数返回值类型不是 void，而是 int，值为矩形对象的面积。

int area()的类外实现如下：

```
int Rectangle::area()
{
    return (xb-xt)*(yb-yt);
}//计算矩形面积
```

③ 操作“计算矩形周长”抽象为公有成员函数 int perimeter()。

形式参数：矩形的周长只与矩形坐标（数据成员 xt、yt、xb、yb）有关，不需要其他外部数据，并且成员函数可以直接使用数据成员，因此函数不需要形式参数。

返回值：函数返回值为矩形对象的周长，类型为 int。

int perimeter()的类外实现如下：

```
int Rectangle:: perimeter()
{
    return 2*(xb-xt+yb-yt);
}//计算矩形周长
```

④ 操作“重新设定矩形坐标”抽象为公有成员函数 void setTB(int,int,int,int)。

形式参数：函数功能是重新设定矩形坐标，其实质是为数据成员 xt、yt、xb、yb 赋值。赋值语句涉及的数据中，xt、yt、xb、yb 为数据成员，不需要外部获取，而用来赋值的数据则需要用函数参数的方法传递给函数 setTB()。所以，要正确的定义该函数需要的 4 个形参，每 1 个形参为 1 个数据成员赋值。因此，它们的类型也需和数据成员的类型相同。

返回值：矩形坐标重设后，矩形的数据成员更新为新坐标值。setTB()函数无返回值，类型为 void。数据成员是私有成员，如果要获取坐标值，应调用成员函数 int getXt()、int getYt()、int getXb()和 int getYb()。

函数 void setTB(int,int,int,int)的类外实现如下：

```
void Rectangle:: setTB(int x0,int y0,int x1,int y1)
{
    xt=x0; yt=y0; xb=x1; yb=y1;
}//重新设定矩形的坐标
```

⑤ 描述创建对象时，可以指定坐标，或者默认创建坐标为(0,0)和(1,1)，表明对象的创建有两种方式，有参创建和无参创建。在构造函数抽象时，可以为每一种创建方式编写一个构造函数，也可以用一个带有默认形参的构造函数来满足不同的对象创建要求。本例采取的是后一种方法，定义了构造函数 Rectangle(int=0,int=0,int=1,int=1)。

形式参数：构造函数的功能是为数据成员赋初始值，初始值就来自构造函数的形式参数。Rectangle 类有 4 个数据成员，所以构造函数需定义 4 个形式参数，并按照问题要求在函数声明中指定默认值。

返回值：按照类的语法规则，构造函数没有返回值。

构造函数 Rectangle(int=0,int=0,int=1,int=1)的类外实现如下：

```
Rectangle:: Rectangle(int x0,int y0,int x1,int y1)
{
    xt=x0;      yt=y0;
    xb=x1;      yb=y1;
}//构造函数
```

⑥ 就类操作的完整性而言，对象的复制性创建应由类中的复制构造函数完成。因此，即便类的复制构造函数功能与系统的默认复制构造函数相同，也应编写类的复制构造函数。复制构造函数虽然只有一个参数，但参数的类型为本类对象的引用，完全能满足新对象初始化对数据的需求。

复制构造函数 Rectangle(Rectangle &)的类外实现如下：

```
Rectangle:: Rectangle(Rectangle &r)
{
```

```
        xt=r.xt;    yt=r.yt;
        xb=r.xb;    yb=r.yb;
    }//复制构造
```

⑦ 析构函数在对象消亡时由系统调用，做一些善后工作。本例中矩形对象的消亡十分简单，没有什么工作要做，析构函数的函数体为空。

析构函数~Rectangle()的类外实现如下：

```
Rectangle:: ~Rectangle()
{
}//析构函数
```

在完成类定义后，还要验证类的正确性。编写测试代码时应尽量调用每个成员函数，观察实际运行结果，判断成员函数的功能实现是否正确，算法是否完整。如果实际运行结果与预期结果不符，可以依照实际运行结果对成员函数进行修正。综上所述，矩形类的完整定义和测试代码如下所示：

```
#include<iostream>
using namespace std;
class Rectangle
{
    private:
        int xt,yt, xb,yb; //左上顶点坐标(xt,yt)，右下顶点坐标(xb,yb)
    public:
        int getXt(); //获取左上顶点的列坐标（x 坐标）
        int getYt();//获取左上顶点的行坐标（y 坐标）
        int getXb();//获取右下顶点的列坐标（x 坐标）
        int getYb(); //获取右下顶点的行坐标（y 坐标）
        int area(); //计算并获取矩形面积
        int perimeter(); //计算并获取矩形周长
        void setTB(int,int,int,int); //重新设定矩形的坐标
        Rectangle(int=0,int=0,int=1,int=1); //带有默认形参的构造函数
        Rectangle(Rectangle &); //复制构造函数
        ~Rectangle(); //析构函数
};//end Rectangle
int Rectangle::getXt()
{
    return xt;
}//获取左上顶点的列坐标（x 坐标）
int Rectangle::getYt()
{
    return yt;
}//获取左上顶点的行坐标（y 坐标）
int Rectangle::getXb()
{
    return xb;
}//获取右下顶点的列坐标（x 坐标）
int Rectangle::getYb()
{
    return yb;
}
```

```
//获取右下顶点的行坐标（y 坐标）
int Rectangle::area()
{
    return (xb-xt)*(yb-yt);
}//计算并获取矩形面积
int Rectangle:: perimeter()
{
    return 2*(xb-xt+yb-yt);
}//计算并获取矩形周长
void Rectangle:: setTB(int x0,int y0,int x1,int y1)
{
    xt=x0; yt=y0;
    xb=x1; yb=y1;
}//重新设定矩形的坐标
Rectangle:: Rectangle(int x0,int y0,int x1,int y1)
{
        xt=x0; yt=y0; xb=x1; yb=y1;
}//构造函数
Rectangle:: Rectangle(Rectangle &r)
{
    xt=r.xt;      yt=r.yt;
    xb=r.xb;      yb=r.yb;
}//复制构造函数
Rectangle:: ~Rectangle()
{
}//析构函数
int main()
{
    Rectangle r0,r1(2,2,5,6);
    cout<<"矩形 r0 的左上顶点坐标为"<<"("<<r0.getXt()<<","<<r0.getYt()<<")"<<endl;
    cout<<"矩形 r0 的右下顶点坐标为"<<"("<<r0.getXb()<<","<<r0.getYb()<<")"<<endl;
    r0.setTB(2,3,7,8);
    cout<<"矩形 r0 的左上顶点坐标更改为"<<"("<<r0.getXt()<<","<<r0.getYt()<<")";
    cout<<endl;
    cout<<"矩形 r0 的右下顶点坐标更改为"<<"("<<r0.getXb()<<","<<r0.getYb()<<")";
    cout<<endl;
    cout<<"矩形 r0 的面积为"<<r0.area()<<endl;
    cout<<"矩形 r0 的周长为"<<r0.perimeter()<<endl;
    Rectangle r2(r1);
    cout<<"矩形 r2 的左上顶点坐标为"<<"("<<r2.getXt()<<","<<r2.getYt()<<")"<<endl;
    cout<<"矩形 r2 的右下顶点坐标为"<<"("<<r2.getXb()<<","<<r2.getYb()<<")"<<endl;
    return 0;
}
```

【例 7.13】 定义一个平面上的青蛙类 Frog。青蛙对象可以显示在屏幕上，还能通过键盘操纵青蛙在屏幕上移动（上/下/左/右）。屏幕坐标系如图 7.20 所示，显示出的青蛙如图 7.21 所示。

分析：选取实体属性抽象为类的数据成员时，在满足类操作的前提下，应尽量减少数据成员的数量，即“最小集合”原则。图 7.21 中，构成青蛙的 3 个*字符相对位置固定，只要知道青蛙的头部坐标就能正确显示青蛙。在定义 Frog 类时，参照图 7.21 的坐标系，只需将青蛙的头部坐标抽象为数据成员 x 和 y，x 代表列，y 为行，数据类型为 int。而不需把青蛙身体各部位坐标都抽象为数据成员。

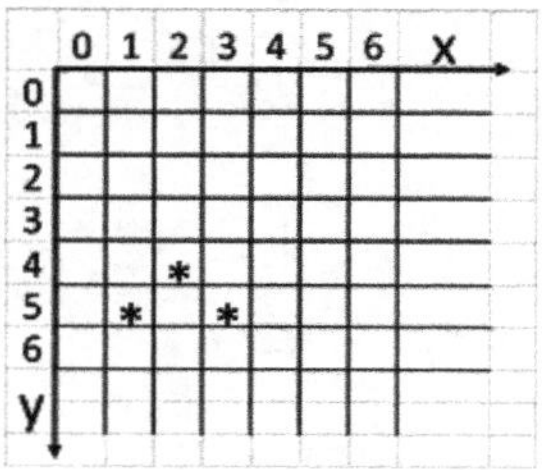

图 7.20 屏幕坐标系

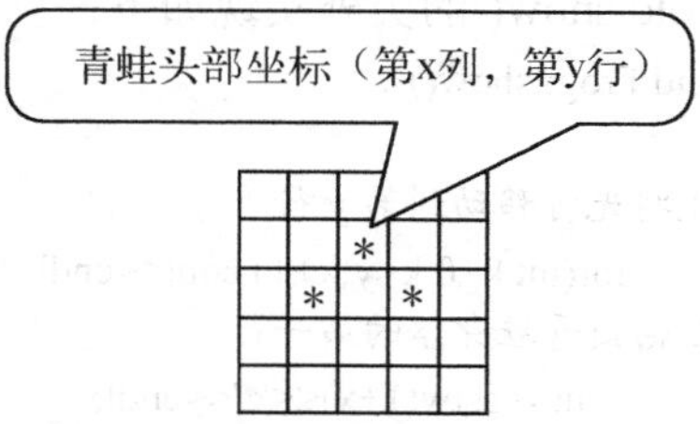

图 7.21 青蛙的身体

依据类的封装特性，实体“行为”应抽象为类的“成员函数”。例子描述了青蛙的两种行为，“显示青蛙”和“移动青蛙”，它们要分别抽象为成员函数 void show()和 void move(char)。

Frog 类的 UML 图如图 7.22 所示。下面介绍成员函数实现的一些技巧。

① 创建 Frog 类的构造函数 Frog()。

技巧 1：利用库文件 cstdlib 中的函数 int rand()产生随机头部坐标。

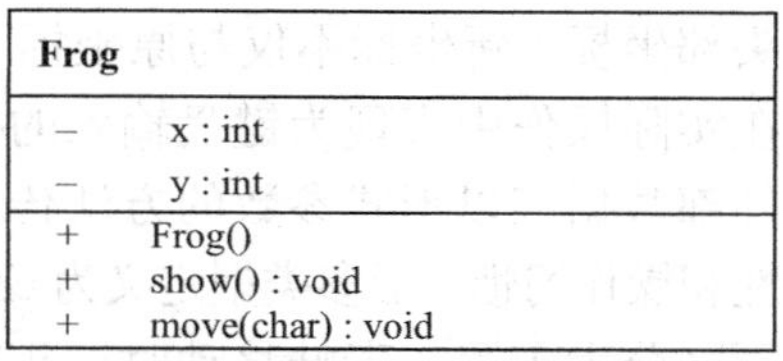

图 7.22 Frog 类的 UML 图

构造函数的功能是为数据成员赋值。在创建青蛙对象时，可以利用函数 int rand()产生随机数（值介于 0 和 32767 之间）作为头部坐标。rand()函数是利用固定算法和种子计算产生数字，种子相同，计算出的随机数也相同。要产生不同的随机数，就要先调用函数 void srand (unsigned int seed)为 rand()设置种子 seed，再调用 rand()函数。

技巧 2：使用库文件 ctime 中的函数 long time(long *tp)产生不同的随机数种子。

库文件 ctime 中的函数 long time(long *tp)能够提取当前系统时间，返回值是自 1970 年 1 月 1 日 0 时 0 分 0 秒到目前为止所经过的秒数，放在首地址为 tp 的单元内。将当前系统时间作为种子，就能保证每次产生的随机数都不同。

示例代码如下：

```
long t;    time(&t);    srand(t);    int r=rand();
```

调用函数 time()后，变量 t 的值即为当前系统时间。srand()函数将 t 作为随机数种子置入函数 rand()，产生了随机数 r。考虑到程序实际运行屏幕的高度和宽度值远小于 32767，可以通过求余运算将随机数适当缩小。

构造函数 Frog()的类外定义如下：

```
Frog:: Frog ()
{
    long t;
    time(&t);   srand(t);   x=rand()%40;
    time(&t);   srand(t);   y=rand()%17;
}
```

② “青蛙显示在屏幕上”抽象为成员函数 void show()。

成员函数 show()的功能是将青蛙输出到屏幕，所以函数没有返回值。输出时青蛙位置只由青蛙的头部坐标（数据成员 x,y）确定，函数实现不需要外部数据，show()定义为无参函数。如图 7.21 所示，头部坐标为（x,y）的青蛙，其身体处在屏幕第 y 行和第 y+1 行。在输出青蛙身体前，首先要将光标移动到第 y 行，然后输出青蛙的身体。

函数 void show()的类外实现如下：

```
void Frog::show()
{
//1.将光标移动到第 y 行
    for(int k=0;k<y;k++) cout<<endl;
//2.输出青蛙身体的第一行
    cout<<setw(1+x)<<'*'<<endl;
//3.输出青蛙身体的第二行
    cout<<setw(2+x)<<"* *"<<endl;
}
```

③ “通过键盘操纵青蛙在屏幕上移动”抽象为成员函数 void move(char)，move()函数的实现要解决以下两个问题。

● 如何“上/下/左/右”移动青蛙

青蛙移动是位置改变的结果，函数 move()的功能“上/下/左/右”移动青蛙实质是更新青蛙头部坐标。新坐标不仅与原坐标（数据成员 x,y）有关，还与青蛙的移动方向有关。“移动方向”在实际操作中表现为键盘输入的控制值，无法由类提供，是函数实现所必需的外部数据。这一外部数据应以形式参数的方法传递给函数 move()，所以 move()函数需要一个形参。考虑到便利性和操作习惯，形参类型定义为 char，其有效控制值为 W/w（上）、S/s（下）、A/a（左）、D/d（右），不区分大小写。青蛙移动时，头部坐标的变化如表 7.3 所示。

表 7.3　控制字符和坐标的变化

字　符	移 动 方 向	行坐标 y 变化	列坐标 x 变化
w 或 W	上	减 1	不变
s 或 S	下	加 1	不变
a 或 A	左	不变	减 1
d 或 D	右	不变	加 1

● 如何在屏幕上表现出动画效果

动画是由一帧一帧独立的画面构成，在画面切换时，由于人眼的视觉停留效应，就呈现出“活动”的效果。根据表 7.3，可以计算出青蛙的新头部坐标，将青蛙的头部坐标更新为新坐标后，青蛙的移动实际上就完成了。如果刷新屏幕，重新显示青蛙，在视觉停留效应的帮助下，就会觉得青蛙在移动。

依照以上的分析，move()函数的算法流程可表示为图 7.23。

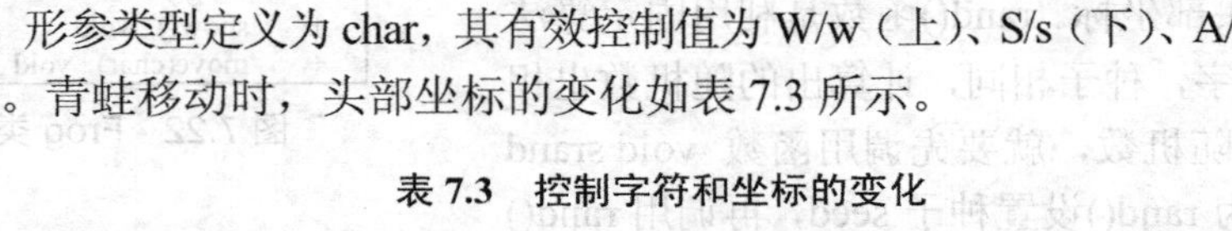

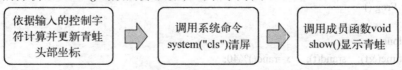

图 7.23　成员函数 void move(char)的算法流程

函数 void move(char)的类外实现如下：

```
void Frog::move(char p)
{
```

```
        //1. 依据输入的控制字符计算并更新青蛙头部坐标
        switch(p)
        {
            case 'w':   case 'W':   y--;  break;      //上移
            case 's':   case 'S':   y++;  break;      //下移
            case 'a':   case 'A':   x--;  break;      //左移
            case 'd':   case 'D':   x++;  break;      //右移
        }
        //2. 调用系统命令 system("cls")清屏，该命令要使用库文件 cstdlib
        system("cls");
        //3. 调用成员函数 void show()显示青蛙
        show();
    }
```

在编写主函数测试 Frog 类时，可以首先创建一个 Frog 对象，调用成员函数 void show()将其显示在屏幕上，测试构造函数 Frog()和 show()函数的功能是否正常，然后使用循环结构多次输入控制字符测试成员函数 void move(char) 的功能。在输入控制字符时，可以使用库文件 conio.h 中的函数 int getch()，输入的字符不会显示在屏幕上。完整的程序代码如下：

```
#include <iostream>
#include<iomanip>           //提供函数 setw()
#include<cstdlib>           //提供函数 rand()、srand()、系统命令 system("cls")
#include <ctime>            //提供函数 time()
#include <conio.h>          //提供函数 getch()
using namespace std;
class Frog
{
        int x,y;
    public:
        Frog ();
        void show();
        void move(char);
};
Frog::Frog ()
{
    long t;
    time(&t);   srand(t);   x=rand()%40;
    time(&t);   srand(t);   y=rand()%17;
}
void Frog::show()
{
    //1.将光标移动到第 y 行
    for(int k=0;k<y;k++) cout<<endl;
    //2.输出青蛙身体的第一行
    cout<<setw(1+x)<<'*'<<endl;
    //3.输出青蛙身体的第二行
    cout<<setw(2+x)<<"* *"<<endl;
}
void Frog::move(char p)
```

```
    {
        //1. 依据输入的控制字符计算并更新青蛙头部坐标
        switch(p)
        {
            case 'w':   case 'W': y--;    break; //上移
            case 's':   case 'S': y++;    break; //下移
            case 'a':   case 'A': x--;    break; //左移
            case 'd':   case 'D': x++;    break; //右移
        }
        //2. 调用系统命令 system("cls")清屏，该命令要使用库文件 cstdlib
        system("cls");
        //3. 调用成员函数 void show()显示青蛙
        show();
    }
    int main()
    {
        Frog bob;        //定义青蛙对象 bob
        bob.show();      //将 bob 显示在屏幕上
        char p;          //青蛙移动的控制字符
        do
        {
            p=getch();       //输入控制字符
            bob.move(p);     //bob 移动
        }while (p!='#');
        return 0;
    }
```

7.3 类的高级应用

类作为面向对象程序设计方法中的基本单元，是现实世界实体在计算机世界的投射。在现实世界，实体不是孤立的，实体间可以相互作用，这种相互间的联系在类的使用中也有所体现。本节介绍类设计时使用的一些技巧，包括类的组合、友元、运算符重载和静态成员。这些技巧能让类的功能更强大，对象的使用形式更简洁。

7.3.1 类的组合

在现实世界中，复杂物体可以通过组合多个简单物体实现，例如汽车、计算机，都是由许多独立的部件拼合而成。**在面向对象程序设计方法中，复杂对象也可以通过组合多个简单对象实现，其方法就是将简单对象作为复杂对象的的数据成员。**类的组合不仅仅是一种代码复用的手段，还能很好地实现程序设计的模块化。类之间相互独立开发，然后以组合的方式联结在一起，极大地提高了程序的编写效率。

假如已经定义了平面上的点类 Point，数据成员为点坐标（x,y），函数成员 int getX()和 int getY()用来提供对数据成员 x,y 的访问接口。代码如下：

```
class Point
{
   int x,y; //坐标
   public:
          Point() { x=0; y=0; cout<<"Point 默认构造函数被调用"<<endl; }
          Point(int xx, int yy) { x=xx; y=yy; cout<<"Point 构造函数被调用"<<endl; }
          Point(Point &p){ x=p.x; y=p.y; cout<<"Point 复制构造函数被调用"<<endl;}
          int getX() {return x;}
          int getY() {return y;}
          ~Point() { }
};
```

当实现平面上的线类时，如图 7.24 所示，“两点确定一条直线”，可以将点类对象作为线类的数据成员，用组合的方法来实现线类。例 7.14 给出了组合类 Line 的定义。Line 类的数据成员包括两个 Point 类的对象 p1、p2，分别表示线段的端点。数据成员 int style 用于指明线段的类型。

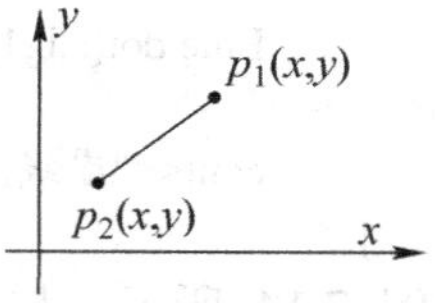

图 7.24　平面上的线类

【例 7.14】 组合类 Line 的定义与使用。

```
#include <iostream>
#include <cmath>
using namespace std;
class Point
{
   …
};//定义见前
class Line
{
   Point   p1,p2; //线段端点
          int style;//线型， 0:实线， 1:虚线
   public:
      Line();//默认构造函数
      Line ( Point ps, Point pe,int s); //构造函数
      Line ( Line &l );//复制构造函数
      double getLength(); //获取线段长度
      Point getSp();//获取线段起点
      Point getEp();//获取线段终点
      ~Line(){};//析构函数
}; //end Line
Line::Line (): p1(0,0),p2(100,100)
{
      style=0;//实线
      cout<<"Line 默认构造函数被调用"<<endl;
}
Line::Line ( Point ps, Point pe, int s ): p1(ps),p2(pe)
{
      style=s;
      cout<<"Line 构造函数被调用"<<endl;
}
Line::Line ( Line &l ): p1(l.p1),p2(l.p2)
{
      style=l.style;
```

```
}
double Line::getLength()
{
    double s=p1.getX()-p2.getX();
    double c=p1.getY()-p2.getY();
    return sqrt(s*s+c*c);
}
Point Line::getSp(){ return p1;}
Point Line::getEp(){return p2;}
int main()
{
    Line full;              //该对象的创建将调用 Line 类的默认构造函数 Line()
    Point a;                //该对象的创建将调用 Point 类的默认构造函数 Point()
                            //坐标(x,y)为(0,0)
    Point b(200,400);       //该对象的创建将调用 Point 类构造函数 Point(int xx, int yy)
                            //坐标(x,y)为(200,400)
    Line dot(a,b,1);        //该对象的创建将调用 Line 类的有参构造函数
                            //Line ( Point ps, Point pe,int s)
    cout<<"虚线段 ab 的长度为"<<dot. getLength()<<endl;
}
```

如例 7.14 所示，与普通类相比，由于组合类含有对象成员，因此在成员函数的实现上有一些特殊的要求和形式。主要体现在以下两个方面。

1. 构造函数中对象成员的初始化要使用初始化列表

组合类的构造函数定义形式如下：

> **类名::类名(对象成员所需的形参，其他数据成员形参)：对象 1(参数)，对象 2(参数)...**
> { 本类其他数据成员初始化 }

构造函数和普通类的构造函数一样，其功能都是为本类的数据成员赋初值。但“对象”和普通变量不同，为对象成员赋初值只能通过调用对象成员类的构造函数实现。在 C++程序实现时，这一过程表示为“初始化列表”。**“对象 1(参数)，对象 2(参数)...”就是初始化列表，使用初始化列表对对象成员初始化是 C++ 的标准方法。**C++编译器会依照初始化列表完成重载，调用匹配的构造（复制构造）函数完成对象成员的初始化。

组合类对象创建时调用组合类的构造函数，其执行顺序如下。

1）依据初始化列表调用对象成员类的构造（复制构造）函数初始化对象成员，完成对象成员的创建。如果初始化列表为空，则调用对象成员类的默认构造函数，完成对象创建。

2）进入组合类的构造函数（或者复制构造）的函数体内，执行语句，初始化其他数据成员，组合类对象的创建完成。

在例 7.14 的主函数 main()中，语句“Line full;”定义了 Line 类对象 full，依照函数重载规则，系统自动调用 Line 类的默认构造函数 Line()创建对象 full 并初始化。其具体的执行步骤如图 7.25 所示。

```
Line::Line () : p1(0,0),p2(100,100)
{
    style=0;//实线
    cout<<"Line 默认构造函数被调用"<<endl;
}
```

例 7.14 中，Line 类的有参构造函数 Line (Point ps, Point pe, int s)使用的初始化列表为"p1(ps),p2(pe)"，ps 和 pe 都是 Point 类的对象，因而该初始化列表调用的是 Point 类的复制构造函数。主函数 main()中，Line 类对象 dot 的创建会调用有参构造函数 Line (Point ps, Point pe, int s)，依据初始化列表"p1(ps),p2(pe)"，dot 的对象成员 p1、p2 的创建由 Point 类的复制构造函数完成。

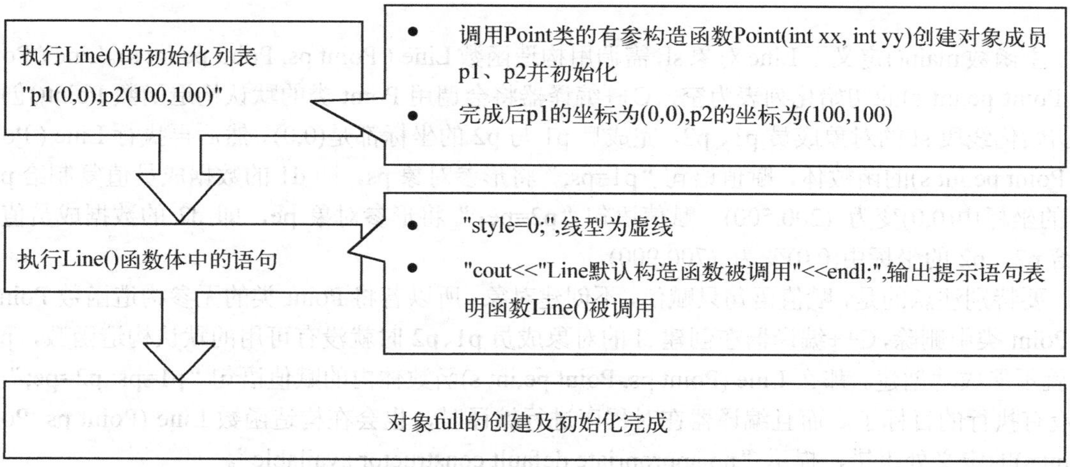

图 7.25　例 7.14 中 Line 类对象 full 的创建流程

如果组合类在定义构造函数时，初始化列表为空，那么在使用此构造函数创建对象成员时，C++编译器将调用对象成员类的默认构造函数完成对象成员的创建，如例 7.15 所示。如果对象成员类不能提供支持无参创建对象的默认构造函数，则编译器会报错。

【例 7.15】 不使用初始化列表的组合类对象创建。

```
#include<iostream>
using namespace std;
class Point
{
    int x,y; //坐标
  public:
    Point() { x=0; y=0; cout<<"Point 默认构造函数被调用"<<endl; }
    Point(int xx, int yy) { x=xx; y=yy; cout<<"Point 构造函数被调用"<<endl; }
};
class Line
{
    Point   p1,p2;
    int     style;      //线型，0:实线，1:虚线
  public:
    Line ( Point ps, Point pe,int s); //构造函数
};
Line:: Line ( Point ps, Point pe,int s) //无初始化列表的构造函数定义
{
    p1=ps;      p2=pe;
    style=s;
    cout<<"Line 默认构造函数被调用"<<endl;
```

```
}
int main()
{
    Point d1(200,500),d2(700,900);
    Line sl(d1,d2,1);
    return 0;
}
```

主函数main()定义了Line对象sl，需调用构造函数Line (Point ps, Point pe,int s)。Line (Point ps, Point pe,int s)的初始化列表为空，C++编译器将会调用Point类的默认构造函数Point()创建并初始化线段sl的对象成员p1、p2，完成后p1与p2的坐标都是(0,0)。然后再执行Line (Point ps, Point pe,int s)的函数体，赋值语句“p1=ps;”将形参对象ps，即d1的数据成员值复制给p1，p1的坐标由(0,0)变为 (200,500)。赋值语句“p2=pe;”将形参对象pe，即d2的数据成员值复制给p2，p2的坐标由(0,0)变为 (700,900)。

要特别注意的是，赋值语句只赋值，不创建对象，所以若将Point类的无参构造函数Point()从Point类中删除，C++编译器在创建sl的对象成员p1、p2时就没有可用的默认构造函数，p1、p2就不能成功创建。那么Line (Point ps, Point pe,int s)函数体内的赋值语句“p1=ps; p2=pe;”也就没有执行的目标了。而且编译器在对程序进行编译时，也会在构造函数Line (Point ps, Point pe,int s)的定义处报错，提示“no appropriate default constructor available”。

2. 对象成员的私有成员不是组合对象的成员

在编写组合类的成员函数时，还要注意访问权限问题。依据类的“封装”特性，类中的私有成员只能被本类的成员函数直接使用。例7.14中，Line类的成员函数doublegetLength()实现时只能通过Point的公有函数void getX()和void getY()获得对象成员p1、p2的坐标(x,y)，而不能将变量s,d的赋值表达式写为“s=p1.x-p2.x，c=p1.y-p2.y;”。

```
double Line::getLength()
{
    double s=p1.getX()-p2.getX();
    double c=p1.getY()-p2.getY();
    return sqrt(s*s+c*c);
}
```

组合类的析构函数和普通类的析构函数的编写方法完全相同，如果没有什么善后工作要做，组合类的析构函数的函数体可以为空。在组合类对象消亡时，**析构函数的调用顺序与构造函数相反，首先调用本类的析构函数，再调用对象成员所属类的析构函数处理对象成员的善后工作。**

7.3.2 友元

“封装”是类的基本特性，在这一特性地约束下，外部语句和外部函数对类的私有成员没有直接访问权限，只能通过类提供的公有成员函数来访问。外部语句和外部函数对类的私有成员所能够进行的操作受到公有函数的限制，如果公有函数没有提供某种操作内容，外部语句和外部函数就不能对私有成员进行该项操作。“封装”保护了类的数据，并将数据与数据处理细节隐藏在类内部。用户不需要了解工作细节，只需要使用接口完成操作，减轻了使用代价。同时，由于用户在使用时只关心接口，所以在编写大型程序时，基于类的代码搭建和修改的工作量比面向过程的方法少很多。

但有的时候，出于功能的需要，程序希望能突破类的封装，直接使用类的数据。友元就是C++提供的一种突破数据封装和数据隐藏的机制。通过在类 A 中将外部函数 f 或者其他类 B 声明为本类的友元，f 和 B 就能够直接使用类 A 的私有成员。声明语法为：

friend 友元类名或函数名;

在例 7.16 中，类 A 在定义中声明函数 void set(A &,int)为本类的友元，set()就能直接访问类 A 的私有成员 a，将类 A 对象 obj 的数据 a 赋值为 24。

【例 7.16】 友元函数举例。

```
#include<iostream>
using namespace std;
class A
{
        friend void set(A &,int);//声明函数 set()为友元
        int a;
    public:
        void display() {cout<<a<<endl;}
};
void set(A& o,int i)
{
    o.a=i;
} //函数 set()直接访问类 A 的私有成员 a
int main()
{
    A obj;
    set(obj,24);
    obj.display();
    return 0;
}
```

例 7.14 中的 Point 类与 Line 类，如果在 Point 类中增加一句友元说明“friend class Line”，将 Line 类声明为 Point 类的友元类，代码如下：

```
class Point
{
    friend class Line;//声明类 Line 为友元
    int x,y;
  public:
    Point() { x=0; y=0; cout<<"Point 默认构造函数被调用"<<endl; }
    Point(int xx, int yy) { x=xx; y=yy; cout<<"Point 构造函数被调用"<<endl; }
    Point(Point &p){ x=p.x; y=p.y; cout<<"Point 复制构造函数被调用"<<endl;}
    int getX() {return x;}
    int getY() {return y;}
    ~Point() { }
};
```

则 Line 类的成员函数 double getLength()就能够直接访问对象成员 P1、P2 的私有数据(x,y)，而无需通过 Point 类的公有成员函数 void getX()和 void getY()。

```
double Line::getLength()
{
    double s=p1.x-p2.x;
    double c=p1.y-p2.y;
    return sqrt(s*s+c*c);
}
```

在使用友元时，要注意一点，友元关系是单向的，而且不能传递。若类 A 声明类 B 是自己的友元，类 B 的成员函数就可以访问类 A 的私有成员，但类 A 的成员函数却不能访问类 B 的私有成员。若类 B 是类 A 的友元，类 C 是类 B 的友元，则不能推导出类 C 是类 A 的友元。此外，为了确保数据的完整性及数据封装与隐藏的原则，建议尽量不使用或少使用友元。

7.3.3 运算符重载

在 C++中，定义变量必须指明变量的数据类型，因为数据类型不但决定了变量的存储形式，占用内存的大小，还限制了变量能完成的运算类型。由于无法预知用户会定义何种类和类的细节，运算符（赋值运算符除外）的运算对象只能是基本数据类型的变量。例如，定义一个如下的复数类 Complex 和 Complex 类的对象 c1、c2、c3。

```
class Complex
{
        double   Real, Image ; //Real 实部，Image 虚部
    public :
        Complex(double r=0.0, double i=0.0); //带默认形参的构造函数
}; //复数类的定义
Complex c1(3.0,1.0) , c2(1.0,4.0),c3; //定义复数类对象 c1=3+i，c2=1+4i，c3=0
```

要计算对象 c1 与 c2 之和并将结果赋值给 c3，使用表达式“c3=c1+c2;”是无法得到正确结果的。解决方法有如下两种。

1. 在类中定义能完成加法运算的成员函数，然后调用该函数实现运算

【例 7.17】 通过类的成员函数实现复数的运算。

```
#include<iostream>
using namespace std;
class Complex
{
        double Real, Image ;//Real 实部，Image 虚部
    public :
        Complex(double r=0.0, double i=0.0);//带默认形参的构造函数
        Complex add(Complex c); // 复数加法
        void display();//显示复数
}; //复数类的声明
Complex::Complex(double r,double i)
{
    Real=r;
    Image=i;
}
Complex Complex::add (Complex c)
{
    Complex temp;
```

```
        temp.Real=Real+c.Real;
        temp.Image=Image+c.Image;
        return temp;
    }
    void Complex::display()
    {
        cout<<Real<<'+'<< Image <<'i' <<'\n';
    }
    int main()
    {
        Complex c1(3.0,1.0) , c2(1.0,4.0) ,c3;
        c1.display();
        c2.display();
        c3=c1.add(c2);   //计算 c1+c2
        c3. display();
        return 0;
    }
```

程序运行结果如图 7.26 所示，“c1=3+1i”，“c2=1+4i”，“c3=4+5i”。通过调用对象 c1 的成员函数 Complex add(Complex)，完成了“c1+c2”的运算，并将计算结果赋值给对象 c3。

```
3+1i
1+4i
4+5i
Press any key to continue
```

图 7.26 通过成员函数实现复数的加法运算

2. 对运算符“+”进行重载

运算符重载是对已有的运算符赋予新的含义，通过定义一个实现运算符新功能的函数，称为运算符重载函数，就可以和基本数据类型的变量一样去使用运算符了。运算符可以重载为类的成员函数也可以重载为友元函数，函数名为“operator 重载的运算符”。

运算符重载为类成员函数时的定义如下：

```
返回值类型类名::operator 重载的运算符(形参表)
  {      …      }
```

使用运算符重载的复数类定义如例 7.18 所示。

【例 7.18】运算符重载的复数类定义。

```
#include<iostream>
using namespace std;
class Complex
{
        double   Real, Image ;//Real 实部，Image 虚部
    public :
        Complex(double r=0.0, double i=0.0);//带默认形参的构造函数
        Complex operator + (Complex c); // 运算符"+"的重载函数
        void display();
}; //复数类的声明
Complex::Complex(double r,double i)
```

```
{
        Real=r;
        Image=i;
}
void Complex::display()
{
        cout<<Real<<'+'<< Image <<'i' <<'\n';
}
Complex Complex::operator + (Complex c) //"+"运算符重载函数
{
        Complex temp;
        temp.Real=Real+c.Real;
        temp.Image=Image+c.Image;
        return temp;
}
int main()
{
        Complex c1(3.0,1.0) , c2(1.0,4.0) ,c3;
        c1.display();
        c2.display();
        c3=c1+c2; //利用重载后的运算符'+'完成计算
        c3. display();
        return 0;
}
```

```
3+1i
1+4i
4+5i
Press any key to continue
```

图 7.27 通过重载运算符实现复数的加法运算

程序运行结果如图 7.27 所示。通过重载运算符“+”，表达式“c1+c2”完成了复数的加法运算。

运算符重载的实质仍然是函数调用。当 C++ 编译器遇到重载的运算符，就调用其对应的运算符重载函数，并将运算符的操作数转化为运算符重载函数的实参以满足调用需求。

如果将主函数中重载后的语句“c3=c1+c2;”写成函数调用的形式，即为 c3=c1.**operator+**(c2)。表达式“c3=c1+c2;”的执行就是调用对象 c1 的成员函数 Complex operator + (Complex c)，实参为对象 c2；然后将函数 c1. operator + (c2)的返回值赋值给对象 c3。

定义重载函数时，函数的形参数量和重载方式有关。重载为类的友元函数时，函数参数个数和原操作数个数相同，且至少应该有一个自定义类型的形参。重载为类的成员函数时，由于类的成员函数外部调用形式为“对象名.成员名(实参表)”，所以运算符重载函数的形参表中参数个数比原操作数个数要少一个（后置++、--除外）。在本节的复数类中，还可以重载其他重载基本运算符，如“-”、“*”，因为它们都是二目运算符，所以对应的运算符重载函数只需要一个形参。

一个运算符被重载后，原有意义没有失去，只是定义了相对于一个特定类的一个新运算规则。在使用运算符重载时，必须遵守以下规则。

1）可以重载 C++中除下列运算符外的所有运算符：“.”、“.*”、“::”、“?:”、“sizeof”。

2）只能重载 C++语言中已有的运算符，不可臆造新的。

3）不能改变原运算符的优先级和结合性。

4）不能改变原运算符的操作数个数。

5）重载的运算符，其操作数中至少应该有一个是自定义类型。

7.3.4 静态成员

在面向过程的程序设计方法中，函数之间的数据共享可以通过全局变量和参数传递实现。引入类之后，数据与围绕数据处理的函数被封装在一起，使得对象的所有成员函数能够共享对象的数据成员。这些还不是数据共享的全部，有时，对象与对象之间也需要共享数据。友元能够实现不同类的对象之间的数据共享，类的静态成员则用于实现同一个类的不同对象之间数据和函数的共享。

1. 静态数据成员

在之前的章节中，由类衍生的对象拥有独立的数据成员。每创建一个对象，系统都会为它的数据成员分配独立的内存空间，类的静态数据成员则不然。静态数据成员属于整个类，而不是某个对象，无论类衍生多少对象，类的静态数据成员只在全局数据区分配一次内存，所以类的所有对象都可以共享它。

静态数据成员使用存储类型关键字“static”在类体内声明。由于静态数据成员不属于任何对象，那么对象创建时就不会为它分配存储空间。为此，静态数据成员在类体内声明后，必须在类体外定义或者初始化，才能完成在全局数据区的存储空间分配。

> 静态数据成员的初始化与一般数据成员初始化不同，只能在类体外实现。
> **数据类型　类名::静态数据成员名=值;　　　　//定义并初始化**
> 静态数据成员必须在类体外定义，格式如下：
> **数据类型　类名::静态数据成员名;　　　　//只定义不初始化**

例 7.19 描述了一个简单的借书卡类 Bookcard。类中数据成员 sum 的功能是统计当天馆藏的图书的总量。当图书出借时，sum 的值减少，当图书归还后，sum 的值就增加。sum 的值是多个 Bookcard 类对象操作的结果，sum 不能只属于一个对象，而必须由所有对象共享。因此，sum 定义为静态数据成员，在类体内的声明中使用关键字“static”。主函数中 Bookcard 类的对象 st1 与 st2 的数据成员存储分配如图 7.28 所示。

st1	char id[15]	int sum
st1	char id[15]	

图 7.28　Bookcard 类对象 st1 与 st2 的储存区分配示意图

【例 7.19】 使用静态数据成员的借书卡类。

```
#include <iostream>
#include <cstring>      //提供库函数 strcpy
using namespace std;
class Bookcard
{
        char id[15];         // 借书卡编号
        static int sum;      //静态数据成员须在类体中声明
    public:
        void take(int n){ sum-=n;}    //借阅 n 本图书
        void back(int n) {sum+=n;}    //归还 n 本图书
        Bookcard (char *p){ strcpy(id,p);} //构造函数
        int getSum() { return sum;}
};//end class
```

```
int Bookcard::sum=5045;     //静态数据成员必须在类体外定义或者初始化
int main()
{
        Bookcard   st1("u2014071223"), st2("r2015130078");
        cout<<"本日馆藏的图书的总量"<<st1. getSum()<<endl;
        st1.take(4);
        st2.take(1);
        cout<<"本日馆藏的图书的总量"<<st1. getSum()<<endl;
        st2.back(2);
        cout<<"本日馆藏的图书的总量"<<st2. getSum()<<endl;
        return 0;
}
```

注意：

1）语句“static int sum;”在类体中声明了静态数据成员 sum，声明中必须使用关键字“static”。

2）静态数据成员 sum 的类体外初始化语句为“int Bookcard::sum=5045;”。静态数据成员在类体外定义或初始化时不能使用关键字“static”，变量名必须前添加类域限定“类名::”。

程序运行结果如图 7.29 所示。静态数据成员 sum 的初始值为 5045，从程序结果可以看出，静态数据成员 sum 被同类对象 st1、st2 共享。

```
本日馆藏的图书的总量5045
本日馆藏的图书的总量5040
本日馆藏的图书的总量5042
Press any key to continue
```

图 7.29　多个对象行为对静态数据成员值的影响

如果想在类外访问类的静态数据成员（访问属性为 public），有两种访问形式：

对象名.静态数据成员名　或　类名::静态数据成员名

当然，使用全局变量也可以实现同类对象间的数据共享，但使用全局变量破坏了类的封装，也不能实施访问限定，这种共享缺乏安全性。所以，在面向对象程序设计中，静态数据成员取代了全局变量实现同类对象的数据共享。

2. 静态成员函数

静态数据成员不属于对象，如果需要在对象创建之前操作静态数据成员，就只能使用静态成员函数。静态成员函数和静态数据成员一样，属于类而不是某一个对象。因此，与普通成员函数不同，静态成员函数不能访问属于类对象的非静态数据成员，也无法访问非静态成员函数，它只能调用其余的静态成员函数。

> 在类对象创建前，静态函数成员（访问属性为 public）的外部访问形式为：
>
> **类名::静态函数成员名(实际参数表)**
>
> 在类对象创建后，静态函数成员（访问属性为 public）的外部访问形式为：
>
> **对象名.静态函数成员名(实际参数表)**
>
> 或
>
> **类名::静态函数成员名(实际参数表)**

例 7.20 为使用静态成员函数的例子。与例 7.19 相比，例 7.20 中的每日馆藏的图书总量 sum 的初值不是固定值 5045，而是在程序启动时由操作员赋值。此时还没有创建任何 Bookcard 类的对象，因此对 sum 的操作只能通过静态成员函数完成。所以，例 7.20 中静态数据成员 sum 在类外只定义不初始化，赋值工作在主函数中由新添加的静态成员函数 static init (int)完成。函数成员 int getSum()也被定义为了静态成员。

【例 7.20】 含有静态成员的借书卡类。

```
#include <iostream>
#include <cstring>  //提供库函数 strcpy
using namespace std;
class Bookcard
{
        char id[15];      // 借书卡编号
        static int sum;   //当天馆藏的图书的总量声明为静态成员
    public:
        void take(int n){ sum-=n; }              //借阅 n 本图书
        void back(int n) { sum+=n; }             //归还 n 本图书
        Bookcard (char *p){ strcpy(id,p); }      //构造函数
        static int getSum();                     //静态成员函数声明
        static void init(int t){ sum=t; }        //将静态成员 sum 初始化为值 t
};//end class
int Bookcard::sum;               //sum 在类体外定义但不初始化
int Bookcard ::getSum()
{
    return sum;
} //静态成员函数在类体外定义时不使用关键字 static
int main()
{
    int renew;
    cin>>renew;
    //在对象创建前，只能通过静态成员函数访问静态成员
    //形式为: "类名::静态函数成员名(实际参数表)"
    Bookcard::init(renew);
    cout<<"本日馆藏的图书的总量"<< Bookcard:: getSum()<<endl;
    Bookcard    st1("u2014071223"), st2("r2015130078");
    //对象创建后，就能通过对象访问到类中所有的公有成员函数
    //形式为"对象名. 静态函数成员名(实际参数表)"
    st1.take(4);
    st2.take(1);
    cout<<"本日馆藏的图书的总量"<<st1.getSum()<<endl;
    st2.back(2);
    cout<<"本日馆藏的图书的总量"<<st2.getSum()<<endl;
    return 0;
}
```

程序运行结果如图 7.30 所示。

```
2456
本日馆藏的图书的总量2456
本日馆藏的图书的总量2451
本日馆藏的图书的总量2453
Press any key to continue
```

图 7.30　静态成员函数对静态数据成员的访问

关于静态成员函数，可以总结为以下几点：

1）出现在类体外的函数定义不能指定关键字 static；

2）静态成员之间可以相互访问，包括静态成员函数访问静态数据成员和访问静态成员函数；

3）非静态成员函数可以任意地访问静态成员函数和静态数据成员；

4）静态成员函数不能访问非静态成员函数和非静态数据成员；

5）调用静态成员函数，可以用成员访问操作符，“.”和“->”为一个类的对象或指向类对象的指针调用静态成员函数。

7.4　本章小结

本章主要介绍类与对象的基本概念和面向对象的编程方法。在使用类与对象时，首先要明晰一个概念，类是数据类型，对象是该类型所衍生出的变量。在程序设计时，变量的特性与操作都受到数据类型的约束。因此，类的定义是面向对象编程的关键。

访问限定符、数据成员和函数成员是类的语法三要素。访问类限定符控制了对类成员的外部访问权限，实现了数据隐藏，为类的封装提供了规则保障。类的的封装有两个原则，完整性和可用性。“完整性”体现在类数据成员的定义中，要依照实体的特征和问题的需求去组织数据，抽象变量，不要冗余也不要缺失。所有对数据成员的操作都通过公有函数成员来完成，“可用性”要求类提供足够、灵活、合理的公有成员函数，以满足程序要求。

对象是由类衍生的变量，对象的能力和操作都基于类，被类约束。如果要用面向对象的方法来解决问题，编写程序时首先要定义类，然后定义类的对象，接着使用对象处理数据，得到答案。

类是面向对象程序设计的核心。围绕类发展出了许多新的程序设计技巧，如组合、友元、运算符重载及静态成员，这些技巧能够简化程序设计过程，提高代码的可重用性和可扩展性。

7.5　习　题

1. 运行以下代码，分析输出结果并回答以下问题：

   说明输出结果的产生原因；

   说明对象的创建顺序与析构顺序；

   说明语句“clock2=clock1;”与“Myclock clock3(clock1);”的区别。

```
#include<iostream>
using namespace std;
class Myclock
{
        int hp,mp,sp; // hp 表示时钟的时针，mp 表示分针，sp 表示秒针
```

```
	public:
		Myclock(int h,int m,int s);//构造函数
		Myclock();//默认构造函数
		Myclock(Myclock &c);//复制构造函数
		~Myclock();//析构函数
		void setTime (int h=0,int m=0,int s=0)
		{
			hp=h;mp=m;sp=s;
		} //手动调整时间
		void showTime ()
		{
			cout<<hp<<": "<<mp<<": "<<sp<<endl;
		} //显示当前时间
};  //end Myclock
Myclock ::Myclock( int h, int m ,int s)   //构造函数的实现
{
	hp=h;mp=m;sp=s;
	cout<<"构造函数 Myclock(int h, int m ,int s)被调用. "<<endl;
}
Myclock ::Myclock()   //默认构造函数的实现
{
	hp=0;mp=0;sp=0;
	cout<<"默认构造函数 Myclock()被调用. "<<endl;
}
Myclock :: Myclock(Myclock &c)
{
	hp=c.hp;mp=c.mp; sp=c.sp;
	cout<<"复制构造函数 Myclock(Myclock &)被调用. "<<endl;
}
Myclock ::~Myclock() //析构函数的实现
{
	cout<<"析构函数~Myclock()被调用: ";
	showTime();
}
int main()
{
	Myclock clock1(12,30,45);
	Myclock clock2;
	Myclock clock3(clock1);
	clock2=clock1;
	clock2. setTime(7);
	clock3. setTime(11,14);
	return 0;
}
```

2．设计一个三角形类，类的数据成员为三角形的边长，可以计算面积、周长，并判断三角形是否为等腰三角形。创建三角形对象时，可以指定边长，或者默认三角形为等边

三角形，其边长为 3。

3．设计一个用于人事管理的 People(人员)组合类。人员属性为：number（编号）、sex（性别），birthday（出生日期）、id（身份证号）等，其中“出生日期”为“日期”类的对象。People 类的成员函数包括人员信息的录入和显示，还包括构造函数、析构函数及复制构造函数。

4．设计一个时间类，其数据成员为 hour（小时）、minute（分）和 sec（秒），请重载这个类的“+”、“-”运算符，实现时间的加法和减法运算。

5．编写一个学生类，学生信息包括学号和成绩，利用静态数据成员和静态函数统计学生的总人数及总成绩，并输出结果。

第 8 章

继承与多态

封装、继承与多态是面向对象程序设计的三大特征。封装将数据与数据的处理函数结合在一起，数据的访问只能通过类的公有函数。这种特性使得用户在基于类的代码搭建时只需要关心类的操作接口，极大地简化了编程过程。

继承提供了代码重用和功能更新的手段。事物的发展总是向前的，程序功能可能随着时间的流逝而变得不那么令人满意，无法解决新出现的问题。完全推倒旧有程序重新编程绝对不是合理的策略，继承就是解决这个问题的最好方法。通过继承，新的类在不破坏类的封装特性的情况下得到了原有类的功能，并依据新的需求添加了新的数据和成员，相当于原有类的升级版本，从而实现了代码复用，摆脱了重复开发的窘况。

多态体现了对程序通用性的追求。在程序设计中，多态是一个广泛的概念，在之前的章节中涉及到函数重载、运算符重载，甚至是运算时数据类型的转化都属于多态的范畴。这些方法都有一个共性，就是使用同一名称实现了不同的功能，达到行为标识统一，提高了程序的通用性。在面向对象程序设计中，多态是指同一操作作用于不同的对象，从而产生不同的执行结果。如果一个语言只支持类而不支持多态，只能说明它是基于对象的，而不是面向对象的。

8.1　继承与派生

类提供了对同类型实体的抽象和处理方法。现实世界存在多种类型的实体，某些实体类型存在相似性。在实现类时，可以为每类实体独立抽象类，也可以利用共性，先抽象出具有公共特征的类，然后通过添加不同属性与行为构造出新的类。**这一保持已有类的特性而构造新类的过程就称为继承，被继承的已有类称为基类（或父类）。在已有类的基础上新增自己的特性而产生新类的过程称为派生，派生出的新类称为派生类（或子类）。**

继承是一种基于共性的代码重用方法。为了构建新类，体现差异，继承一定伴随着派生，两者不可分割，是一个整体。通过继承，子类首先获取了父类的全部数据成员和除了构造函数、析构函数外的全部函数成员，然后添加本类所需的其他数据成员和函数成员完成派生过程，形成完全独立的子类，如图 8.1 所示。

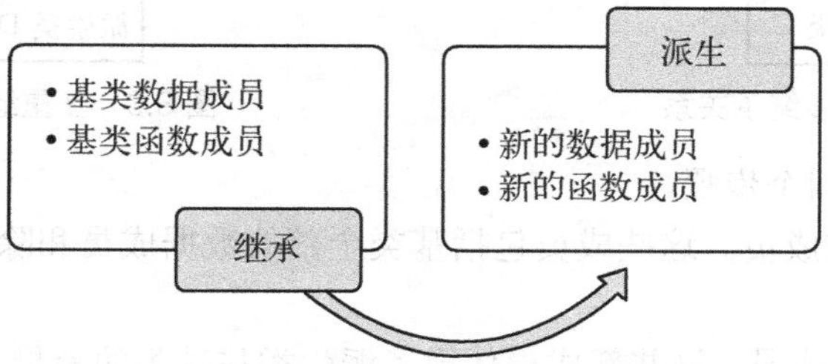

图 8.1　派生类的构成

8.1.1 派生类的定义

派生类定义的语法形式如下：

```
class 派生类名：继承方式 1  基类名 1，继承方式 2  基类名 2，…
{
    新成员声明；
};
```

其中，“基类名”必须是已经存在的类名。派生类在继承基类时，可以是单继承，即只继承单个类，也可以是多继承，即同时继承多个类。在派生类定义时，对每一个基类都要独立指明“继承方式”。

图 8.2 是简化的 UML 图，描述了类 D 与类 A、类 B 和类 C 之间的多继承关系，类 D 同时继承了类 A、类 B 和类 C。

```
//类 A 和类 B 的定义略
class C: public A, protected B
{
    …//定义略
};
```

不但如此，继承关系还可以传递，形成多重继承。图 8.3 描述了多重继承关系，类 D1 是类 B1 和类 B2 的子类，也是类 Dd2 的父类。类 Dd2 通过继承类 D1，间接继承了类 B1 和类 B2，获得了类 B1 和类 B2 的成员。

```
//类 B1 和类 B2 的定义略
class D1: protected B1, protected B2
{
    …//定义略
};
class Dd2: public D1
{
    …//定义略
};
```

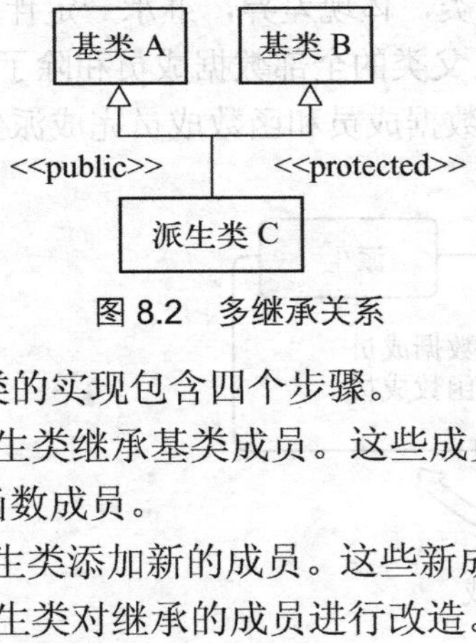

图 8.2 多继承关系

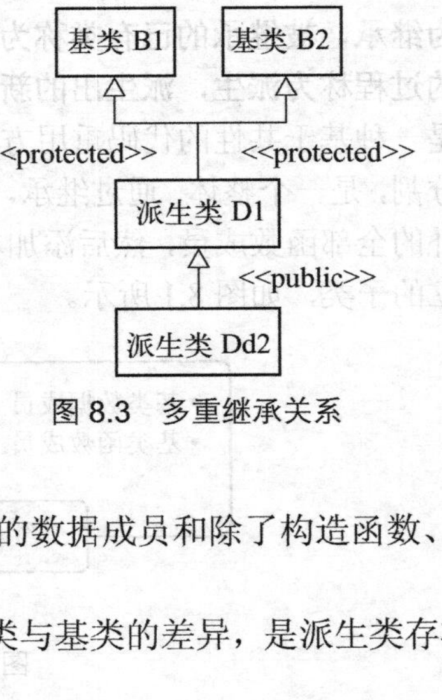

图 8.3 多重继承关系

派生类的实现包含四个步骤。

1）派生类继承基类成员。这些成员包括基类全部的数据成员和除了构造函数、析构函数外的全部函数成员。

2）派生类添加新的成员。这些新成员体现了派生类与基类的差异，是派生类存在的基础。

3）派生类对继承的成员进行改造。

4）由于基类的构造函数和析构函数不能被继承，派生类需重写构造函数与析构函数以满足派生类对象创建与消亡的要求。

1. 基类的继承方式

派生类继承基类后，获得基类的全部数据成员和除了构造函数、析构函数外的全部函数成员。继承后，这些原基类成员的访问控制属性会发生改变，这一变化取决于派生类对基类的继承方式和基类成员的原访问控制属性。

类的继承方式有三种，公有继承（public）、私有继承（private）和保护继承（protected），其继承结果如表 8.1 所示。**但不论派生类以何种方式继承基类，派生类所派生的新函数成员都无法直接访问基类的私有成员，只能通过基类的公有函数对这些数据进行操作，这是由类的封装特性决定的。**

表 8.1　继承方式与被继承的基类成员的访问权限变化关系

继承方式	基类成员的访问属性变化
public	基类中所有 public 成员成为派生类的 public 成员
	基类中所有 protected 成员成为派生类的 protected 成员
private	基类中所有 public 成员成为派生类的 private 成员
	基类中所有 protected 成员成为派生类的 private 成员
protected	基类中所有 public 成员成为派生类的 protected 成员
	基类中所有 protected 成员成为派生类的 protected 成员
不论派生类以何种方式继承基类，都不能直接使用基类的 private 成员	

三种继承方式中，public 继承不改变基类成员的原访问控制属性，在多重继承时，派生类对继承的成员具有最大的操作自由度。private 继承方式将继承的基类成员私有化，基本不具备第二重继承的意义。protected 继承介于两者之间，既实现了数据隐藏，又方便继承，实现代码重用，具有极好的操作性。而且 protected 作为访问控制属性时，类的 protected 成员与 private 成员具有相同的安全性，但在被继承时又能通过不同的继承方式改变访问属性。因此，在定义基类时，可以用 protected 替代 private 标记数据成员。

2. 派生类的构造函数与析构函数

基类的构造函数和析构函数不能被继承，派生类需重写构造函数与析构函数以满足派生类对象创建与消亡的要求。

派生类继承了基类的数据成员，基类数据成员的初始化由基类的构造函数完成。所以，在声明派生类构造函数的形参时，不但要包含对派生数据成员初始化的参数，还要包含对基类数据成员初始化的参数。同时，还要明确指出分配给基类的参数。考虑到派生类的新数据成员可以是普通变量，也可以是对象，派生类构造函数的类体外定义的一般形式如下：

```
    派生类名::派生类名(基类所需的形参,本类成员所需的形参)：基类名 1(参数名表),…,
基类名 n(参数名表)，对象名 1(参数名表),…,对象名 n(参数名表)
        {
            成员初始化赋值语句；
        };
```

函数头部后的“基类名 1(参数名表)，…，基类名 n(参数名表)”用于说明基类的参数分配。“对象名 1(参数名表)，…，对象名 n(参数名表)”是派生类的新对象成员的初始化列表。

派生类对象创建时，派生类构造函数执行的一般顺序如下。

1）**调用基类的构造函数初始化继承的基类数据成员，基类构造函数的调用顺序和派生类定义时声明的继承顺序一致**。系统会根据分配给基类的参数数量与类型形式自动完成基类构造函数的重载，调用最匹配的构造函数初始化继承的基类成员。按照 C++标准，如果基类没有提供自己的构造函数，派生类也可以不编写构造函数，都使用 C++编译器提供的默认构造函数。

2）调用新增对象成员类的构造函数，调用顺序为它们在类中的定义顺序。

3）执行派生类构造函数函数体中的内容。

【例 8.1】 派生类 MP4 继承基类 MP3 和 SD，并派生了新数据成员 int type，以及与基类 MP3 中成员 void play()同名的函数成员 void play()。包含的成员如图 8.4 所示。

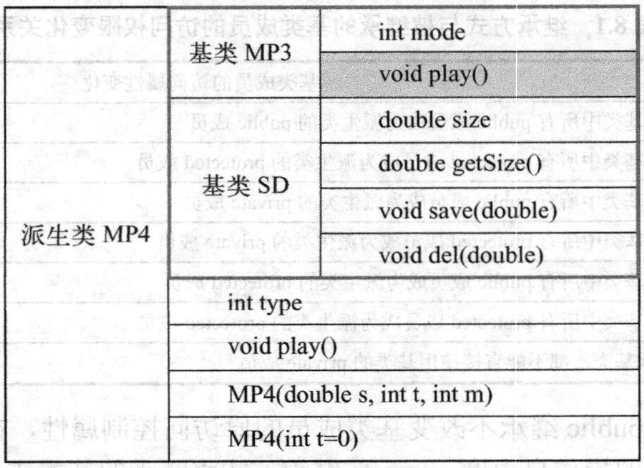

图 8.4　派生类 MP4 中的成员

```
#include<iostream>
using namespace std;
class MP3
{
    protected:
        int mode;// 0:顺序播放，1:随机播放
    public:
        MP3(int m=0)
        {
            mode=m;
            cout<<"基类 MP3 的构造函数被调用"<<endl;
        }//默认顺序播放
        void play()
        {
        cout<<"MP3:  "<< mode<< endl;
        }
}; //声明基类 MP3 播放器
class SD
{
    private:
        double size;//容量
```

```
        public:
                SD(double s=8000)
                {
                        size=s;
                        cout<<"基类 SD 的构造函数被调用"<<endl;
                } //默认容量 8000M
                double getSize()        {       return size; }
                void save(double n)     {       size-=n;        } //存储文件
                void del(double n)      {       size+=n;        }//删除文件
};//声明基类 SD 卡
class MP4: public MP3, public SD
{
            int type;       // 0:播放视频
                            //1:播放音频
        public:
            MP4(double s,int t,int m); //派生类的构造函数
            MP4(int t=0);//派生类的默认构造函数
            void play()
            {
                cout<<"MP4(优先文件类型|默认播放模式):  " <<type<<'|'<<mode<<endl;
                cout<<"可用容量:  "<<getSize()<<endl;
            }
};//声明派生类 MP4 播放器
MP4::MP4(double s,int t,int m ): SD(s) ,MP3(m)
{
        type=t;
        cout<<"派生类 MP4 的构造函数被调用"<<endl;
}
MP4::MP4(int t)
{
        type=t;
        cout<<"派生类 MP4 的默认构造函数被调用"<<endl;
}
int main()
{
        MP4 hawi(16000,1,1);
        hawi.play();
        return 0;
}
```

程序的运行结果如图 8.5 所示。

```
基类MP3的构造函数被调用
基类SD的构造函数被调用
派生类MP4的构造函数被调用
MP4(优先文件类型|默认播放模式): 1|1
可用容量: 16000
Press any key to continue
```

图 8.5　派生类对象的创建时基类构造函数的调用顺序

说明：

派生类对象 hawi(16000,1,1)创建时，调用构造函数 MP4(double s,int t,int m)。MP4(double s,int t,int m)的执行顺序为：

1）依据类定义时说明的继承顺序“public MP3, public SD”和参数列表“SD(s) ,MP3(m)”，调用基类 MP3 的构造函数 MP3(int m=0)，将实参 1 传递给形参 m，将数据成员 mode 初始化为 1;

2）依据类定义时说明的继承顺序“public MP3, public SD”和参数列表“SD(s) ,MP3(m)”，调用基类 SD 的构造函数 SD(double s=8000)，将实参 16000 传递给形参 s，将数据成员 size 初始化为 16000;

3）执行 MP4(double s,int t,int m)的函数体，将数据成员 type 初始化为 1。hawi 为派生类对象，所以“hawi.play();”访问的函数是派生类 MP4 的成员函数 void play()，而不是基类 MP3 的同名函数。

和构造函数相比，派生类析构函数的定义形式与非派生类没有差别，只需要处理新派生成员的善后工作。派生类对象消亡时，系统会自动调用对象成员类和基类的析构函数完成对象成员和基类成员的善后工作。其执行顺序和构造函数的执行顺序相反。

8.1.2 同名覆盖与新成员的派生

构建派生类时，如果希望对基类中的成员进行改造，最好的方法是增加与要改造的基类成员同名的成员。新成员在语法形式上和要改造的基类成员完全相同，覆盖了基类中的同名成员。正常使用派生类对象时，默认访问新成员。这一规则就是“同名覆盖”。

在例 8.1 中，为了适应 MP4 播放器的特点，派生类 MP4 新增了播放函数 void play()，它的名称、形式参数和返回值类型都与继承自基类 MP3 的函数成员 void play()相同，但功能更为强大。依据同名覆盖规则，在使用派生类的对象 hawi 时，“hawi.play();”执行时调用的是新派生的 void play()函数。图 8.5 所示的程序运行结果也证明了这点。

同名覆盖规则提供了对基类成员，尤其是函数成员功能更新改造的便利手段，极大地减少了类接口的变动。使用和原来一样的操作接口一方面减轻了使用者的负担，另一方面体现了继承中父类到子类行为的延续性，为多态的实现提供了支持。

“同名覆盖”是在正常使用派生类对象时，对于同名导致访问二义性的一种处理策略。对于基类与派生类中的成员同名问题，默认访问派生类成员，如果希望访问基类中的同名成员，必须在成员名前加上前缀“类名::”。对于多继承时可能出现的基类间存在同名成员的状况，也可以通过在成员名前加上前缀“类名::”来区分访问的成员。

【例 8.2】 派生类对象与同名覆盖。基类 B1 和 B2 所拥有的数据成员名相同，函数 fun()的声明也完全一样。派生类 D1 继承了 B1 和 B2 后，又派生了两个同名成员，派生类 D1 所拥有的成员如图 8.6 所示。

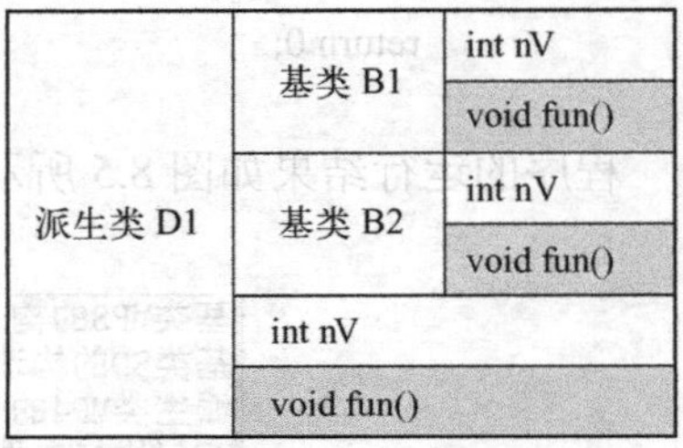

图 8.6 派生类 D1 的成员

```
#include<iostream>
using namespace std;
class B1
{
    public:
        int nV;
        void fun() {cout<<"Member of B1: "<< nV<< endl;}
}; //声明基类 B1
```

```
class B2
{
        public:
                int nV;
                void fun() {cout<<"Member of B2:    "<< nV<<endl;}
}; //声明基类 B2
class D1: public B1, public B2
{
        public:
                int nV;
                void fun()  {cout<<"Member of D1:    "<< nV <<endl;}
};
int main()
{
        D1 d1;
        d1.nV=1;            //对象名.成员名标识, 访问 D1 类成员
        d1.fun();           // 输出 Member of D1
        d1.B1::nV=2;        //作用域分辨符标识, 访问基类 B1 成员
        d1.B1::fun();       //输出 Member of B1
        d1.B2::nV=3;        //作用域分辨符标识, 访问基类 B2 成员
        d1.B2::fun();       //输出 Member of B2
        return 0;
}
```

例 8.2 的运行结果如图 8.7 所示。

主函数 main()中，使用派生类对象 d1，如果不指名成员所属的类，默认访问的为派生类成员。语句“d1.fun();”调用的是派生类 D1 派生出的新成员 void fun()，输出为“Member of D1: 1”。指明成员所属的类后，如“d1.B1::fun();”，调用的是基类 B1 的成员 void fun()，输出为“Member of B1: 2”。

```
Member of D1:  1
Member of B1:  2
Member of B2:  3
Press any key to continue
```

图 8.7　同名覆盖与基类作用域指定

8.1.3　类型兼容

派生类作为基类的加强版，基类能够完成的工作派生类都能完成，所以在任何需要基类对象的地方都可以使用公有派生类对象来代替，称为类型兼容，但反之则禁止。**类型兼容的实现方法是将派生类对象的地址赋值给基类指针，通过基类指针访问派生类对象。**如图 8.8 所示，**此时派生对象作为基类对象使用，能访问到的只有从基类继承的成员**。

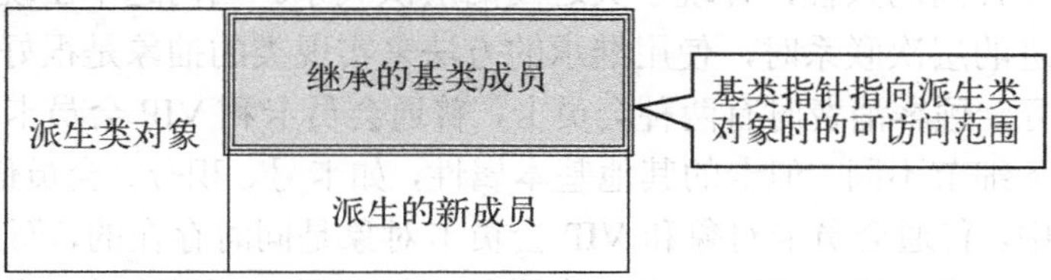

图 8.8　派生类对象作为基类对象使用时的可访问范围

【**例 8.3**】 派生类对象与类型兼容。

```
#include<iostream>
using namespace std;
class B0
{
    public:
        void display()    {cout << "B0::display()" << endl;}
}; //基类 B0 定义
class D1: public B0
{
    public:
        void display()    {cout << "D1::display()"<< endl;}
}; //派生类 D1 定义
void fun( B0 *ptr ) //形参为基类 B0 指针
{
    ptr->display();   //"对象指针->成员名"
}
int main()
{
    B0 b0;      //声明基类 B0 对象
    D1 d1;      //声明派生类 D1 对象
    fun(&b0); //基类指针指向基类对象，输出为"B0::display()"
    fun(&d1); //基类指针指向派生类对象，输出仍然为"B0::display()"
    return 0;
}
```

例 8.3 的程序运行结果如图 8.9 所示。派生类 D1 公有继承基类 B0，同时派生了同名函数成员 void display()。在主函数 main()的运行过程中，语句“fun(&d1);”调用函数 void fun(B0 *ptr)并将派生类对象 d1 的地址赋值给形参 ptr。基类指针 ptr 指向派生类对象 d1，将派生类对象 d1 作为基类对象使用。执行函数体语句“ptr->display();”时，不调用 d1 中的派生成员 void display()，而是调用 d1 的基类成员 void display()。所以“fun(&d1);”的执行结果和“fun(&b0);”相同，在屏幕上输出“B0::display()”。

```
B0::display()
B0::display()
Press any key to continue
```

图 8.9 派生类对象与类型兼容

8.1.4 程序实例

类的继承强调实体间的共性，体现了类之间的层次关系。当问题中出现的实体具有共性，同时又具有一种渐进的层次联系时，使用继承的方法来实现类的抽象是很好的方案。

假设有一家餐厅，顾客消费时有两种会员卡，普通会员卡和 VIP 会员卡，持有不同的会员卡享受的优惠和服务细节不同，但卡的其他基本属性，如卡号、积分、会员信息等，是相同的。在餐厅的管理程序中，普通会员卡对象和 VIP 会员卡对象是同时存在的，而且普通会员卡所能享受的一切 VIP 会员卡也能享受到。因此，在进行类抽象时，可以先建立普通会员卡类 Card，然后派生出 VIP 会员卡类 VipCard，程序如例 8.4 所示。

【例 8.4】 类的继承。

```
#include<iostream>
using namespace std;
//普通会员卡类定义如下:
class Card
{
    protected:
        long id;                    //会员编号
        char name[20];              //会员姓名
        long phoneNumber;           //会员的电话号码
        int Point;                  //积分
    public:
        Card(long,char *,long);     //构造函数
        double bill(double);        //计算会员折扣后应支付的消费费用
        void rePoint(double);       //依据消费额更新积分
};                                  //普通会员卡类
Card:: Card(long i, char *n, long code)
{
    id=i;
    strcpy(name,n);
    phoneNumber=code;
    Point=0;
}
double Card:: bill(double cash)
{
    return cash*0.9;
}
void Card:: rePoint(double cash)
{
    Point=Point + cash/10;
}
```

/*VIP 会员卡类定义如下。VipCard 类公有继承 Card 类，由于 VIP 会员与普通会员享受的折扣不同，须派生新的同名成员函数 double bill(double)覆盖 Card 类的成员 double bill(double)。此外，基类的构造函数不能被继承，VipCard 类须重写本类的构造函数，VipCard 类没有派生新的数据成员，所以构造函数 VipCard(int, char *,long)的形参表只包含 Card 类的构造函数 Card(int,char *,long)所需要的 3 个参数。*/

```
class VipCard: public Card
{
    public:
        VipCard( long, char *,long);        //构造函数
        double bill( double );              //计算会员折扣后应支付的消费费用
};                                          //VIP 会员卡类
VipCard::VipCard(long i, char *n, long code):Card(i,n,code)
{
}
double VipCard:: bill(double cash)
{
    return cash*0.8;
}
```

```
int main()
{
    Card   p(2014000001, "张华",18071145109);        //创建普通会员卡 p
    cout<<p.bill(203.45)<<endl;        //输出会员张华应支付的消费额，折扣为 9 折
    VipCard   vp(2014000101, "何欢",13971291033);  //创建 VIP 会员卡 vp
    cout<<vp.bill(203.45)<<endl;       //输出会员何欢应支付的消费额，折扣为 8 折
    return 0;
}
```

程序运行结果如图 8.10 所示。主函数 main()中，Card 类对象 p 支付的消费金额为原价的 9 折，计算由函数 Card 类的函数 bill()完成，所以会员张华支付的费用 183.105。派生类 VipCard 继承 Card 类后，包含两个同名的函数 double bill(double)。在“同名覆盖”规则下，派生类 VipCard 的对象 vp 在计算消费金额时调用的是新派生的成员函数 double bill(double)，VIP 会员何欢的费用为原价 203.45 元的 8 折，应支付 162.76 元。

```
183.105
162.76
Press any key to continue
```

图 8.10　派生类同名成员的访问

8.2　多态与虚函数

在面向对象程序设计中，多态性表现为发出同样的消息，被不同类型的对象接收，有可能导致完全不同的行为。消息是指对类成员函数的调用，行为是指事件的实现，就是函数调用。不同的行为就是调用不同函数。

多态的实现有两种方法，本节讨论运行时的多态。

1）编译时的多态，通过函数重载和运算符重载来实现。这种多态是静态的。

2）运行时的多态，通过类继承关系和虚函数来实现。这种多态是动态的，因为在程序执行前，无法根据函数名和参数来确定应该调用哪一个函数，必须在程序执行过程中，根据执行的具体情况动态地确定。

8.2.1　虚函数的定义

运行时的多态通过类继承关系和虚函数来实现。虚函数首先定义为一个类的成员函数，类内定义格式如下：

virtual　返回类型　函数名（参数表）{…};

关键字“virtual”指明该成员函数为虚函数，且只使用一次。若虚函数的定义形式为类内声明类外定义，则“virtual”就只用于类内声明，类外定义不需要再使用“virtual”。在定义虚函数时还需注意以下几点。

1）虚函数具有继承性，基类中声明了虚函数，派生类中无论是否说明，都自动成为虚函数。因此，在派生类中重新定义虚函数时，不必加关键字 virtual。

2）在派生类中重新定义虚函数时不仅要同名，参数表和返回类型也必须全部与基类中的虚函数一样，否则会被认为是重载，而不是虚函数。

3）虚函数仅适用于有继承关系的类对象，只有类的成员函数才能说明为虚函数。类中的静态成员函数为同一类对象共有，不受限于某个对象，不能作为虚函数。

4）因为在调用构造函数时对象还没有完成创建，所以构造函数不能定义虚函数，析构函

数可定义为虚函数。通常把析构函数定义为虚函数以实现撤消对象时的多态性。

动态的多态性的基础是类型兼容。在类型兼容原则中，公有派生类对象可以作为基类对象使用，针对基类的代码也可以操作派生类。例 8.3 中，函数 void fun(B0 *ptr)是用于操作基类 B0 对象的代码，当将派生类对象的地址赋值给指针 ptr 后，该函数也可以操作派生类对象。但由于受到作用域的限制，基类指针 ptr 只能访问派生类对象中继承自基类的成员，所以“fun(&d1); ”执行时，“ptr->display();”访问到的是对象 d1 中继承自基类的 void display()函数，而不是新派生的同名函数 void display()，输出为“B0::display()”。

例 8.5 是例 8.3 引入虚函数后的代码。虚函数就像一个预留的空间，基类派生新类后，派生类必须重新定义基类的虚函数。这个新的同名函数将自动填入基类虚函数的空间中，视作基类的成员函数。因而基类指针在访问派生类对象时，虽然访问范围受限于基类部分，却能够访问到派生类定义的虚函数。基类成员 void display()声明为虚函数后，函数 void fun(B0 *ptr) 的形参指针 ptr 指向派生类对象 d1 后，“ptr->display();” 访问的是派生的函数 void display()，而不是基类的 void display()函数，输出为“D1::display()”。

可见，**动态多态性的实现必须通过基类指针访问派生类的同名虚成员函数来完成**。具体方法为使用基类类型的指针变量或引用，使该指针指向该基类的不同派生类的对象，并通过该指针指向虚函数。**有了动态多态性，程序的通用性能得到极大的提高。针对某个类写出一段程序，这段程序可以适用于该类的所有派生类。**

【例 8.5】 虚函数与运行时的多态，运行结果如图 8.11 所示。

```
#include<iostream>
using namespace std;
class B0
  {
      public:
            virtual void display()
            {
                  cout << "B0::display()" << endl;
            }     //虚函数
};  //基类 B0 定义
class D1: public B0
  {
      public:
            void display()     {cout << "D1::display()"<< endl;}
}; //派生类 B1 定义
void fun( B0 *ptr ) //形参为基类 B0 指针
{
      ptr->display();   //"对象指针->成员名"
}
int main()
{
      B0 b0;       //声明基类 B0 对象
      D1 d1;       //声明派生类 D1 对象
      fun(&b0); //基类指针指向基类对象，输出为"B0::display()"
      fun(&d1); //基类指针指向派生类对象，输出为"D1::display()"
      return 0;
}
```

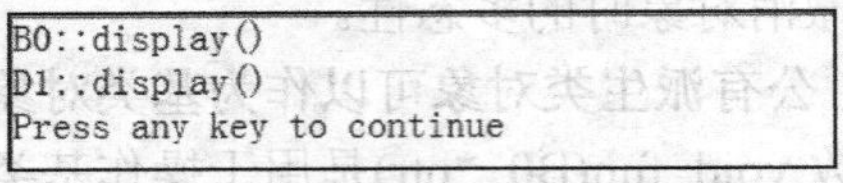
B0::display()
D1::display()
Press any key to continue

图 8.11　虚函数与运行时的多态

如图 8.11 所示，将基类成员 void display()定义为虚函数后，“fun(&d1);”的输出结果为“D1::display()”。函数 void fun(B0 *ptr) 的形参指针 ptr 指向派生类对象 d1 后，“ptr->display();”访问的不是基类成员函数 void display()，而是派生类的成员 void display()。通过虚函数，函数 void fun(B0 *ptr)操作的范围扩大到了由基类 B0 派生出的类族。

例 8.4 中，在顾客结账时，现实世界对卡的操作是相同的。读卡，并不因为卡的类别不同而使用不同的操作。但读卡操作完成后，不同卡产生的折扣是不同的，这就是多态所说的“发出同样的消息（读卡）被不同类型的对象（普通卡、VIP 卡）接收，有可能导致完全不同的行为（9 折、8 折）。”基类 Card 的成员函数 double bill(double)应定义为虚函数，修改后的程序见例 8.6。

【例 8.6】 类的继承与多态。

```
#include<iostream>
using namespace std;
class Card
{
    protected:
        long id;              //会员编号
        char name[20];        //会员姓名
        long phoneNumber;     //会员的电话号码
        int Point;            //积分
    public:
        Card(long,char *,long);       //构造函数
        virtual double bill(double); //虚函数，计算会员折扣后应支付的消费费用
        void rePoint(double);  //依据消费额更新积分
};//普通会员卡类
Card:: Card(long i, char *n, long code)
{
    id=i;
    strcpy(name,n);
    phoneNumber=code;
    Point=0;
}
double Card:: bill(double cash)
{
    return cash*0.9;
}
void Card:: rePoint(double cash)
{
    Point=Point + cash/10;
}
/*VipCard 类公有继承 Card 类，在类中重新定义虚函数 double bill(double),
但不需使用关键字"virtual"。*/
class VipCard: public Card
{
    public:
```

```
        VipCard( long, char *,long);   //构造函数
        double bill( double );   //虚函数，计算会员折扣后应支付的消费费用
};//VIP 会员卡类
VipCard::VipCard(long i, char *n, long code):Card(i,n,code)
{
}
double VipCard:: bill(double cash)
{
    return cash*0.8;
}
/*外部函数 void check(Card *ptr, double cash)描述读卡的行为，针对基类 Card 编写，
第一个参数为基类 Card 的指针，通过指针访问基类函数成员 double bill(double),
计算会员应支付的消费额*/
void check(Card *ptr, double cash)
{
    cout<<"本次消费为"<<ptr->bill(cash)<<endl;
}
int main()
{
    Card p(2014000001, "张华",18071145109);          //创建普通会员卡 p
    VipCard vp(2014000101, "何欢",13971291033);     //创建 VIP 会员卡 vp
    check(&p,203.45);     //输出会员何欢应支付的消费额，折扣为 8 折
    check(&vp,203.45);    //输出会员张华应支付的消费额，折扣为 9 折
    return 0;
}
```

程序运行结果如图 8.12 所示。

```
本次消费为183.105
本次消费为162.76
Press any key to continue
```

图 8.12 使用虚函数后的多态

在主函数中，函数 void check(Card *ptr, double cash)被两次调用。第一次实参为基类 Card 对象 p 的地址，函数体内语句“ptr->bill(cash)”执行时，访问的是基类 Card 的成员函数 double bill(double)，消费折扣为 9 折。第二次实参为 VipCard 对象 vp 的地址，虽然形参 ptr 为基类 Card 指针，但由于函数 double bill(double) 被定义为虚函数，所以“ptr->bill(cash)”访问的是派生类 VipCard 的同名成员函数 double bill(double)，消费折扣为 8 折。如果将 check 视作现实世界的读卡器，那么“ptr->bill(cash)”可以视作卡槽，不论是何种类型的卡，卡槽都只有一条，对所有的卡通用。

8.2.2 纯虚函数

虚函数与继承的结合实现了多态。继承的起点是基类，在定义派生类前，基类必须有完整的代码实现。当基类中包含虚函数时，也要对虚函数完整定义。但有时，定义基类不是为了衍生基类对象，而是为了建立一个通用模板，派生出一系列子类或者为动态多态提供操作接口。为了解决以上的问题，可以将基类的成员函数定义为纯虚函数。

纯虚函数是类的成员函数，类内定义格式如下：

virtual　返回类型　函数名（参数表）= 0;

纯虚函数没有实现代码，也没有函数体，所以含有纯虚函数的类无法实例化生成对象，称为抽象类。虽然纯虚函数没有实现代码，但它为动态多态提供了操作接口。继承了抽象类的派

生类，可以依照本类的特性灵活实现纯虚函数，然后产生对象。如果派生类不重新定义纯虚函数，则派生类也将成为抽象类，无法生成对象。

【例 8.7】 纯虚函数与抽象类。

B0 是一个抽象类，用于提供图形的显示接口，故成员函数 void print()声明为纯虚函数。派生类 D_r 中重新定义 void print()以打印矩形，派生类 D_rt 中重新定义 void print()以打印等腰直角三角形。函数 void output(B0 *p)可以视作万能打印机，形参 p 为基类 B0 指针，当 p 指向不同的派生类的对象时，系统将自动匹配派生类的成员函数 void print()，依据不同的对象特性，打印相应的图形，实现了运行时的多态。运行结果如图 8.13 所示。

```
#include<iostream>
using namespace std;
class B0
{
    public:
            virtual void print()=0;//纯虚函数
};
class D_r:public B0
{
            int r,c;//r:矩形的高，c:矩形的宽
    public:
            D_r(int rr=2,int cc=2){ r=rr; c=cc;}
            void print()
            {
                for(int i=0;i<r;i++)
                {
                    for(int j=0;j<c;j++) cout<<'*';
                    cout<<endl;
                }
            }//打印矩形
};
class D_rt:public B0
{
            int r;  //r: 等腰直角三角形的边长
    public:
            D_rt(int rr=2){r=rr;}
            void print()
            {
                for(int i=0;i<r;i++)
                {
                    for(int j=0;j<=i;j++) cout<<'*';
                    cout<<endl;
                }
            }  //打印等腰直角三角形
};
void output(B0 *p)
{
    p->print();
```

```
}
int main()
{
    D_r   d1(2,4);
    D_rt rt1(4);
    output(&d1);
    output(&rt1);
    return 0;
}
```

```
****
****
*
**
***
****
Press any key to continue
```

图 8.13　例 8.7 运行结果

8.3 本章小结

本章主要介绍了继承和多态的概念，以及它们的实现方法。在面向对象程序设计的三大特征中，封装将数据和数据的处理方法捆绑在一起，为继承和多态提供了实现的基础。继承的是一种基于公共特性共享的代码复用方法。通过在基类之上添加新特性，派生出多个子类，这些派生类和基类一起构成了类的“家族”。多态则提供了对同一家族的类的统一操作手段。

派生类继承基类后，可以使用同名覆盖的方法对基类进行改造，这种方法不改变类的外部接口，保证了代码的独立性。同时，通过基类指针访问派生类对象，约束成员的访问范围，派生类对象能作为基类对象使用，即类型兼容。

多态的实现前提是存在一个类的家族，在将基类的某个函数成员定义为虚函数后，派生类中的同名函数就具有了同一个访问接口。针对基类虚函数编写的外部访问代码就能够通过基类指针访问派生类的同名函数，产生不同的结果。

8.4 习　题

1．说明组合类和派生类的差别。

2．简单描述类型兼容与同名覆盖的差异及各自的适用情境。

3．定义一个 Rectangle 类，包含两个数据成员 length 和 width，以及用于求长方形面积的成员函数。再定义 Rectangle 的派生类 Rectangular，它包含一个新数据成员 height 和用来求长方体体积的成员函数。在 main()函数中，使用两个类，求某个长方形的面积和某个长方体的体积。

4．使用虚函数编写程序求球体和圆柱体的体积及表面积。由于球体和圆柱体都可以看成是由圆继承而来，所以可以把圆类 Circle 作为基类。在 Circle 类中定义一个数据成员 radius 和两个虚函数 area()和 volume()。由 Circle 类派生 Sphere 类和 Column 类。在派生类中对虚函数 area()和 volume()重新定义。分别求球体和圆柱体的体积及表面积。

5．某学校对教师每月工资的计算规定如下：固定工资+课时补贴。教授的固定工资为 5000 元，每个课时补贴 50 元。副教授的固定工资为 3000 元，每个课时补贴 30 元。讲师的固定工资为 2000 元，每个课时补贴 20 元。定义教师抽象类，派生不同职称的教师类，编写程序求若干个教师的月工资。

附录 A

库函数集锦

1. 数学函数文件 cmath

```
int abs(int i)                      //返回整型参数 i 的绝对值
double fabs(double x)               //返回双精度参数 x 的绝对值
double exp(double x)                //返回指数函数 e^x 的值
double log(double x)                //返回 lnx 的值
double log10(double x)              //返回 log10x 的值
double pow(double x,double y)       //返回 x^y 的值
double pow10(int p)                 //返回 10^P 的值
double sqrt(double x)               //返回 x 的平方根 x>=0
double acos(double x)               //返回 x 的反余弦 arccos(x)的值，x 为弧度
double asin(double x)               //返回 x 的反正弦 arcsin(x)的值，x 为弧度
double atan(double x)               //返回 x 的反正切 arctan(x)的值，x 为弧度
double cos(double x)                //返回 x 的余弦 cos(x)的值，x 为弧度
double sin(double x)                //返回 x 的正弦 sin(x)的值，x 为弧度
double tan(double x)                //返回 x 的正切 tan(x)的值，x 为弧度
double cosh(double x)               //返回 x 的双曲余弦 cosh(x)的值，x 为弧度
double sinh(double x)               //返回 x 的双曲正弦 sinh(x)的值，x 为弧度
double tanh(double x)               //返回 x 的双曲正切 tanh(x)的值，x 为弧度
double ceil(double x)               //返回不小于 x 的最小整数
double floor(double x)              //返回不大于 x 的最大整数
double fmod(double x,double y)      //返回 x/y 的余数
```

2. 实用标准库函数文件 cstdlib

```
void srand(unsigned seed)    //以 seed 为种子初始化随机数发生器，默认种子数为 1
int rand()                   //产生一个随机数并返回这个数
int atoi(char *nptr)         //将字符串 nptr 转换成整型数，并返回这个数，错误返回 0
long atol(char *nptr)        //将字符串 nptr 转换成长整型数，并返回这个数，错误返回 0
char *ltoa(long value,char *string,int radix) //将长整型数 value 转换成字符串并返回该字符串，radix 为转换时所用基数
char *itoa(intvalue,char *string,int radix)    //将整数 value 转换成字符串存入 string，radix 为转换时所用基数
```

3. 常用的字符串处理函数文件 cstring

int strlen(char *s) //返回字符串中有效字符的个数，参数可以是指针、字符串、数组

int strcmp(char *s1, char *s2) //将两个字符串逐个进行比较，若 s1<s2 则返回负值，若 s1=s2 则返回 0，若 s1>s2 则返回正值；s1,s2 可以是指针也可以是字符数组

strncmp(char *s1, char *s2, int n) //将两个字符串前 n 个字符逐个进行比较，若 s1<s2 则返回负值，若 s1=s2 则返回 0，若 s1>s2 则返回正值

char *index(char *p,char c) //该函数的功能是从左向右检索指定字符在指定的字符串中第一次出现的位置，该函数返回一个指针，该指针给出指定字符在字符串中的位置，若该字符串中没有该字符则返回 NULL

char *rindex(char *p,char c) //该函数的功能是从右向左检索指定字符在指定的字符串中第一次出现的位置，该函数返回一个指针，该指针给出指定字符在字符串中的位置，若该字符串中没有该字符则返回 NULL

char *strcat(char s1[],char s2[]) //该函数的功能是连接两个字符串，将第二个字符串连接到第一个字符串的后面，组成一个新的字符串，并返回一个指针，该指针指向新字符串的首元素。该函数的参数可以是指针，也可以是数组

char *strcpy(char s1[],char s2[]) //该函数的功能是将后面的字符串复制到前面的字符串中，后面字符串保持不变，前面的字符串被覆盖掉，并返回一个指针，参数可以是字符数组或者指针

char *strcpy(char s1[],char s2[]，int n) //该函数的功能是将后面的字符串的前 n 个字符复制到前面的字符串中，后面字符串保持不变，前面的字符串被覆盖掉，并返回一个指向 s1 的指针，参数可以是字符数组或者指针

参 考 文 献

1．唐朔飞．计算机组成原理（第 2 版）．北京：高等教育出版社，2008

2．战德臣．大学计算机——计算思维导论．北京：电子工业出版社，2013

3．郑莉，董渊，何江舟著．C++语言程序设计（第 4 版）．北京：清华大学出版社，2010

4．Stanley B. Lippman，JoseeLajoie，Barbara E. Moo 著．王刚，杨巨峰译．C++ Primer（中文版）（第 5 版）．北京：电子工业出版社，2013

5．Stanley B.Lippman 著．侯捷译．Essential C++中文版．北京：电子工业出版社，2013

6．Michael Main，WalterSavitch 著．金名等译．数据结构与面向对象程序设计（C++版）（第 4 版）．北京：清华大学出版社，2013

7．吴军著．数学之美（第二版）．北京：人民邮电出版社，2014

8．Nicolai M.Josuttis 著．侯捷，孟岩译．C++标准程序库：自修教程与参考手册．武汉：华中科技大学出版社，2002

9．吴乃陵，李海文著．C++程序设计实践教程（第 2 版）．北京：高等教育出版社，2006

10．谭浩强著．C++程序设计（第 2 版）．北京：清华大学出版社，2011

11．BjarneStroustrup 著．裘宗燕译．C++程序设计语言（特别版•十周年中文纪念版）．北京：机械工业出版社，2010

12．钱能著．C++程序设计教程（修订版）．北京：清华大学出版社，2009

13．李健著．编写高质量代码:改善 C++程序的 150 个建议．北京：机械工业出版社，2012

14．Thomas H.Cormen，Charles E.Leiserson，Ronald L.Rivest，Clifford Stein 著．殷建平，徐云，王刚译．算法导论（第 3 版）．北京：机械工业出版社，2013

15．刘汝佳著．算法竞赛入门经典（第 2 版）．北京：清华大学出版社，2014